GÉOMÉTRIE ÉLÉMENTAIRE

A L'USAGE

DES CLASSES DE LETTRES

GÉOMÉTRIE PLANE

GÉOMÉTRIE ÉLÉMENTAIRE

A L'USAGE DES

CLASSES DE LETTRES

PAR

CH. VACQUANT

ANCIEN ÉLÈVE DE L'ÉCOLE NORMALE

ANCIEN PROFESSEUR DE MATHÉMATIQUES SPÉCIALES AU LYCÉE SAINT-LOUIS

INSPECTEUR GÉNÉRAL DE L'INSTRUCTION PUBLIQUE

ET

A. MACÉ DE LÉPINAY

ANCIEN ÉLÈVE DE L'ÉCOLE NORMALE

PROFESSEUR DE MATHÉMATIQUES SPÉCIALES AU LYCÉE HENRI IV

ONZIÈME ÉDITION, REVUE ET CORRIGÉE

PREMIÈRE PARTIE
GÉOMÉTRIE PLANE
Classes de quatrième et de troisième

PARIS
MASSON ET Cie, ÉDITEURS
120, BOULEVARD SAINT-GERMAIN

1901

EXTRAIT DES PROGRAMMES DU 12 AOUT 1890

GÉOMÉTRIE

CLASSE DE QUATRIÈME

Ligne droite et plan. — Angles.
Triangles. — Cas d'égalité.
Perpendiculaires et obliques.
Théorie des parallèles. — Parallélogrammes.
Cercle. — Dépendance mutuelle des cordes et arcs.
Sécante. — Tangente.
Positions relatives de deux cercles.
Mesure des angles.
Problèmes élémentaires sur la droite et le cercle.

CLASSE DE TROISIÈME

Lignes proportionnelles.
Similitude.
Relations entre les côtés d'un triangle rectangle.
Propriété, en ce qui concerne le cercle, des sécantes issues d'un
    même point.
Constructions géométriques. — Quatrième proportionnelle et
    moyenne proportionnelle.
Polygones réguliers. — Carré, hexagone, triangle équilatéral.
Mesure des aires : rectangle, parallélogramme, triangle, trapèze.
Rapport des aires de deux polygones semblables.
Rapport de la circonférence au diamètre. — Aire du cercle.

GÉOMÉTRIE ÉLÉMENTAIRE

A L'USAGE

DES CLASSES DE LETTRES

PREMIÈRE PARTIE
GÉOMÉTRIE PLANE

NOTIONS PRÉLIMINAIRES

§ I. Définitions : des figures; ligne droite; ligne brisée; ligne courbe; plan; objet et divisions de la géométrie. — § II. Explications de quelques termes. — § III. Explications de certains signes employés. — § IV. Mesure des grandeurs.

§ I. — DÉFINITIONS : DES FIGURES; LIGNE DROITE; LIGNE BRISÉE; LIGNE COURBE; PLAN; OBJET ET DIVISION DE LA GÉOMÉTRIE.

1. Des figures. Un corps occupe dans l'espace indéfini une certaine étendue que l'on nomme *volume*.

Le volume d'un corps est limité et est séparé de l'espace qui l'entoure par un lieu que l'on nomme *surface*.

On appelle *ligne* l'intersection de deux surfaces qui se rencontrent.

On appelle *point* l'intersection de deux lignes qui se rencontrent.

On considère les volumes, les surfaces, les lignes et les points indépendamment des corps qui en ont donné l'idée, et on leur donne le nom commun de *figures*.

2. On peut imaginer qu'un point, ou une ligne, ou une surface d'étendue limitée, se déplace dans l'espace; dans ce mouvement, le point décrit une ligne, la ligne engendre une surface, et la surface engendre un volume.

3. **Ligne droite.** Parmi toutes les lignes que l'on peut concevoir, la plus simple est celle dont un fil tendu nous offre l'image; on la nomme *ligne droite*, ou simplement *droite*. Nous avons tous l'idée de la ligne droite, et telle que nous la concevons elle est douée des deux propriétés suivantes :

1° *La ligne droite est le plus court chemin entre deux quelconques de ses points.*

2° *D'un point* A *à un point* B, *on peut toujours mener une droite, et l'on n'en peut mener qu'une* (fig. 1). C'est ce qu'on exprime en disant que *deux points déterminent une droite.* On peut concevoir cette droite prolongée indéfiniment dans les deux

Fig. 1.

sens, et si une seconde droite passe par les deux points A et B, elle coïncide avec la première, non seulement entre les points A et B, mais aussi sur les prolongements de la droite dans les deux sens.

4. **Ligne brisée, ligne courbe.** Une ligne composée de portions de lignes droites est dite ligne *brisée;* une ligne qui n'est ni droite, ni composée de lignes droites, est appelée ligne

courbe. Ainsi, la ligne ABCDE (*fig.* 2) est une ligne brisée, la ligne MNP (*fig.* 3) est une ligne courbe.

5. **Plan.** La plus simple de toutes les surfaces est le *plan.*

C'est une surface telle que la droite qui passe par deux quelconques de ses points est tout entière située sur cette surface.

La surface d'une eau tranquille, une glace bien polie, offrent l'image d'une surface plane.

6. Objet et divisions de la Géométrie. La Géométrie a pour objet l'étude des propriétés des figures. Elle est divisée en deux parties : *Géométrie plane, Géométrie de l'espace.*

Dans la Géométrie plane (Livres I, II, III, IV), on ne s'occupe que des figures planes, c'est-à-dire des figures qui ont tous leurs éléments situés dans un même plan. Dans la Géométrie de l'espace (Livres V, VI, VII, VIII), on considère des figures dont les éléments sont situés d'une manière quelconque dans l'espace.

§ II. — EXPLICATIONS DE QUELQUES TERMES.

7. Une *proposition* consiste dans l'énoncé d'une hypothèse et d'une conséquence.

En prenant pour hypothèse la conséquence, et pour conséquence l'hypothèse d'une proposition, on forme une nouvelle proposition que l'on nomme la *réciproque* de la première.

En prenant pour hypothèse et pour conséquence la négation de l'hypothèse et la négation de la conséquence d'une proposition, on forme une nouvelle proposition que l'on dit *contraire* de la première.

Exemple. Soient A, B, Q, R, des nombres entiers tels que l'on ait

$$A = B \times Q + R.$$

Proposition directe : Si un nombre entier est diviseur commun à A et à B, il est diviseur commun à B et à R.

Proposition réciproque : Si un nombre entier est diviseur commun à B et à R, il est diviseur commun à A et à B.

Proposition contraire : Si un nombre entier n'est pas diviseur commun à A et à B, il n'est pas diviseur commun à B et à R.

Lorsqu'une proposition est vraie, la réciproque et la contraire peuvent être fausses. Mais, si l'une de ces deux dernières propositions est vraie en même temps que la directe, il en est de même de l'autre.

8. Un *axiome* est une proposition évidente sans démonstration.

9. Un *théorème* est une proposition exacte qui a besoin d'être démontrée.

10. Un *lemme* est une proposition préliminaire établie pour faciliter la démonstration d'un théorème.

11. On appelle *corollaire* une conséquence d'un théorème non comprise dans l'énoncé du théorème.

12. Un *problème* est une question à résoudre.

§ III. — EXPLICATIONS DE CERTAINS SIGNES EMPLOYÉS.

13. On indique l'addition par le signe $+$, que l'on prononce *plus*; la soustraction par le signe $-$, que l'on prononce *moins*. On indique que deux quantités sont égales en les séparant par le signe $=$, que l'on prononce *égale*.

Ainsi, pour indiquer qu'une longueur AB est la somme des longueurs AC et CB, on écrit

$$AB = AC + CB;$$

pour indiquer que la longueur AB est égale à la longueur AC diminuée de la longueur CB, on écrit

$$AB = AC - CB.$$

On représente le produit de deux nombres en mettant entre les deux facteurs le signe $\times$, que l'on prononce *multiplié par*; 7×9 est le produit de 7 par 9.

On représente le quotient de deux nombres en plaçant le diviseur sous le dividende, et en séparant les deux nombres par un trait horizontal, ou encore en mettant le signe : entre le dividende et le diviseur écrits sur la même ligne. Les deux notations $\frac{a}{b}$ et $a : b$ représentent le quotient obtenu en divisant le nombre a par le nombre b.

Le signe $>$, placé entre deux grandeurs, indique que la première est supérieure à la seconde; le signe $<$, dans les mêmes conditions, indique au contraire que la première est inférieure à la seconde. Ainsi on écrit

$$AB > CB$$

pour indiquer que la longueur AB est supérieure à la longueur CD; tandis que l'on écrit

$$CD < AB$$

pour indiquer que la longueur CD est inférieure à la longueur AB.

§ IV. — MESURE DES GRANDEURS.

14. Pour mesurer une grandeur on fait choix d'une grandeur de même espèce, que l'on prend pour unité, et l'on cherche combien de fois la grandeur qu'il s'agit de mesurer contient soit l'unité, soit une partie *aliquote* de l'unité, c'est-à-dire une partie obtenue en partageant cette unité en un certain nombre de parties égales.

Pour fixer les idées, supposons que la grandeur à mesurer soit la longueur d'une portion de droite; désignons cette longueur par A. Prenons pour unité la longueur d'une autre portion de droite, et désignons cette longueur par B.

Si la longueur A contient l'unité B un nombre exact de

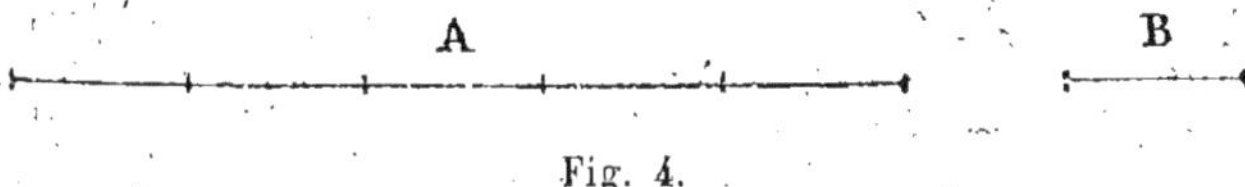

Fig. 4.

fois, 5 fois par exemple (*fig.* 4), le nombre 5 est la *mesure* de la longueur A.

Si la longueur A ne contient pas un nombre exact de fois

Fig. 5.

l'unité B, on partage cette unité en un certain nombre de parties égales, et l'on cherche combien la longueur A contient de ces parties. Supposons, par exemple, que l'unité B ait été partagée en 7 parties égales, et que A contienne 12 de ces parties (*fig.* 5) : la fraction $\dfrac{12}{7}$ est la *mesure* de la longueur A. Plus généralement, si la n^e partie de B est contenue m fois dans A, la mesure de A, lorsqu'on prend B pour unité, est la fraction $\dfrac{m}{n}$.

15. Lorsqu'une *partie aliquote* de B est contenue un nombre exact de fois dans A, cette partie aliquote de B est dite une *commune mesure* entre A et B, et les longueurs A et B sont dites *commensurables entre elles*. Tant qu'il en est ainsi, on sait mesurer exactement la longueur A en prenant la longueur B pour unité, et la *mesure* est un nombre entier ou fractionnaire.

Mais il peut arriver qu'il n'y ait aucune partie aliquote de B, si petite qu'elle soit, qui soit contenue un nombre exact de fois dans A; dans ce cas, on dit que les longueurs A et B, qui n'ont pas de commune mesure, sont *incommensurables entre elles*.

Lorsque la longueur à mesurer A et l'unité choisie B sont incommensurables, au lieu de mesurer la longueur A elle-même, on mesure deux longueurs A_1 et A_2, l'une inférieure, l'autre supérieure à A, commensurables l'une et l'autre avec l'unité B, et les nombres ainsi obtenus sont appelés des *mesures approchées* de A, l'une par défaut, l'autre par excès.

Partageons par exemple B en 7 parties égales, et supposons

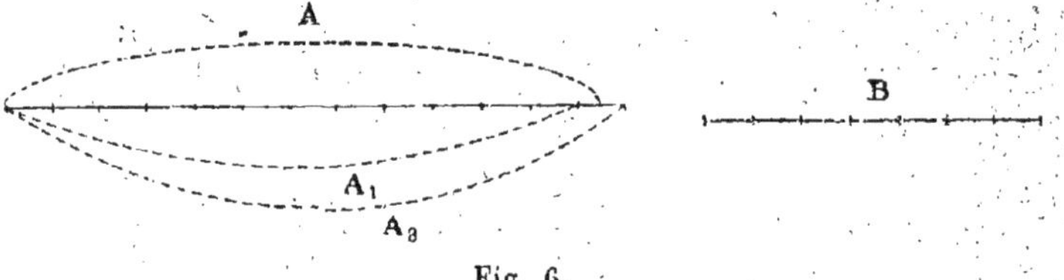

Fig. 6.

que A contienne 12 de ces parties, et n'en contienne pas 13 (*fig.* 6); la longueur A se trouve ainsi comprise entre une longueur A_1 égale à $\dfrac{12}{7}$ de B, et une longueur A_2 égale à $\dfrac{13}{7}$ de B.

Les nombres $\dfrac{12}{7}$ et $\dfrac{13}{7}$, mesures des longueurs A_1 et A_2, seront dits des *mesures approchées* de A, l'une par défaut, l'autre par excès. Comme les longueurs A_1 et A_2 comprennent la longueur A, et diffèrent entre elles de $\dfrac{1}{7}$ de l'unité B, chacune de ces longueurs diffère de A de moins de $\frac{1}{7}$ de l'unité; pour cette raison, nous dirons que les nombres $\frac{12}{7}$ et $\frac{13}{7}$ sont des mesures approchées de A, à moins de $\frac{1}{7}$.

Plus généralement, si A contient plus de m fois et pas $m+1$ fois la n^e partie de B, les nombres $\frac{m}{n}$ et $\frac{m+1}{n}$, mesures de deux longueurs A_1 et A_2 qui comprennent A, et dont chacune diffère de A de moins de $\frac{1}{n}$ de l'unité B, sont dits des *mesures approchées* de la longueur A, à *moins de* $\frac{1}{n}$.

Si l'on imagine que le nombre n croisse indéfiniment, les longueurs mesurées A_1 et A_2 finissent par différer de la grandeur à mesurer A d'une quantité aussi petite qu'on le voudra; on exprime ce fait en disant que ces longueurs *tendent vers une limite commune* qui est la longueur A. Cela étant, les nombres qui mesurent ces longueurs doivent aussi tendre vers une limite commune; mais cette limite ne peut être ni un nombre entier, ni un nombre fractionnaire, puisque nous supposons qu'aucune partie aliquote de B n'est contenue un nombre exact de fois dans A. On donne à cette limite le nom de *nombre incommensurable*. C'est cette limite qu'il convient d'appeler *mesure* de la longueur A, quand on prend la longueur B pour unité; mais comme cette *mesure* n'est ni un nombre entier, ni un nombre fractionnaire, on la remplace toujours dans les calculs par une *mesure approchée*. On pourra toujours choisir le nombre n assez grand pour que l'erreur commise, en prenant pour mesure de A avec B pour unité l'un ou l'autre des nombres $\frac{m}{n}$ ou $\frac{m+1}{n}$, soit une erreur négligeable.

16. Nous avons supposé, pour fixer les idées, que la grandeur à mesurer est la longueur d'une portion de droite, mais ce qui précède s'applique également à la mesure des grandeurs d'autre espèce que l'on rencontre en géométrie.

17. On appelle *rapport* de deux grandeurs de même espèce, rangées dans un certain ordre, le nombre qui est la *mesure* de la première quand on prend la seconde pour unité.

Pour indiquer le rapport d'une grandeur A à une autre grandeur de même espèce B, on emploie la notation $\dfrac{A}{B}$, les lettres A et B n'étant ici que les noms des grandeurs et non les nombres qui les mesurent. Si A contient m fois la n^e partie de B, ce rapport est la fraction $\dfrac{m}{n}$, et l'on écrit

$$\frac{A}{B} = \frac{m}{n}.$$

Si A contient plus de m fois et moins de $m+1$ fois la n^e partie de B, ce rapport est compris entre $\dfrac{m}{n}$ et $\dfrac{m+1}{n}$, et l'on écrit

$$\frac{m}{n} < \frac{A}{B} < \frac{m+1}{n}.$$

18. REMARQUE. Il n'est pas toujours commode, étant donnée une grandeur A, de la comparer à une autre grandeur donnée de même espèce B prise pour unité, et par suite de trouver le nombre qui est la *mesure* de A, B étant l'unité.

Soit alors C une troisième grandeur de même espèce, que nous prendrons pour unité auxiliaire, et supposons qu'on puisse mesurer séparément, avec cette unité auxiliaire C, les grandeurs A et B; on peut de ces deux mesures particulières, C étant l'unité, déduire, au moyen du théorème suivant, le *rapport* de A à B, ou, ce qui revient au même, la mesure de A, B étant l'unité.

19. Théorème. *Soient A, B, C, trois grandeurs de même espèce; on obtient le rapport de A à B, ou la mesure de A, B étant l'unité, en divisant le nombre qui mesure A, C étant l'unité, par le nombre qui mesure B, C étant l'unité.*

Supposons par exemple que, C étant l'unité, A soit mesurée

par le nombre $\dfrac{4}{7}$; cela veut dire que le *rapport* de A à C est $\dfrac{4}{7}$; supposons de même que, C étant l'unité, B soit mesurée par le nombre $\dfrac{5}{11}$, c'est-à-dire que le *rapport* de B à C soit $\dfrac{5}{11}$; on a ainsi par hypothèse

$$\frac{A}{C} = \frac{4}{7} \quad \text{et} \quad \frac{B}{C} = \frac{5}{11};$$

je dis que l'on a

$$\frac{A}{B} = \frac{4}{7} : \frac{5}{11}.$$

En effet, en réduisant les deux fractions $\dfrac{4}{7}$, $\dfrac{5}{11}$ au même dé-nominateur, on a

$$\frac{A}{C} = \frac{4 \times 11}{77}, \quad \frac{B}{C} = \frac{7 \times 5}{77},$$

ce qui veut dire que la 77e partie de C est contenue dans A un nombre de fois égal à 4×11; et dans B un nombre de fois égal à 7×5. Si donc on partage B en 7×5 parties égales, A contient exactement 4×11 de ces parties, et la mesure de A, quand on prend B pour unité, ou le rapport $\dfrac{A}{B}$, est le nombre $\dfrac{4 \times 11}{7 \times 5} = \dfrac{4}{7} : \dfrac{5}{11}$. On a donc

$$(1) \qquad \frac{A}{B} = \frac{A}{C} : \frac{B}{C},$$

ce qu'il fallait démontrer.

LIVRE I

LIGNE DROITE

§ I. — ANGLES; DROITES PERPENDICULAIRES.

20. Étant donné une droite indéfinie A'A (*fig.* 7), soit O un point quelconque de cette droite; ce point O détermine sur la droite deux portions indéfinies, OA,

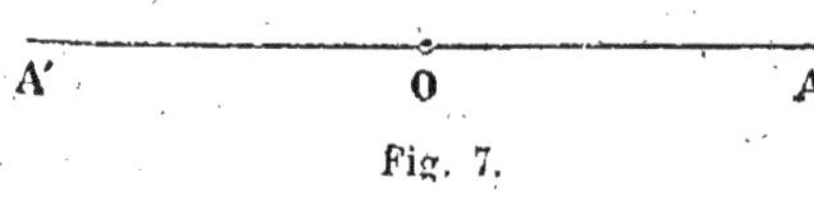

Fig. 7.

OA'; chacune de ces deux portions se nomme une *demi-droite*; on considère séparément chacune de ces deux demi-droites.

On appelle *angle* la figure formée par deux demi-droites, OA, OB, partant d'un même point O dans deux directions différentes, et limitées à ce point O; le point O est le sommet de l'angle; les demi-droites, OA, OB, sont ses côtés (*fig.* 8).

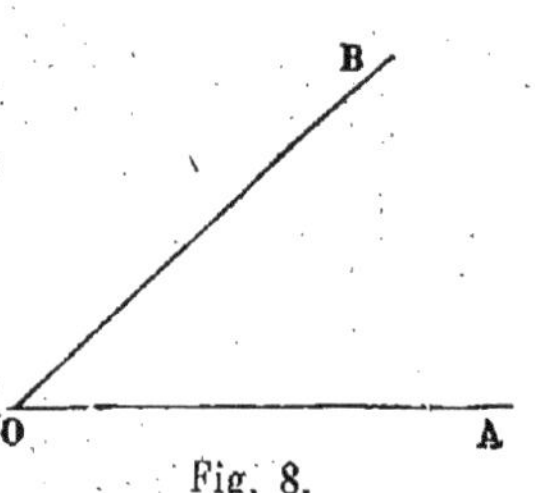

Fig. 8.

On désigne l'angle de deux demi-droites, OA, OB, soit par la lettre du sommet O, soit par trois lettres AOB, la lettre du sommet étant placée entre les deux autres. Quand plusieurs angles ont même sommet, on désigne chaque angle par trois lettres, afin d'éviter toute confusion.

21. Un angle est une grandeur susceptible d'augmentation et de diminution. Si l'on imagine une demi-droite fixe OA (*fig.* 9), et une demi-droite mobile OB tournant autour du point O, l'angle AOB, formé par la demi-droite fixe OA et par la demi-droite

mobile OB, augmente ou diminue selon que le mouvement se fait dans le sens de la flèche, ou dans le sens contraire. L'angle est nul quand la demi-droite OB coïncide avec OA.

On dit que deux figures sont *égales*, lorsqu'elles sont superposables.

Deux angles superposables sont deux grandeurs égales.

22. Si la demi-droite OB (*fig.* 9), en partant de la position OA et en tournant dans le même sens, vient se placer successivement sur les demi-droites, OB, OC, OD,.. OR, on dit que l'angle AOR est la *somme* des angles AOB, BOC, COD, etc.

Si les angles, AOB, BOC, COD,... sont égaux entre eux, et si leur

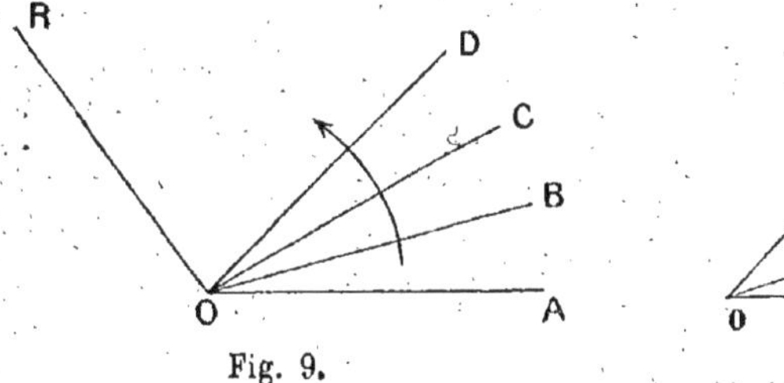

Fig. 9.   Fig. 10.

nombre est *m*, on dit que l'angle AOR est égal à *m* fois l'angle AOB.

23. On appelle *angles adjacents* deux angles qui ont même sommet, un côté commun, et sont situés de part et d'autre de leur côté commun. Tels sont les angles, AOB, BOC (*fig.* 10)

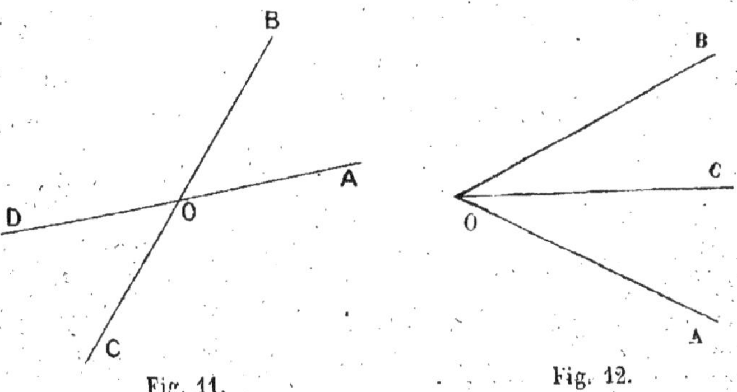

Fig. 11.   Fig. 12.

24. On appelle *angles opposés par le sommet* deux angles tels que chaque côté de l'un soit le prolongement d'un côté de l'autre, en sens contraire. Tels sont les angles AOB et COD (*fig.* 11).

25. On appelle *bissectrice* d'un angle AOB (*fig.* 12) une

demi-droite OC qui partage l'angle AOB en deux angles égaux, AOC, COB.

26. Une demi-droite OC, qui rencontre une droite indéfinie AB au point O, fait avec elle, d'un même côté   ette droite, deux

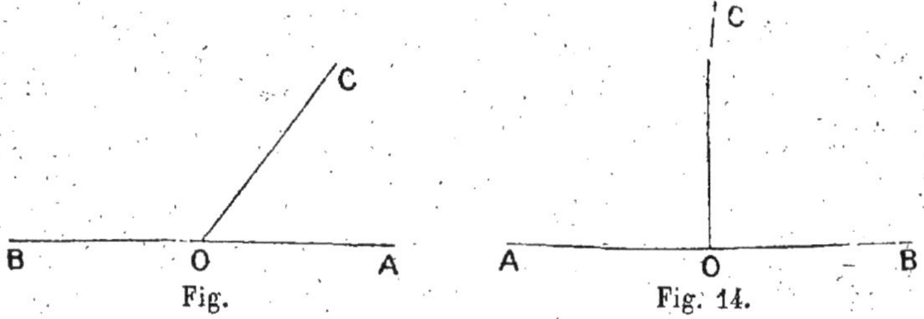

Fig.   Fig. 14.

angles adjacents, COA, COB. Si les angles adjacents, COA, COB, sont inégaux, et c'est le cas général, (*fig.* 13), la demi-droite OC est dite *oblique* à la droite AB; si ces angles sont égaux, la demi-droite OC est dite *perpendiculaire* sur la droite AB (*fig.* 14).

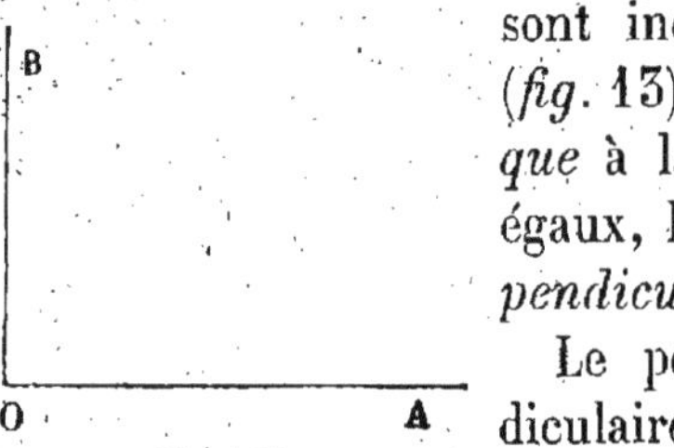

Fig. 15.

Le point O est le pied de la perpendiculaire ou de l'oblique.

27. On dit qu'un angle AOB est *droit*, quand l'un de ses côtés est perpendiculaire à l'autre (*fig.* 15).

<h3 style="text-align:center">Théorème.</h3>

28. *Par un point O d'une droite AB on peut toujours mener d'un côté de cette droite une demi-droite perpendiculaire à cette droite, et l'on n'en peut mener qu'une (fig. 16).*

Supposons que la demi-droite OC, d'abord appliquée sur OA,

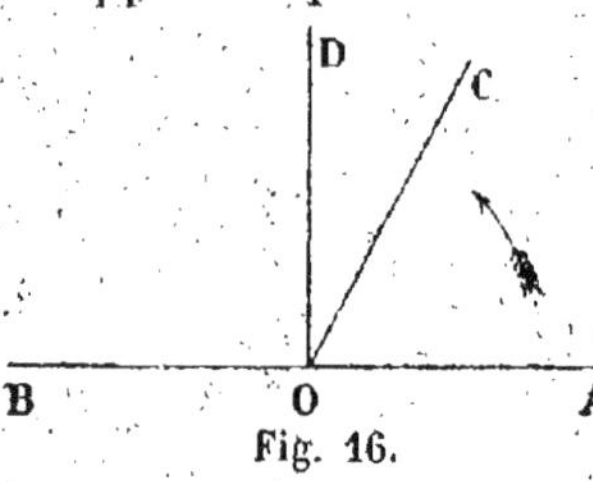

Fig. 16.

tourne autour du point O, dans le sens indiqué par la flèche, jusqu'à ce qu'elle vienne s'appliquer sur OB. L'angle AOC, d'abord nul, augmente sans cesse, tandis que l'angle BOC diminue sans cesse, jusqu'à devenir nul. L'angle AOC, d'abord inférieur à l'angle BOC, s'en rapproche de plus en plus, lui devient égal, puis supérieur, et s'en écarte ensuite de plus en plus. Il y a donc, parmi les positions intermédiaires de la demi-droite OC, une position OD, et *une seule*, pour laquelle les angles adjacents, AOD, BOD, sont égaux; c'est-à-dire pour laquelle la demi-droite est perpendiculaire à AB.

29. COROLLAIRE. *Tous les angles droits sont égaux.*

Soient deux angles droits, AOB, A'O'B' (*fig.* 17). Portons le

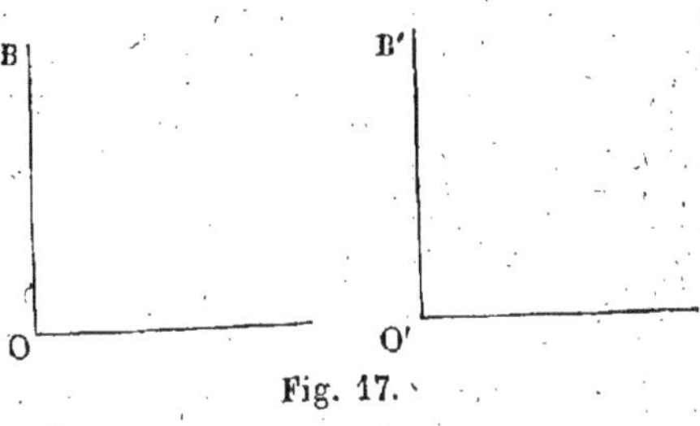
Fig. 17.

second angle sur le premier, de façon que le côté O'A' s'applique sur le côté OA, le point O' sur le point O, et que le côté O'B' soit, par rapport à OA, du même côté que OB. La demi-droite O'B', perpendiculaire à O'A', se placera sur la seule demi-droite OB perpendiculaire à OA que l'on puisse mener par le point O, du même côté que OB par rapport à OA; donc, les angles droits, AOB, A'O'B', sont égaux.

30. Tous les angles droits étant égaux, l'angle droit est un type invariable auquel on peut comparer les autres angles.

On dit qu'un angle est *aigu* ou *obtus*, selon qu'il est plus petit ou plus grand qu'un angle droit. L'angle AOC (*fig.* 18) est un angle *aigu*, tandis que l'angle BOC est un angle *obtus*.

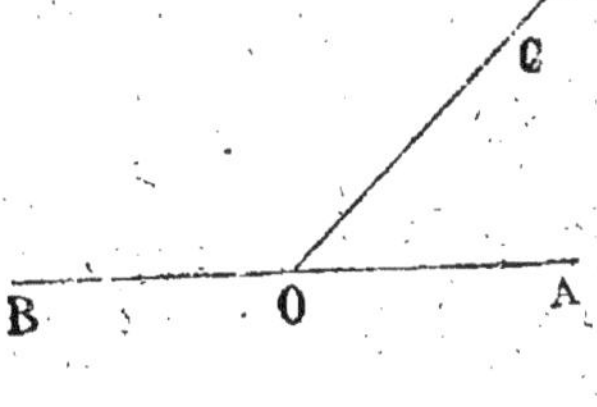
Fig. 18.

31. Deux angles sont dits *complémentaires* quand leur somme vaut un droit, *supplémentaires* quand leur somme vaut deux droits.

Théorème.

32. *Quand deux angles adjacents ont leurs côtés extérieurs en ligne droite, leur somme est égale à deux angles droits.*

Soient les deux angles adjacents AOC et BOC, dont les côtés extérieurs OA et OB sont en ligne droite (*fig.* 19) : la somme de ces angles vaut deux angles droits.

En effet, au point O, du même côté que OC par rapport à AB,

menons la demi-droite OD perpendiculaire à AB, et imaginons

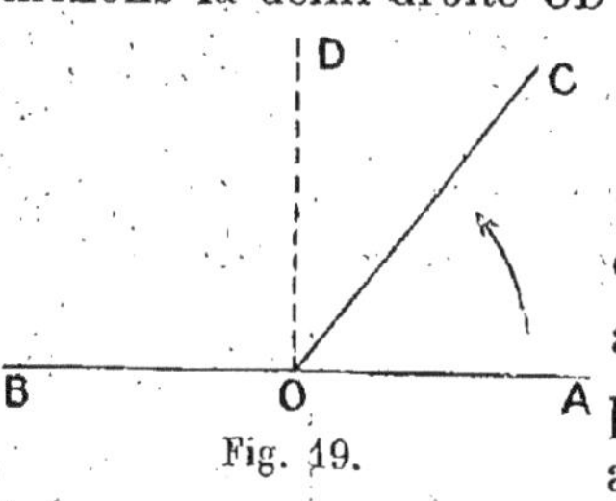

Fig. 19.

qu'une demi-droite mobile, tournant autour du point O dans le sens indiqué par la flèche, vienne de la position OA à la position OB ; cette demi-droite a tourné d'un certain angle que l'on peut regarder comme la somme des angles AOC et COB, et aussi comme la somme des angles droits AOD et DOB. Donc la somme des angles AOC et COB équivaut à deux angles droits.

33. Corollaire I. *La somme des angles, AOC, COD,... LOB*

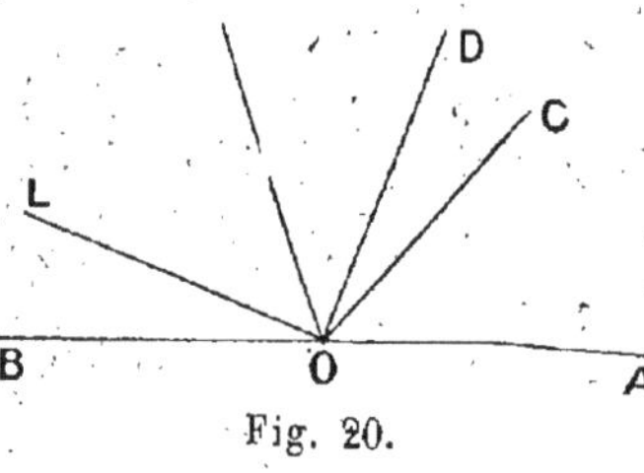

Fig. 20.

(fig. 20), formés autour d'un point O d'une droite AB, d'un même côté de cette droite, recouvrant toute la portion du plan située d'un même côté de cette droite AB, sans que deux angles recouvrent une même portion du plan, vaut deux angles droits.

En effet, la somme de ces angles équivaut à la somme des deux angles, AOC, COB, laquelle vaut deux angles droits.

34. Corollaire II. *La somme des angles AOB, BOC, COD....*

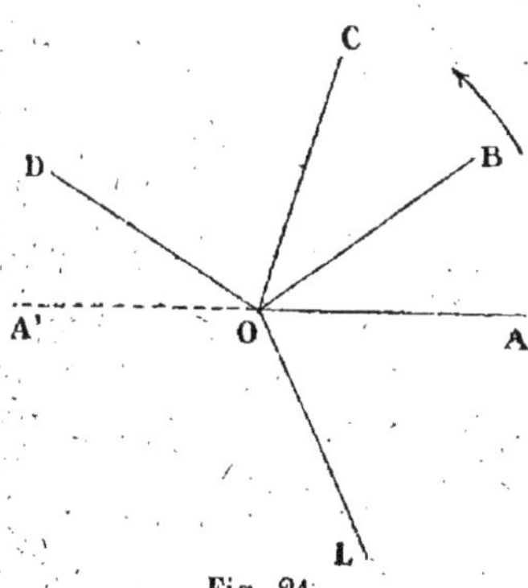

Fig. 21.

LOA (fig. 21), formés autour d'un point O, et recouvrant tout le plan sans que deux de ces angles recouvrent une même portion du plan, vaut quatre angles droits.

En effet, soit OA′ le prolongement de AO ; la somme des angles considérés équivaut à la somme des angles formés autour du point O d'un côté de AA′, plus la somme des angles formés autour du point O de l'autre côté de AA′. Chacune de ces deux sommes valant deux angles droits, la somme totale des angles formés autour du point O, et recouvrant tout le plan, vaut quatre angles droits.

Théorème.

35. Réciproquement. *Si deux angles adjacents sont supplémentaires, ils ont leurs côtés extérieurs en ligne droite.*

En effet, soient deux angles adjacents, AOC, COB, supplémentaires (*fig. 22*). Le prolongement de AO fait avec OC un angle qui, d'après le théorème précédent, est supplémentaire de l'angle AOC, et qui, par conséquent, est égal à l'angle COB. Donc le prolongement de AO coïncide avec OB, et les côtés extérieurs des angles, AOC, COB, sont en ligne droite.

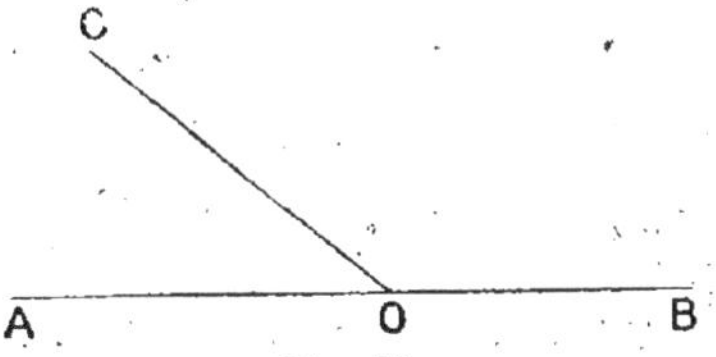

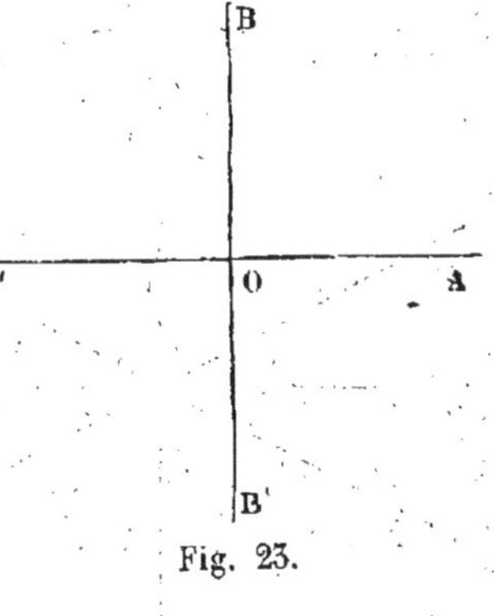

Fig. 22.

36. Corollaire. *Les deux demi-droites OB et OB′ que l'on peut mener, de part et d'autre d'une droite AA′, par un point O situé sur AA′, perpendiculaires à cette droite AA′, sont dans le prolongement l'une de l'autre (fig. 23).*

La droite indéfinie BOB′, dont les deux parties, OB, OB′, sont perpendiculaires à la droite AA′, est dite *une droite perpendiculaire à AA′*. Par un point O, pris sur une droite AA′, on peut mener une droite perpendiculaire à AA′, et l'on n'en peut mener qu'une.

Si la droite BOB′ est perpendiculaire à la droite AOA′, chacune des deux demi-droites OA, OA′, est perpendiculaire à la droite BOB′, et, par suite, réciproquement, la droite indéfinie AOA′ est perpendiculaire à BOB′.

Fig. 23.

Chacune des deux droites indéfinies, AOA′, BOB′, étant perpendiculaire à l'autre, on dit que *les deux droites sont perpendiculaires*.

Théorème.

37. *Deux angles opposés par le sommet sont égaux.*

Soient, AOB, A'OB', deux angles opposés par le sommet
(*fig. 24*).

Les angles adjacents, AOB, AOB', qui ont les côtés extérieurs

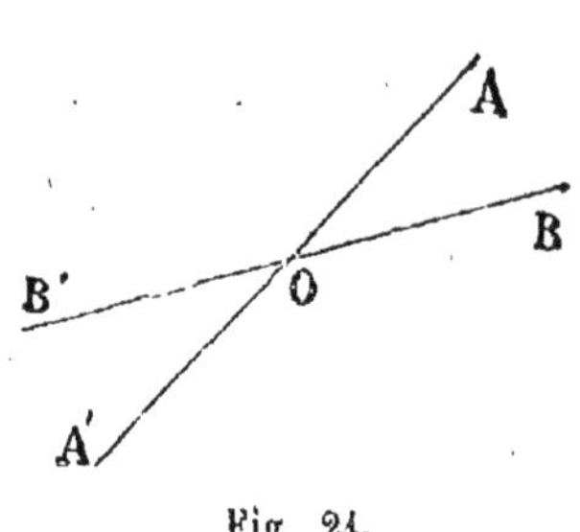

en ligne droite, sont supplémentaires; les angles adjacents, A'OB',
AOB', sont aussi supplémentaires,
pour la même raison. Donc, les
angles, AOB, A'OB', tous deux supplémentaires du même angle AOB',
sont égaux.

Fig. 24.

38. Remarque. Deux droites qui
se coupent forment quatre angles;
deux quelconques de ces angles sont, ou égaux comme opposés
par le sommet, ou supplémentaires comme angles adjacents
dont les côtés extérieurs sont en ligne droite.

Si l'un des quatre angles est droit, les trois autres sont droits.

Théorème.

39. *Les bissectrices des quatre angles formés par deux*

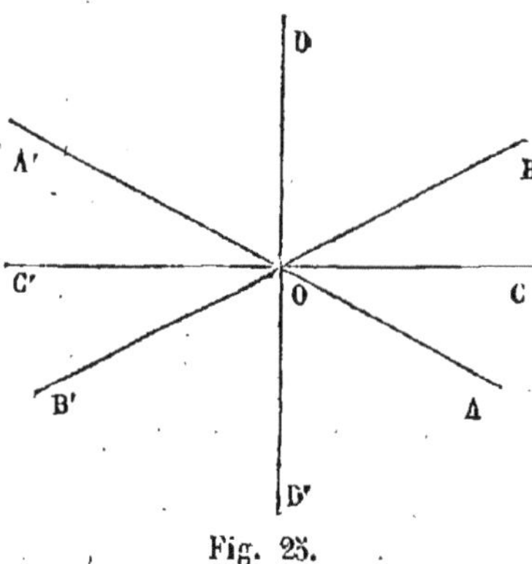

droites qui se coupent for-
ment deux droites perpendi-
culaires.

Soient, AA', BB', deux droites
qui se coupent au point O, et
OC la bissectrice de l'angle AOB,
(*fig. 25*); on voit d'abord que
le prolongement OC' de la
droite OC, en sens contraire,
est la bissectrice de l'angle
A'OB'. En effet, cette droite OC'

Fig. 25.

fait avec OA' l'angle A'OC' égal à l'angle AOC, et avec OB'
l'angle B'OC' égal à l'angle BOC. Comme les angles, AOC, BOC,
sont égaux par hypothèse, les angles A'OC' et B'OC' sont aussi

égaux, et par conséquent le prolongement OC′ de OC est la bissectrice de l'angle A′OB.

De même, si la droite OD est la bissectrice de l'angle BOA′, le prolongement OD′ de OD, en sens contraire, est la bissectrice de l'angle B′OA.

Enfin, la somme des angles AOB, BOA′, valant deux angles droits, l'angle COD, qui est la somme des moitiés de ces angles, et qui, par conséquent, vaut la moitié de leur somme, est un angle droit. Donc les droites bissectrices des quatre angles sont deux droites perpendiculaires CC′ et DD′.

Théorème.

40. *Par un point* O, *pris hors d'une droite* AB, *on peut mener une perpendiculaire à cette droite, et l'on n'en peut mener qu'une (fig. 26).*

Faisons tourner la figure ABO autour de la droite AB, de manière à la rabattre sur la partie inférieure du plan ; le point O vient se placer en un certain poin O′. Menons la droite OO′, et soit C le point où cette droite rencontre AB. La droite CO venant, après le rabattement de la figure sur la partie inférieure du plan, se placer sur CO′, l'angle OCB est égal à l'angle O′CB, et la droite OO′, qui fait avec la droite AB des angles adjacents égaux, est perpendiculaire sur cette droite.

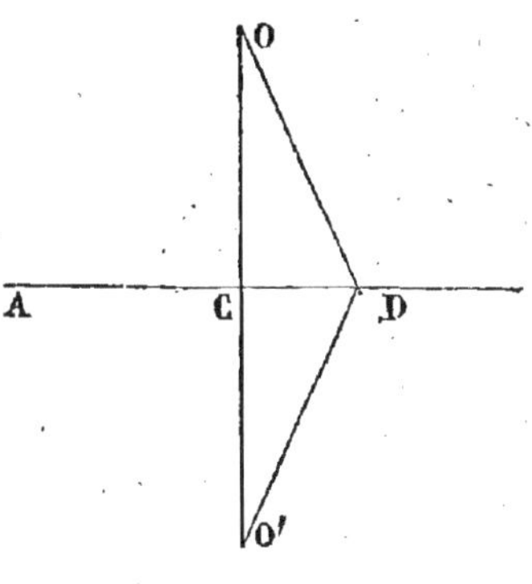

Fig. 26.

D'ailleurs, toute droite menée du point O à un point D de AB, autre que C, est oblique à AB. En effet, menons la droite OD ; les angles, ADO, ADO′, sont égaux, car ils coïncident quand on fait tourner la partie supérieure du plan autour de AB pour la rabattre sur la partie inférieure. Ces angles égaux ne sont pas supplémentaires, car ils sont adjacents, et leurs côtés extérieurs ne sont pas en ligne droite ; donc ce ne sont pas des angles droits, et, par conséquent, la droite OD est oblique sur la droite AB.

§ II. — TRIANGLES ET POLYGONES.

41. Définitions. Étant donné dans le plan un certain nombre de points A, B, C..., E, F, *rangés dans un ordre déterminé*, et tels que trois consécutifs ne sont pas en ligne droite (*fig. 27*), si l'on mène les portions de droite qui joignent le premier point A au second B, puis le second B au troisième C, etc., puis enfin le dernier point F au premier A, on forme une figure fermée qui porte le nom de *polygone*. Les points successifs A,B,C..., E, F se nomment les *sommets* : les portions de droite AB, BC,.., EF, FA sont les *côtés* du polygone ; chaque angle formé par les deux côtés consécutifs, comme l'angle ABC par exemple, est un *angle* du polygone.

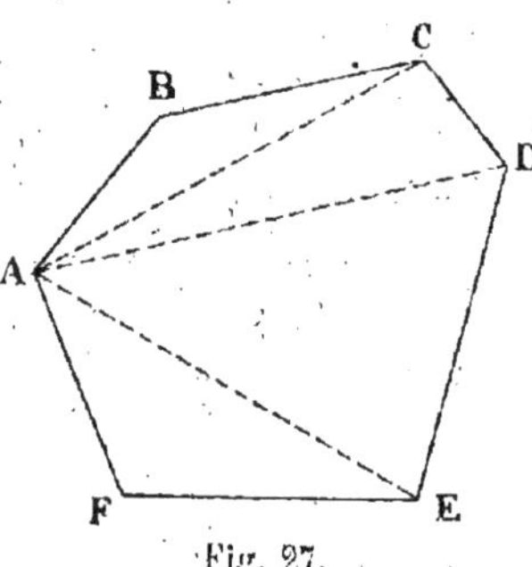

Fig. 27.

Une portion de droite qui joint deux sommets non consécutifs est une *diagonale* ; AC, AD, etc., sont des diagonales.

L'ensemble des côtés d'un polygone forme une ligne brisée fermée ; la somme des côtés est appelée *périmètre*.

42. Une ligne brisée non fermée est aussi appelée ligne *polygonale* ; les portions de droites dont elle se compose sont les *côtés* de la ligne polygonale ; la somme des côtés est encore appelée *périmètre*.

On dit qu'une ligne polygonale, ouverte ou fermée, est *convexe*, lors-

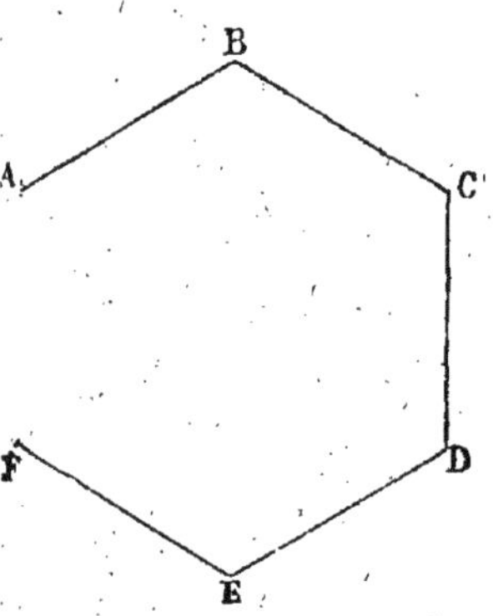

Fig. 28.

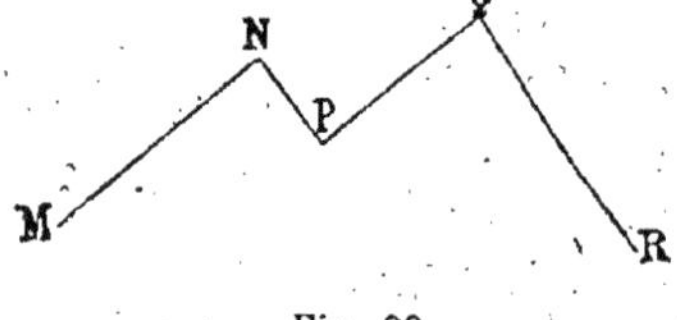

Fig. 29.

qu'elle est tout entière d'un même côté par rapport à l'un quelconque de ses côtés supposé prolongé indéfiniment; dans le cas contraire on dit qu'elle n'est pas convexe. La ligne polygonale ABCDEF (*fig.* 28) est convexe; la ligne MNPQR (*fig.* 29) n'est pas convexe, car elle a des parties situées de part et d'autre de son côté NP.

Une droite ne peut rencontrer une ligne polygonale convexe en plus de deux points. Car, si une droite RR' (*fig.* 30) rencontre une ligne polygonale en trois points M, N, P, dont le point N est entre les deux autres,

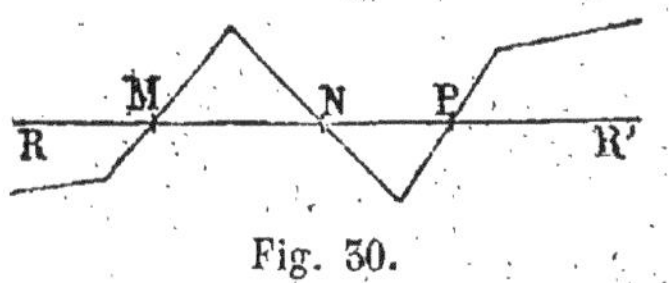

Fig. 30.

les deux points M et P de la ligne polygonale sont de part et d'autre par rapport au côté de cette ligne qui contient le point N, et par conséquent la ligne polygonale n'est pas convexe.

Un polygone est dit *convexe*, ou *non convexe*, selon que son contour est une ligne brisée *convexe*, ou *non convexe*. On appelle *quadrilatère*, *pentagone*, *hexagone*, etc., un polygone de quatre, cinq, six, etc., côtés.

43. TRIANGLE. Un polygone ne peut avoir moins de trois côtés; un polygone de trois côtés est un *triangle*.

On peut encore dire qu'un triangle est la figure formée par trois droites ne se coupant pas en un même point, et limitées à leurs intersections deux à deux.

Un triangle est dit *scalène* (*fig.* 31) quand ses trois côtés sont inégaux, *isocèle* quand deux de ses côtés sont égaux, *équi-*

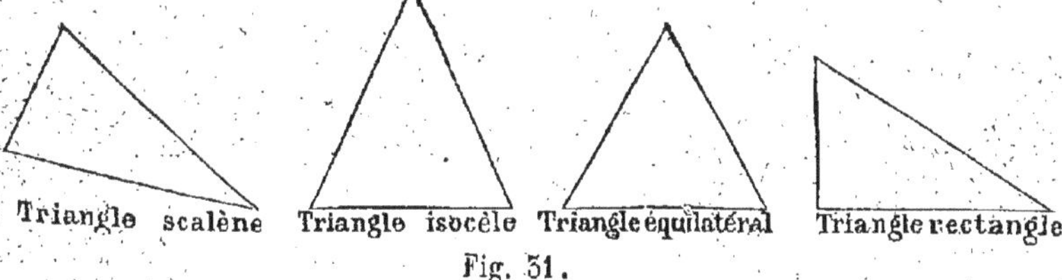

Fig. 31.

latéral quand ses trois côtés sont égaux. Si l'un des angles est droit, le triangle est dit *rectangle*, et le côté opposé à l'angle droit est appelé *hypotenuse*.

La droite menée d'un sommet d'un triangle au milieu du côté opposé est appelée *médiane*.

On appelle *hauteur* d'un triangle la perpendiculaire menée d'un sommet du triangle au côté opposé; le côté perpendiculaire à la hauteur est appelé *base* du triangle. On peut prendre pour base un quelconque des trois côtés. Dans le triangle isocèle, on désigne plus particulièrement sous le nom de *base* le côté opposé au point de concours des côtés égaux.

§ III. — TRIANGLE ISOCÈLE.

Théorème.

44. *Dans un triangle isocèle, les angles opposés aux côtés égaux sont égaux.*

Soit, dans le triangle ABC (*fig.* 32), $AB = AC$; il faut démontrer que l'angle C est égal à l'angle B.

Imaginons que l'on détache du triangle ABC un triangle égal A'B'C', que l'on retourne ce triangle de façon que la face primitivement vue devienne la face cachée, et qu'on le transporte sur le triangle ABC de façon que l'angle A' coïncide avec l'angle A, que le côté A'C' prenne la direction AB, et le côté A'B' la direction AC; comme le côté A'C', qui d'abord coïncidait avec AC, est par hypothèse égal au côté AB, le point C' tombe en B;

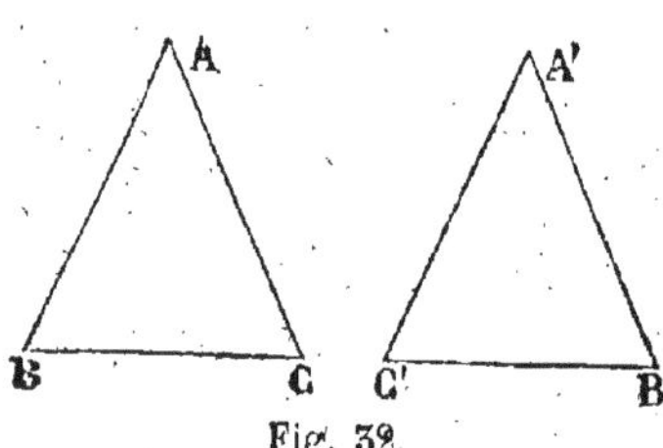

Fig. 32.

pour la même raison, le point B' tombe en C, et les deux figures coïncident. Donc, l'angle C' est égal à l'angle B. Mais l'angle C' n'est autre chose que l'angle C; donc l'angle C est égal à l'angle B.

Il est bon de remarquer que cette démonstration met en évidence la propriété du triangle isocèle d'être *superposable à lui-même après retournement*.

45. Réciproquement. *Si, dans un triangle, deux angles sont égaux, les côtés opposés sont égaux.*

Soit le triangle ABC (*fig.* 33), dans lequel $B = C$, il faut démontrer que $AC = AB$.

Détachons encore du triangle ABC un triangle égal A'B'C',

retournons ce triangle, et portons-le sur le triangle ABC de façon que le côté B'C' tombe sur le côté égal BC, C' en B, B' en C, et que les points A et A'

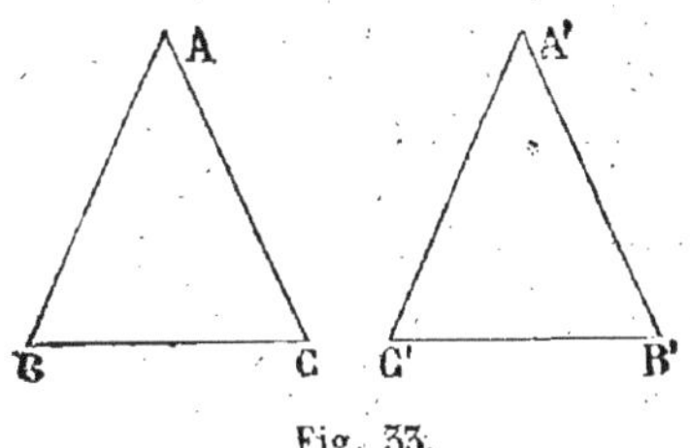

Fig. 33.

soient du même côté du côté commun BC. Comme l'angle C', qui d'abord coïncidait avec l'angle C, est par hypothèse égal à l'angle B, le côté C'A' prend la direction BA ; de même, l'angle B', qui d'abord coïncidait avec l'angle B, étant égal à l'angle C, le côté B'A' prend la direction CA, et le point A' tombe à la fois sur BA et sur CA, c'est-à-dire en A. Il suit de là que le côté A'B', qui d'abord coïncidait avec AB, coïncide maintenant avec AC ; donc AC et AB sont égaux.

46. Corollaire. *Un triangle équilatéral a ses trois angles égaux.* On exprime ce fait en disant que le triangle équilatéral est *équiangle.*

Réciproquement : *un triangle équiangle est équilatéral.*

Théorème.

47. *Dans un triangle isocèle, la bissectrice de l'angle compris entre les côtés égaux est perpendiculaire sur le troisième côté, et le partage en deux parties égales.*

Soit AD la bissectrice de l'angle A compris entre les côtés égaux AB, AC (*fig.* 34) ; il faut démontrer que les angles ADB, ADC, qui sont supplémentaires, sont égaux, et que DB = DC. Faisons tourner autour de AD la partie ADB de la figure pour la rabattre sur la partie ADC ; l'angle DAB étant égal à l'angle DAC, le côté AB vient se placer sur le côté AC, et, comme AB = AC, le point B vient coïncider avec le point C. Les deux triangles ADB, ADC, coïncidant, on a : angle ADB = angle ADC, et DB = DC.

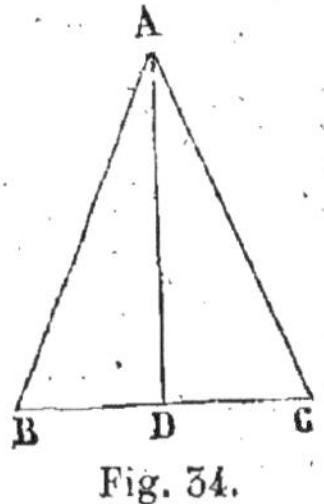

Fig. 34.

48. Remarque. La droite AD est à la fois la bissectrice de l'angle A, la médiane issue du sommet A, la perpendiculaire

abaissée du sommet A sur le côté opposé, la perpendiculaire au côté BC menée par son milieu. Or, un seul de ces caractères suffit pour déterminer la droite AD. On peut donc déduire du théorème précédent les corollaires suivants :

49. Corollaire I. *Dans un triangle isocèle, la médiane menée par le point de concours des côtés égaux est bissectrice de l'angle formé par ces côtés et est perpendiculaire sur le troisième côté.*

50. Corollaire II. *Dans un triangle isocèle, la perpendiculaire menée par le point de concours des côtés égaux sur le troisième côté est bissectrice de l'angle des côtés égaux, et passe par le milieu du troisième côté.*

51. Corollaire III. *Dans un triangle isocèle, la perpendiculaire menée à la base par son milieu passe par le sommet opposé et est bissectrice de l'angle formé par les côtés égaux.*

§ IV. — CAS D'ÉGALITÉ DES TRIANGLES ; THÉORÈMES CONCERNANT LES TRIANGLES.

52. Définitions. Les trois côtés et les trois angles d'un triangle forment six grandeurs que l'on nomme les six *éléments* du triangle.

On dit que deux triangles sont *égaux* quand ils sont superposables.

Quand deux triangles sont égaux, les six éléments de l'un sont respectivement égaux aux six éléments de l'autre.

On appelle *cas d'égalité des triangles* certains cas dans lesquels on peut affirmer que deux triangles sont égaux.

Théorème.

(Premier cas d'égalité des triangles.)

53. *Deux triangles qui ont un côté égal adjacent à deux angles égaux, chacun à chacun, sont égaux.*

Soient les deux triangles ABC, A'B'C' (*fig.* 35), dans lesquels BC = B'C', B = B', C = C' ; ces deux triangles sont égaux.

En effet, portons le triangle A'B'C' sur le triangle ABC, de
façon que le côté B'C' tombe sur le côté BC qui lui est égal,
B' en B, C' en C, et plaçons les
deux triangles d'un même côté du
côté commun BC. L'angle B' étant
égal à l'angle B, le côté B'A' prend
la direction BA, et le point A' tombe
quelque part sur BA ; de même,
l'angle C' étant égal à l'angle C, le
côté C'A' prend la direction CA,

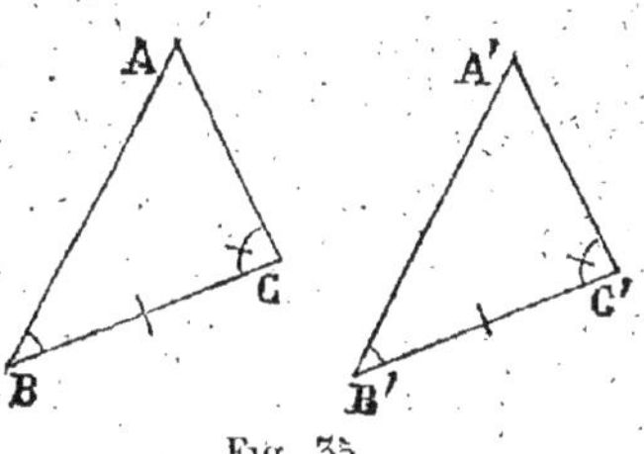

Fig. 35.

et le point A' tombe sur CA. Le point A' tombant sur BA et sur
CA, tombe nécessairement au point d'intersection A de ces deux
droites. Donc les deux triangles coïncident et sont égaux.

Il suit de là que les trois égalités BC = B'C', B = B', C = C,
entraînent, comme conséquences, les trois égalités : A = A',
AB = A'B', AC = A'C'.

Théorème.

(Deuxième cas d'égalité des triangles.)

54. *Deux triangles qui ont un angle égal compris entre
deux côtés égaux, chacun à chacun, sont égaux.*

Soient les deux triangles ABC et A'B'C' (*fig.* 36), dans lesquels A = A', AB = A'B', AC = A'C'; ces deux triangles sont
égaux.

En effet, portons le triangle
A'B'C' sur le triangle ABC, de
façon que le côté A'B' tombe sur
le côté AB qui lui est égal, A' en
A, B' en B, et plaçons les deux
triangles du même côté du côté
commun AB. L'angle A' étant égal

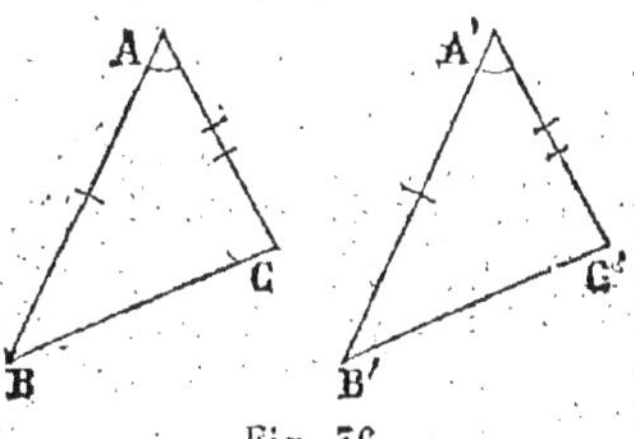

Fig. 36.

à l'angle A, le côté A'C' prend la direction AC, et comme d'ailleurs A'C' = AC, le point C' tombe en C ; A' étant en A, B' en
B, C' en C, les triangles coïncident ; donc ils sont égaux.

Il suit de là que les trois égalités A = A', AB = A'B',
AC = A'C', entraînent, comme conséquences, les trois égalités :
BC = B'C', B = B', C = C'.

Théorème.

(Troisième cas d'égalité des triangles.)

55. *Deux triangles qui ont les trois côtés égaux, chacun à chacun, sont égaux.*

Soient les deux triangles ABC, A'B'C' (*fig.* 37), dans lesquels $BC = B'C'$, $AC = A'C'$, $AB = A'B'$; ces deux triangles sont égaux. En effet, transportons le triangle A'B'C' à côté du triangle ABC, en le retournant de façon que le côté B'C' coïncide

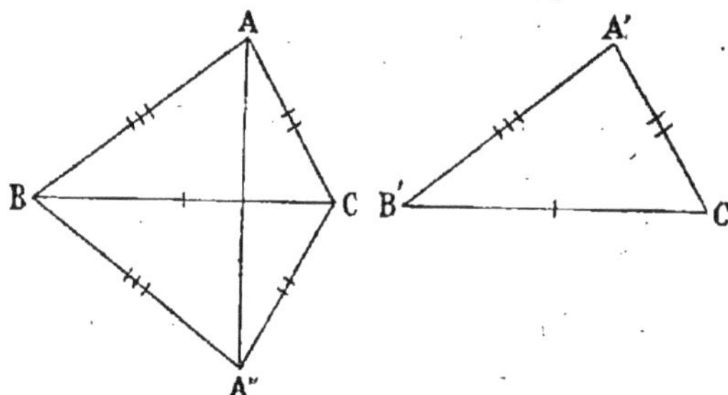

Fig. 37.

avec le côté égal BC, B' en B, et C' en C, et que le sommet A' vienne se placer en A'', du côté opposé, par rapport à BC, à celui où est le sommet A. Joignons les points A et A''. Les côtés BA, BA'' du triangle ABA'' étant égaux, la bissectrice de l'angle ABA'' est perpendiculaire à AA'', en son milieu (47) ; d'autre part, les côtés CA, CA'' du triangle ACA'' étant égaux, la perpendiculaire à AA'', en son milieu, passe par le point C (51) ; donc la bissectrice de l'angle ABA'' se confond avec la droite BC. Il suit de là que l'angle ABC est égal à l'angle A''BC, c'est-à-dire à l'angle A'B'C'. Donc, les deux triangles ABC, A'B'C', sont égaux comme ayant un angle égal compris entre deux côtés égaux, chacun à chacun.

Il suit de là que les trois égalités $AB = A'B'$, $AC = A'C'$, $BC = B'C'$, entraînent, comme conséquences, les trois égalités $C = C'$, $B = B'$, $A = A'$.

56. Remarque. Des théorèmes précédents il résulte que deux triangles ont leurs six éléments égaux chacun à chacun dès qu'ils ont trois éléments égaux chacun à chacun et que ces éléments forment un des trois groupes suivants :

1° Un côté et les deux angles adjacents ;

2° Deux côtés et l'angle compris ;

3° Les trois côtés.

Dans l'étude des figures, on se servira souvent de l'égalité de deux triangles pour démontrer soit l'égalité de deux angles, soit l'égalité de deux portions de droite.

Théorème.

57. *Si l'on prolonge un côté d'un triangle au delà d'un de ses sommets, le prolongement de ce côté et le côté adjacent forment un angle extérieur qui est plus grand que chacun des angles intérieurs non adjacents.*

Soit, par exemple, l'angle extérieur ACR formé par le prolongement CR de BC, et par le côté CA (*fig.* 38); il faut montrer que cet angle est supérieur à chacun des angles A et B. Joignons le point B au milieu D de AC, prolongeons BD d'une longueur DE égale à BD, et menons la droite CE, droite qui est nécessairement dans l'angle ACR. Les

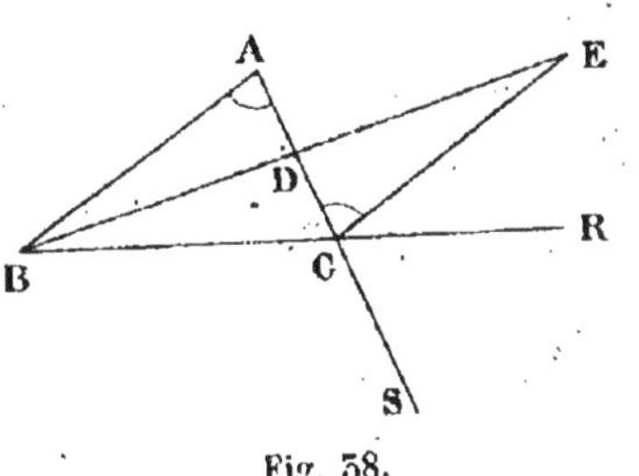

Fig. 38.

deux triangles ABD, CDE sont égaux, comme ayant un angle égal, ADB = CDE, compris entre deux côtés égaux chacun à chacun par construction. Il en résulte que l'angle DCE est égal à l'angle A ; or l'angle DCE n'est qu'une partie de l'angle ACR, donc l'angle ACR surpasse l'angle A.

En joignant le point A au milieu de BC on démontrerait de même que l'angle extérieur BCS formé par le prolongement CS de AC et par le côté CB surpasse l'angle B ; or les angles BCS, ACR, opposés par le sommet, sont égaux ; donc l'angle ACR surpasse aussi l'angle B.

Théorème.

58. *A deux côtés inégaux d'un triangle sont opposés des angles inégaux; au plus grand côté est opposé le plus grand angle.*

Soit, dans le triangle ABC, AB $>$ AC (*fig.* 39). Il faut démontrer que l'angle ACB surpasse l'angle ABC. Prenons sur AB la longueur AD égale à AC, et menons la droite DC.

Le point D étant entre A et B, la droite CD est à l'intérieur

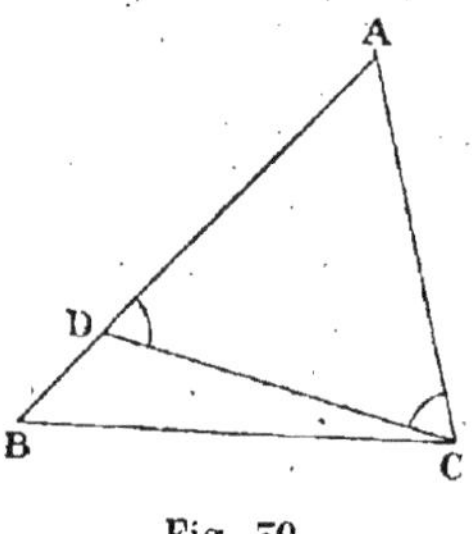

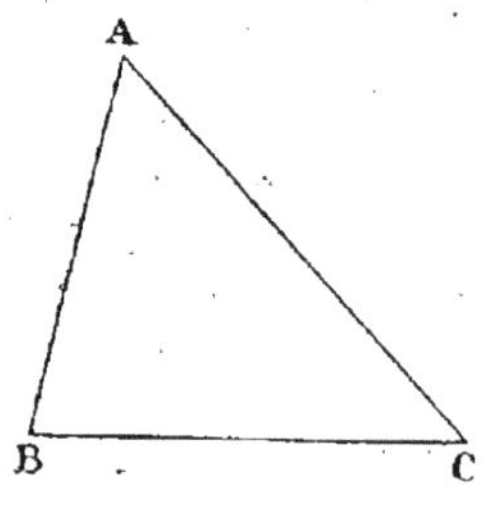

Fig. 39.Fig. 40.

de l'angle ACB. L'angle ACB surpasse donc l'angle ACD; mais l'angle ACD est égal à l'angle ADC (44); et ce dernier angle, extérieur au triangle BDC, surpasse l'angle B (57). Donc, *a fortiori*, l'angle ACB surpasse l'angle ABC.

59. Réciproquement. *A deux angles inégaux d'un triangle sont opposés deux côtés inégaux; au plus grand angle est opposé le plus grand côté.*

Soit, dans le triangle ABC, B $>$ C (*fig.* 40). Le côté AC surpasse le côté AB; car, s'il était moindre que AB, ou égal à AB, l'angle B serait moindre que l'angle C (58), ou égal à l'angle C (44), ce qui est contraire à l'hypothèse.

Théorème.

60. *Dans un triangle un côté quelconque est plus petit que la somme des deux autres.*

Par exemple, dans le triangle ABC, le côté BC est moindre que AB + AC (*fig. 41*). En effet, prolongeons BA au delà du point A d'une longueur AD égale à AC, et menons la droite CD.

Le triangle ADC étant isocèle, l'angle D est égal à l'angle ACD, et, par conséquent, est moindre que l'angle BCD. Donc, dans le triangle BCD, le côté BC opposé à l'angle D est moindre que le côté BD opposé à l'angle BCD. Mais BD est égal à AB + AC; donc on a

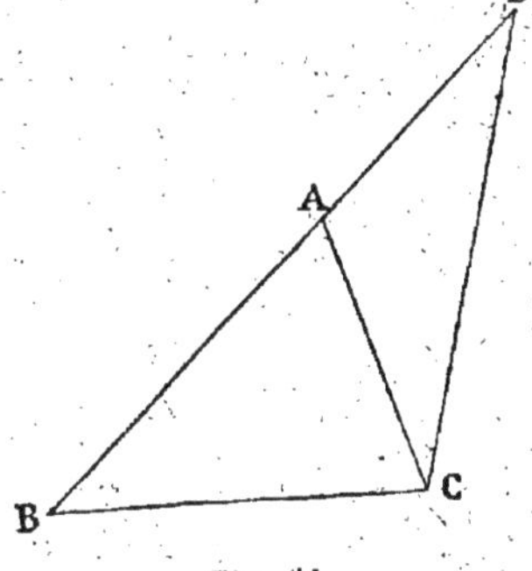

Fig. 41.

$$BC < AB + AC,$$

61. Corollaire. *Dans un triangle un côté quelconque est plus grand que la différence des deux autres.*

Soit AB le plus grand des deux côtés AB et AC; le côté BC est plus grand que AB — AC. En effet, d'après le théorème précédent, on a

$$AB < BC + AC,$$

et, en retranchant de part et d'autre AC,

$$AB - AC < BC$$

ou

$$BC > AB - AC.$$

Théorème.

62. *Si l'on joint un point quelconque* D *pris dans l'intérieur d'un triangle* ABC (*fig. 42*) *aux extrémités* B *et* C *d'un côté du triangle, la somme des distances* DB *et* DC *est toujours moindre que la somme des deux autres côtés* AB *et* AC *du triangle.*

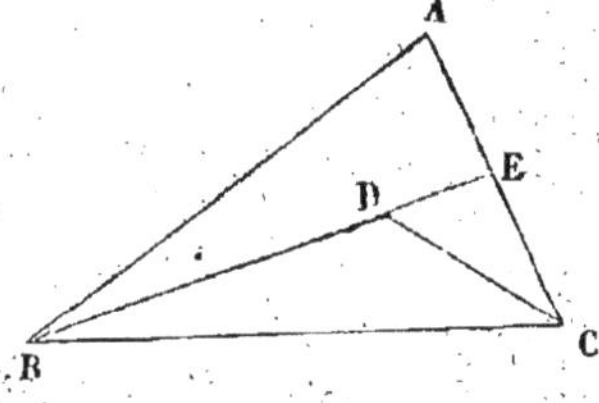

Fig. 42.

En effet, le point D étant dans l'intérieur du triangle, le prolongement de BD rencontre nécessairement le côté AC entre A et C. Soit E ce point de rencontre ; dans le triangle ABE, on a

$$BE < AB + AE$$

d'après le théorème précédent, ou, en remplaçant BE par la somme égale BD + DE,

$$BD + DE < AB + AE.$$

Dans le triangle DCE, on a

$$DC < DE + EC,$$

et, en ajoutant membre à membre,

$$BD + DE + DC < AB + AE + DE + EC.$$

Si l'on retranche DE de part et d'autre, et si l'on remplace la somme AE + EC par AC, on a enfin

$$BD + DC < AB + AC.$$

Théorème.

63. *Si deux triangles ont deux côtés égaux chacun à chacun comprenant des angles inégaux, les troisièmes côtés sont inégaux, et celui qui est opposé au plus petit angle est le plus petit.*

Soient les triangles ABC, DEF (*fig.* 43), dans lesquels on a

$$AB = DE, \qquad AC = DF, \qquad BAC < EDF.$$

Transportons le triangle ABC de façon que le côté AB se place

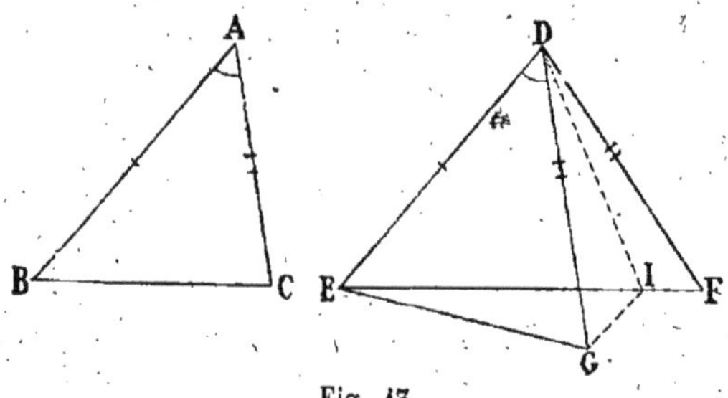

Fig. 43.

sur le côté égal DE, A en D, B en E, et que le triangle ABC

soit, par rapport à DE, du même côté que le triangle DEF. L'angle BAC étant moindre que l'angle EDF, le côté AC tombera dans l'angle EDF, et le triangle ABC occupera la position EDG. Menons la bissectrice de l'angle GDF; elle rencontre le côté EF en un point I situé dans l'angle EDF, et, par conséquent, entre E et F. Joignons IG. Les deux triangles DIG, DIF sont égaux; comme ayant l'angle IDG égal à l'angle IDF par construction, le côté DI commun, et les côtés DG et DF égaux parce qu'ils sont respectivement égaux à AC. Ces deux triangles étant égaux, IG est égal à IF. Or, dans le triangle EGI, on a

$$EG < EI + IG,$$

ou, en remplaçant IG par le côté égal IF,

$$EG < EI + IF \qquad \text{ou} \qquad EG < EF,$$

et, comme EG est égal à BC, on a enfin

$$BC < EF.$$

64. Remarque. Si, laissant fixes les longueurs des deux côtés AB et AC d'un triangle, on fait varier l'angle BAC compris entre ces côtés, le troisième côté BC du triangle varie; il augmente quand l'angle augmente, il diminue quand l'angle diminue.

65. Réciproquement. *Si deux triangles,* ABC, DEF, *ont deux côtés égaux chacun à chacun,* AB = DE, AC = DF, *et si les troisièmes côtés* BC *et* EF, *sont inégaux, les angles* A *et* D, *opposés aux côtés inégaux, sont inégaux, et l'angle opposé au plus petit côté est le plus petit* (fig. 43).

Soit BC < EF, l'angle A est plus petit que l'angle D. En effet, l'angle A ne peut être égal à l'angle D, sans quoi les deux triangles seraient égaux, comme ayant un angle égal compris entre deux côtés égaux chacun à chacun, et les troisièmes côtés BC, EF, seraient égaux, ce qui est contraire à l'hypothèse. D'autre part, l'angle A ne peut pas être plus grand que l'angle D, sans quoi le côté BC serait plus grand que le côté EF, ce qui est encore contraire à l'hypothèse; donc l'angle A est moindre que l'angle D.

§ V. — PERPENDICULAIRE ET OBLIQUES MENÉES D'UN POINT A UNE DROITE; LIEU GÉOMÉTRIQUE DES POINTS ÉQUIDISTANTS DE DEUX POINTS DONNÉS.

Théorème.

66. *Si d'un point pris hors d'une droite on mène à cette droite une perpendiculaire et diverses obliques :*

1° La perpendiculaire est plus courte que toute oblique;

2° Deux obliques dont les pieds sont équidistants du pied de la perpendiculaire sont égales;

3° La longueur d'une oblique est d'autant plus grande que son pied est plus éloigné du pied de la perpendiculaire.

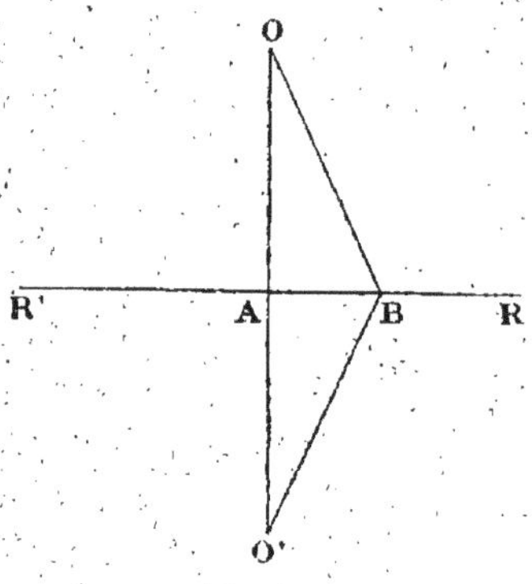

1° La perpendiculaire OA à la droite RR′ est moindre qu'une oblique quelconque OB.

En effet, prolongeons OA d'une longueur AO′ égale à OA, et menons la droite BO′ (*fig.* 44). Les triangles OAB, O′AB, qui ont un angle égal compris entre deux côtés égaux chacun à chacun, sont égaux; donc OB = O′B. Or, la portion de droite OO′ est moindre que la ligne brisée OBO′. Donc OA, moitié de OO′, est moindre que OB, moitié de OB + BO′.

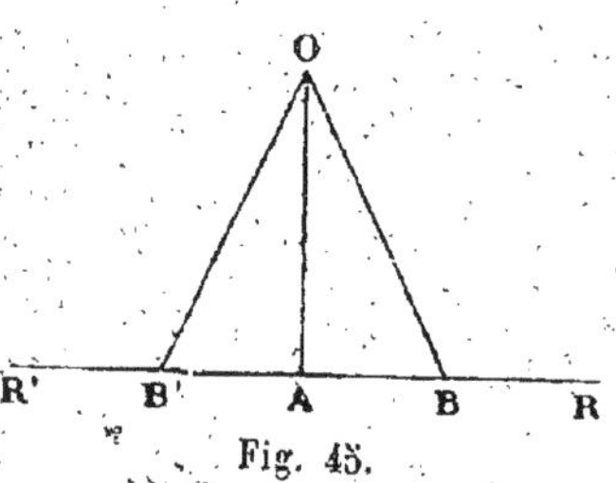

Fig. 44

2° Soient OB et OB′ deux obliques dont les pieds B et B′ sont équidistants du pied A de la perpendiculaire OA menée du point O à la droite RR′ (*fig.* 45); les obliques sont égales.

En effet, les triangles, OAB, OAB′, sont égaux comme ayant un angle égal compris entre deux côtés égaux, chacun à chacun; donc OB = OB′.

Fig. 45.

3° Soient deux obliques, OB, OC, dont les pieds B et C s'écartent inégalement du pied A de la perpendiculaire, et soit AB moindre que AC; je dis que l'oblique OB est moindre que l'oblique OC (*fig.* 46).

Supposons d'abord les deux points B et C d'un même côté par rapport au point A. Prolongeons OA d'une longueur AO′ égale à OA, et menons les droites BO′ et CO′. Le point B étant

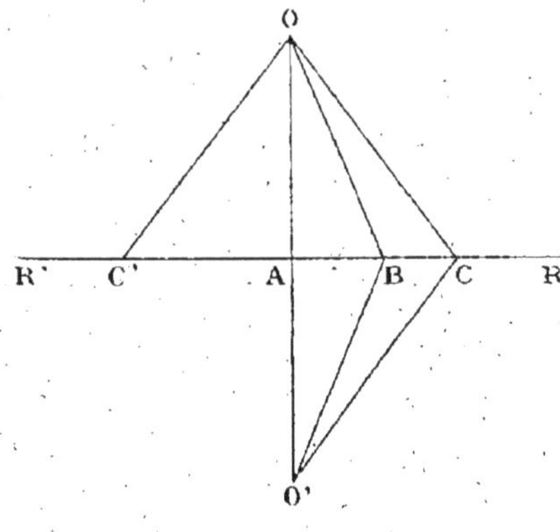

Fig 46.

dans l'intérieur du triangle OCO′, on sait (62) que OB + BO′ est moindre que OC + CO′. Or, OB + BO′ est double de OB, OC + CO′ est double de OC; donc OB est moindre que OC.

Nous avons supposé les pieds des obliques d'un même côté de la perpendiculaire; s'il en est autrement, comme par exemple pour les obliques OB et OC′, on prend, dans le sens AB, une longueur AC égale à AC′, et on mène l'oblique OC; les obliques OC et OC′ étant égales, on peut remplacer OC′ par OC et comparer OB et OC comme ci-dessus.

67. De l'ensemble de ces trois propositions, il résulte que :

RÉCIPROQUEMENT. 1° *La portion de droite la plus courte menée d'un point O pris hors d'une droite* RR′ *aux différents points de cette droite est la perpendiculaire* OA *menée du point* O *à cette droite* RR′;

2° *Les pieds* B *et* B′ *de deux obliques égales,* OB *et* OB′, *menées du point* O *à la droite* RR′, *sont équidistants du pied* A *de la perpendiculaire, et sont situés de part et d'autre de ce point;*

3° *Les pieds* B *et* C *de deux obliques inégales* OB, OC *menées du point* O *à la droite* RR′ *sont à des distances inégales du pied* A *de la perpendiculaire, le pied de la plus grande oblique est le plus éloigné du point* A.

68. Remarque. On appelle *distance d'un point à une droite* la distance de ce point au point de la droite qui en est le plus rapproché. La distance d'un point à une droite est donc la distance du point au pied de la perpendiculaire menée de ce point à la droite.

D'un point on ne peut mener à une droite plus de deux obliques égales entre elles et égales à une longueur donnée. Les pieds de ces obliques égales sont de part et d'autre du pied de la perpendiculaire abaissée du point sur la droite, et sont équidistants de ce point.

Théorème.

69. *Tout point situé sur la perpendiculaire menée au milieu de la droite qui passe par deux points donnés est équidistant de ces deux points : et, réciproquement, tout point équidistant des deux points donnés est situé sur la perpendiculaire élevée au milieu de la droite qui joint ces deux points.*

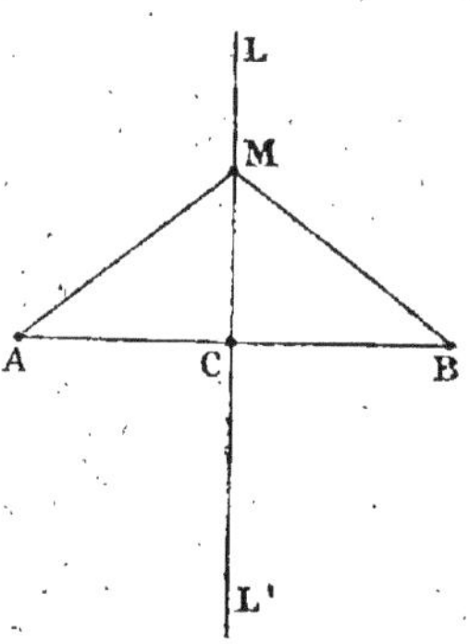

Fig. 47.

Soient A et B deux points (*fig.* 47); par le milieu C de la portion de droite AB menons la perpendiculaire LL′ à la droite AB. 1° Tout point M de la droite LL′ est équidistant des points A et B, car les obliques MA et MB, dont les pieds sont à égale distance du pied C de la perpendiculaire MC, sont égales (66). 2° Soit un point M équidistant des points A et B; les obliques MA et MB étant égales, le pied de la perpendiculaire abaissée du point M sur AB est le milieu C de AB (67); donc le point M est sur la droite LL′.

70. **Définition.** On appelle *lieu géométrique* des points qui ont une certaine propriété, ou simplement *lieu* de ces points, une ligne dont tout point jouit de la propriété énoncée, et qui contient tous les points qui jouissent de cette même propriété.

On peut donc énoncer comme il suit le théorème précédent :

Le lieu géométrique des points équidistants de deux points donnés est la perpendiculaire à la droite qui joint ces deux points, menée par le milieu de cette droite.

Application. *Trouver sur une droite indéfinie RR′ un point équidistant de deux points donnés A et B (fig. 48).*

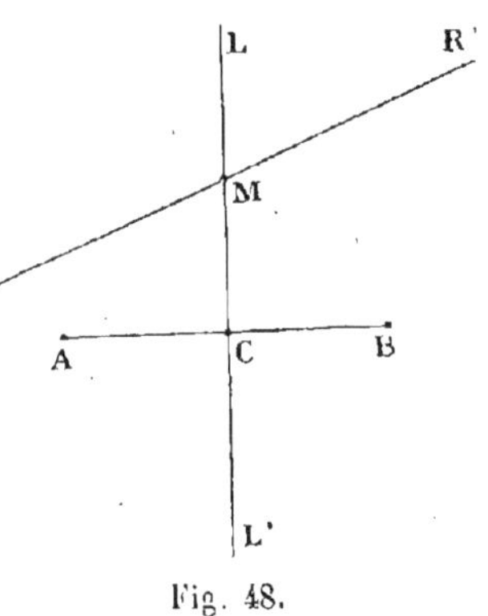

Fig. 48.

Le point demandé doit être à la fois sur la droite RR′ et sur le lieu des points équidistants de A et de B, c'est-à-dire sur la perpendiculaire LL′ à la droite AB menée par son milieu. Un point situé à la fois sur ces deux droites satisfait d'ailleurs aux conditions demandées. Si donc les droites RR′ et LL′ se rencontrent en un point M, le point M, et ce point seul, satisfait aux conditions du problème.

§ VI. — CAS D'ÉGALITÉ DES TRIANGLES RECTANGLES ; LIEU GÉOMÉTRIQUE DES POINTS ÉQUIDISTANTS DE DEUX DROITES QUI SE COUPENT.

Théorème.

71. *Deux triangles rectangles qui ont l'hypoténuse égale et un angle aigu égal sont égaux.*

Soient les deux triangles ABC et A′B′C′ (*fig. 49*), rectangles en A et en A′, dans lesquels BC = B′C′, et C = C′. Je dis que ces triangles sont égaux.

Portons le triangle A′B′C′ sur le triangle ABC, de façon que l'hypoténuse B′C′ tombe sur l'hypoténuse égale BC, B′ en B, C′

en C, et que, par rapport à BC, le point A′ tombe du même côté que le point A. L'angle C′ étant égal à l'angle C, le côté

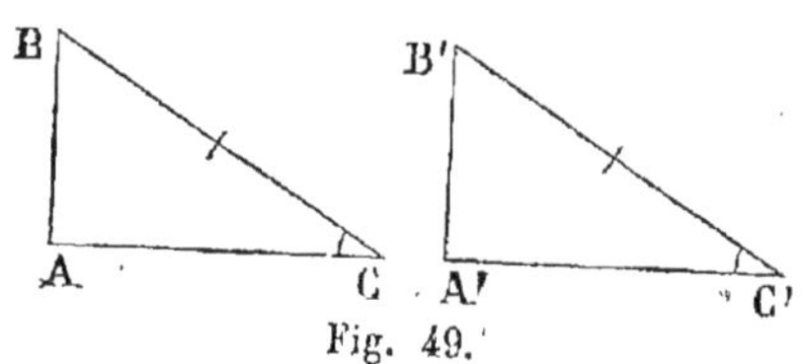

Fig. 49.

C′A′ prend la direction CA, et le côté B′A′, perpendiculaire à C′A′, se place sur la perpendiculaire unique BA abaissée du point B sur CA. Le point A′ devant se trouver ainsi sur CA et sur BA tombe en A, et les deux triangles coïncident; donc ils sont égaux.

Théorème.

72. *Deux triangles rectangles qui ont l'hypoténuse égale et un côté de l'angle droit égal sont égaux.*

Soient les deux triangles ABC et A′B′C′, rectangles en A et en A′,

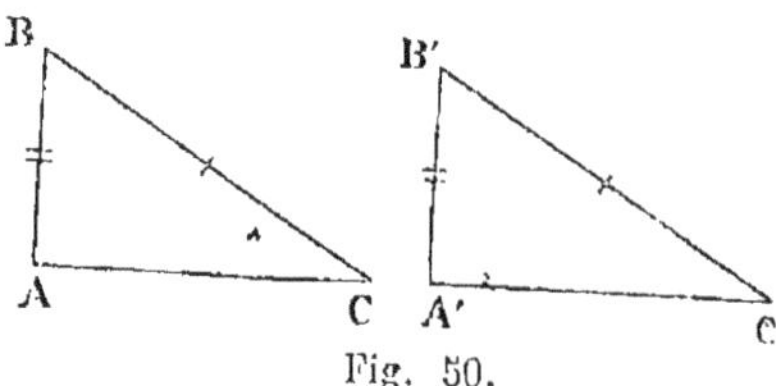

Fig. 50.

dans lesquels BC = B′C′, et AB = A′B′ (*fig.* 50); je dis que ces triangles sont égaux.

Portons le triangle A′B′C′ sur le triangle ABC, de façon que le côté A′B′ tombe sur le côté égal AB, A′ en A, et B′ en B, et que, par rapport à AB, le point C′ tombe du même côté que le point C; le côté A′C′, perpendiculaire à A′B′, prend la direction AC perpendiculaire à AB. Quant au côté B′C′ égal à BC, il se place sur BC; car, du point B, on ne peut mener à la droite AB, d'un même côté de BA, qu'une seule oblique égale à BC (68); les deux triangles coïncident, donc ils sont égaux.

Théorème.

73. *Tout point de la bissectrice d'un angle est équidistant des côtés de cet angle; et, réciproquement, tout point situé dans l'angle et équidistant de ses côtés est situé sur la bissectrice de cet angle.*

Soit M (*fig.* 51) un point quelconque de la bissectrice OC de l'angle AOB. Menons les droites MP et MQ respectivement perpendiculaires à OA et à OB. Les triangles rectangles, MOP, MOQ, sont égaux comme ayant l'hypoténuse MO commune, et un angle aigu égal, POM égal à QOM. Donc MP est égal à MQ, et le point M est équidistant des côtés de l'angle AOB.

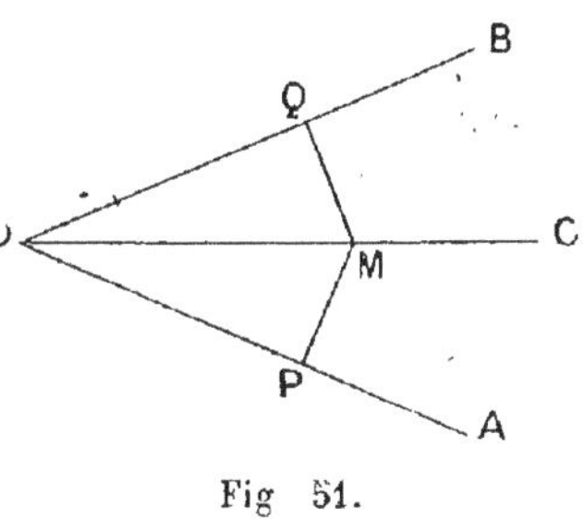

Fig 51.

Réciproquement, soit M un point situé dans l'angle AOB, et équidistant de ses côtés, c'est-à-dire tel que les perpendiculaires MP et MQ, menées du point M aux côtés de l'angle, sont égales. Les deux triangles rectangles, MOP, MOQ, sont égaux comme ayant même hypoténuse OM, et un côté égal, MP=MQ. Donc les angles MOP, MOQ, sont égaux, et le point M appartient à la bissectrice de l'angle AOB.

74. Le même théorème peut encore être énoncé comme il suit :

Le lieu géométrique des points équidistants de deux droites indéfinies qui se coupent se compose des bissectrices des angles formés par ces droites.

Considérons, en effet, les deux droites indéfinies AA′ et BB′ qui se coupent au point O (*fig.* 52). Dans l'intérieur de l'angle AOB le lieu demandé est la bissectrice de cet angle; il en est de même dans chacun des angles, A′OB′, BOA′ et AOB′; donc le lieu des points du plan équidistants des deux droites AA′ et BB′ se compose des bis-

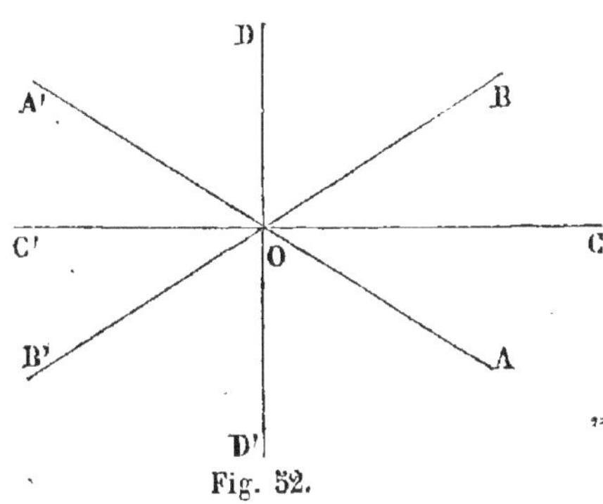

Fig. 52.

sectrices des quatre angles formés par ces deux droites. On sait d'ailleurs (39) que ces quatre bissectrices, OC, OC′, OD, OD′, forment deux droites indéfinies, COC′, DOD′, et que ces droites sont perpendiculaires.

APPLICATION. *Trouver, sur une droite indéfinie RR′, un point équidistant de deux droites AA′ et BB′ qui se coupent en O (fig. 53).*

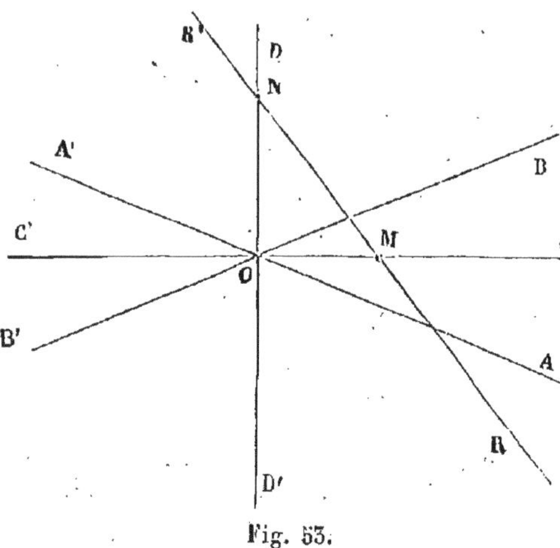

Fig. 53.

Le point demandé doit être à la fois sur la droite RR′ et sur le lieu géométrique des points équidistants des deux droites AA′ et BB′, lieu qui est composé des bissectrices des angles formés par les droites AA′ et BB′.

Si la droite RR′ rencontre la bissectrice CC′ en un point M, et la bissectrice DD′ en un point N, les deux points M et N satisfont aux conditions demandées; ce sont d'ailleurs les seuls, puisque tout autre point de la droite RR′ n'est pas équidistant des droites AA′ et BB′.

§ VII. — DROITES PARALLÈLES

75. DÉFINITION. On appelle *droites parallèles* deux droites qui, situées dans un même plan, ne peuvent se rencontrer à quelque distance qu'on les prolonge.

Il n'est pas évident, *a priori*, qu'il existe de pareilles droites; le théorème suivant prouve leur existence.

Théorème.

76. *Deux droites perpendiculaires à une troisième sont parallèles entre elles.*

Soient, dans un même plan, les droites AB et CD toutes les deux perpendiculaires à la droite EF (*fig. 54*). Ces droites ne peuvent se rencontrer, puisque d'un point on ne peut mener qu'une

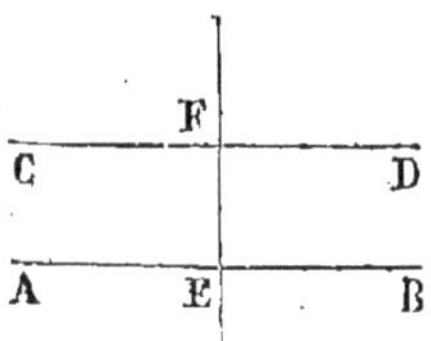

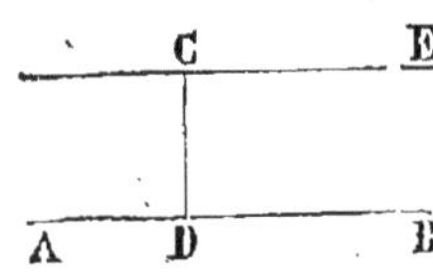

Fig. 54.   Fig. 55.

seule perpendiculaire à une droite : donc elles sont parallèles.

77. **Corollaire I.** *Par un point C situé hors d'une droite AB, on peut mener une parallèle à cette droite (fig. 55).*

Menons, en effet, CD perpendiculaire à AB, puis CE perpendiculaire à CD ; la droite CE est parallèle à AB.

78. **Postulatum.** On admet comme évident que *par un point on ne peut mener qu'une parallèle à une droite donnée.*

79. **Corollaire II.** *Deux droites parallèles à une troisième sont parallèles entre elles.*

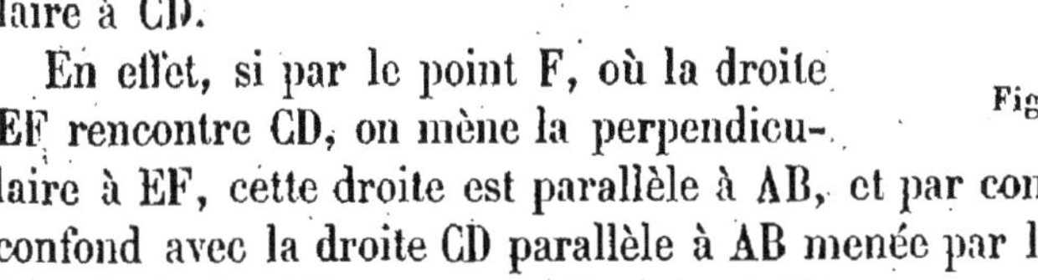

Fig. 56.

Les droites AB et CD, parallèles à EF (*fig.* 56), ne peuvent se rencontrer, puisqu'on ne peut, par un point, mener qu'une parallèle à une droite donnée : donc elles sont parallèles.

Théorème.

80. *Deux droites étant parallèles, toute droite perpendiculaire à l'une est perpendiculaire à l'autre.*

Soient AB et CD deux droites parallèles, et supposons EF perpendiculaire à AB (*fig.* 57) : je dis que EF est perpendiculaire à CD.

En effet, si par le point F, où la droite EF rencontre CD, on mène la perpendiculaire à EF, cette droite est parallèle à AB, et par conséquent se confond avec la droite CD parallèle à AB menée par le point F ; donc la droite EF est perpendiculaire à CD.

Fig. 57.

Théorème.

81. *Une sécante rencontrant deux droites parallèles forme avec elles huit angles, dont généralement quatre sont aigus et quatre obtus : 1° les quatre angles aigus sont égaux; 2° les quatre angles obtus sont égaux; 3° l'un quelconque des angles aigus est le supplément de l'un quelconque des angles obtus.*

Soient AB et A'B' deux droites parallèles, CC' une sécante, D et D' les points où la sécante rencontre les parallèles AB et A'B' (*fig.* 58).

La sécante CC' forme avec AB deux angles aigus égaux, CDB et ADD', et deux angles obtus égaux, CDA et BDD'; chacun des angles aigus est le supplément de chacun des angles obtus.

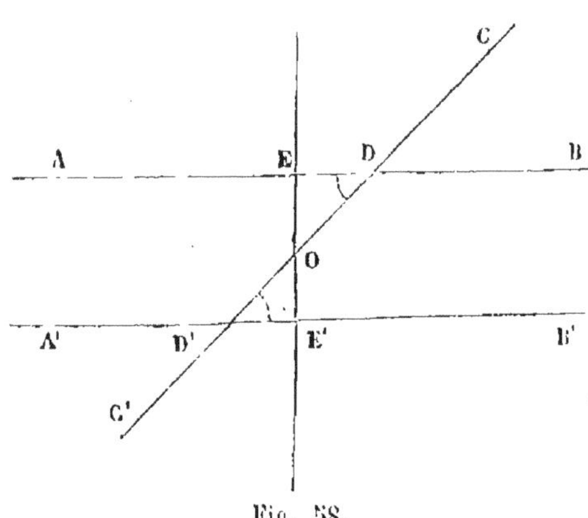

Fig. 58.

De même la sécante CC' forme avec A'B' deux angles aigus égaux, DD'B' et A'D'C', et deux angles obtus égaux, DD'A' et B'D'C'; chacun des angles aigus est le supplément de chacun des angles obtus.

Il suffit donc de démontrer qu'un des angles aigus formés par la sécante avec AB est égal à l'un des angles aigus formés par la sécante avec A'B'. Considérons les deux angles aigus ADD' et DD'B'.

Par le point O, milieu de DD', menons OE perpendiculaire à AB; et soient E, E' les points où cette droite rencontre les deux parallèles. La droite OE, perpendiculaire à AB, est aussi perpendiculaire à A'B' : les triangles ODE, OD'E', rectangles en E et en E', sont égaux comme ayant l'hypoténuse égale OD = OD', et un angle aigu égal DOE = D'OE' : donc les angles ADD', DD'B' sont égaux.

82. Corollaire. *Si l'un des huit angles est droit, tous les autres sont droits.*

83. Définitions. On a donné des noms particuliers aux divers groupes que l'on peut former en prenant ensemble deux angles formés par la sécante avec l'une et l'autre des deux parallèles. Pour abréger le discours, nous appellerons α, β, γ, δ, les angles formés par la sécante avec AB; et α', β', γ', δ', les angles formés par la sécante avec A'B', comme sur la *figure* 59.

On appelle angles *alternes-internes* deux angles situés de part et d'autre de la sécante et dans l'intérieur des deux parallèles : ex. β et α', δ et γ';

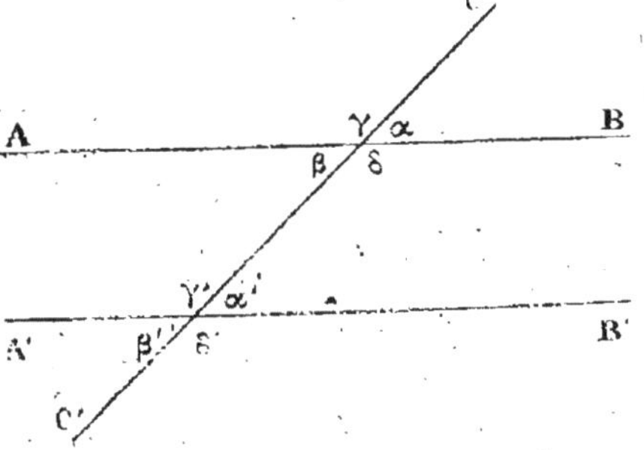

Fig. 59.

Angles *alternes-externes*, deux angles situés de part et d'autre de la sécante et à l'extérieur des deux parallèles : ex. γ et δ', α et β';

Angles *correspondants*, deux angles situés d'un même côté de la sécante, et ayant leurs côtés dirigés dans le même sens : ex. α et α', β et β', γ et γ', δ et δ';

Angles *intérieurs d'un même côté*, deux angles situés d'un même côté de la sécante et à l'intérieur des deux parallèles : ex. δ et α', β et γ';

Angles *extérieurs d'un même côté*, deux angles situés d'un même côté de la sécante et à l'extérieur des deux parallèles : ex. α et δ', γ et β'.

84. Du théorème précédent il résulte qu'une sécante fait avec deux droites parallèles :

Des angles alternes-internes égaux;

Des angles alternes-externes égaux;

Des angles correspondants égaux;

Des angles intérieurs d'un même côté supplémentaires;

Des angles extérieurs d'un même côté supplémentaires.

85. Réciproquement. *Si deux droites rencontrées par une sécante présentent :*

Ou deux angles alternes-internes égaux;
Ou deux angles alternes-externes égaux;
Ou deux angles correspondants égaux;
Ou deux angles intérieurs d'un même côté supplémentaires;
Ou deux angles extérieurs d'un même côté supplémentaires;
ces deux droites sont parallèles.

Soient les deux droites AB et A'B' rencontrées par la sécante CC' (*fig.* 60). Je suppose égaux les angles alternes-internes ADD' et DD'B', et je dis que les droites AB et A'B' sont parallèles.

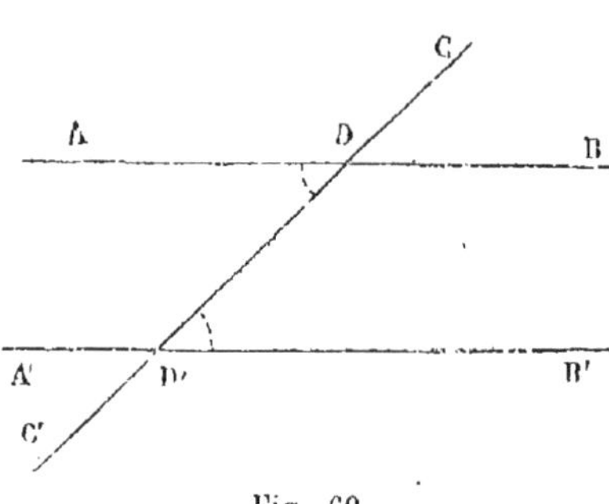

Fig. 60.

En effet, la parallèle à AB, menée par le point D', fait avec D'D, à droite de cette ligne, un angle égal à l'angle ADD', parce que les deux angles sont deux angles alternes-internes formés par une sécante et deux parallèles; mais l'angle ADD' est supposé égal à l'angle DD'B'; donc la parallèle à AB, menée par D', fait avec D'D, à droite de cette ligne, un angle égal à l'angle DD'B', et, par conséquent, elle coïncide avec D'B'.

Le même raisonnement s'applique aux autres cas.

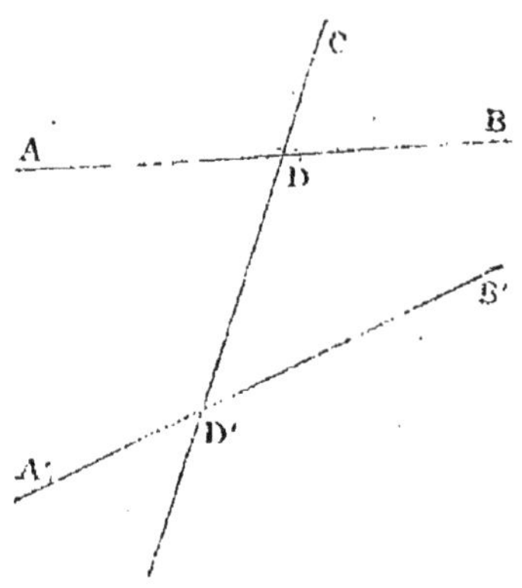

Fig. 61.

86. REMARQUE. Du théorème précédent et de la réciproque, il résulte que, si deux droites forment avec une sécante des angles qui ne satisfont pas aux conditions précédentes, ces droites ne sont pas parallèles.

En particulier : *Si deux droites, AB, A'B', font avec une sécante CD deux angles intérieurs d'un même côté dont la somme diffère de deux angles droits, ces droites ne sont pas parallèles.*

La rencontre de ces droites se fait du côté de la sécante CD, où la somme des angles intérieurs est moindre que deux angles droits (*fig.* 61).

Théorème.

87. *Deux angles qui ont les côtés parallèles sont égaux ou supplémentaires : ils sont égaux lorsque les côtés parallèles sont deux à deux dirigés dans le même sens, ou deux à deux dirigés en sens contraires; ils sont supplémentaires si deux des côtés parallèles sont dirigés dans le même sens, et les deux autres en sens contraires.*

Comparons à l'angle DOE les quatre angles formés autour du point C, par deux droites indéfinies AA′ et BB′, respectivement parallèles aux côtés OD et OE de cet angle (*fig.* 62).

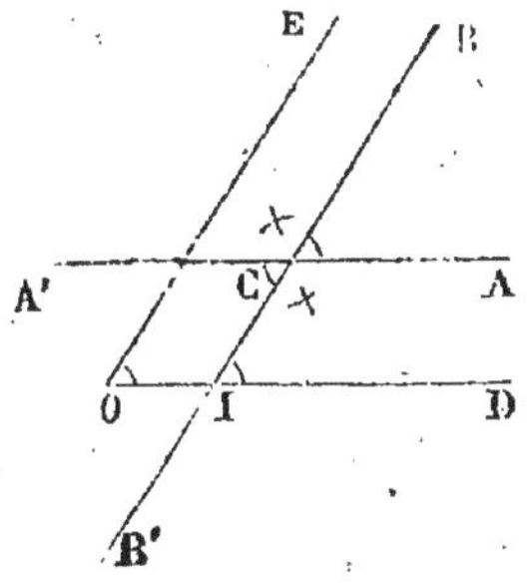

Fig. 62.

1° Les angles ACB et DOE, qui ont les côtés respectivement *parallèles et de même sens*, sont égaux. En effet, soit I le point de rencontre de BB′ avec OD; les angles ACB, DIB sont égaux comme angles correspondants formés par deux parallèles et une sécante (84), et l'angle DIB est égal à l'angle DOE, pour la même raison.

2° Les angles A′CB′ et DOE, qui ont les côtés respectivement *parallèles et de sens contraires*, sont égaux; car A′CB′ est égal à ACB, comme angles opposés par le sommet, et ACB = DOE.

3° Les angles ACB′ et DOE, qui ont deux côtés *parallèles et de même sens*, CA et OD, et deux côtés *parallèles et de sens contraires*, CB′ et OE, sont supplémentaires; car l'angle ACB′ est supplémentaire de l'angle ACB, et celui-ci est égal à DOE. Il en est de même des deux angles A′CB et DOE.

Théorème.

88. *Deux angles qui ont les côtés respectivement perpendiculaires sont égaux ou supplémentaires, égaux s'ils sont tous*

les deux aigus ou tous les deux obtus, supplémentaires si l'un est aigu et l'autre obtus.

Soient les angles DOE et ACB, dont les côtés sont respectivement perpendiculaires, OD perpendiculaire à CA, OE perpendiculaire à CB (*fig.* 63).

Faisons tourner l'angle ACB d'un angle droit autour de son sommet C; de cette façon le côté CA vient se placer perpendiculairement à CA sur CA′, et le côté CB vient se placer perpendiculairement à CB sur CB′. Les droites CA′ et OD, perpendiculaires à CA, sont parallèles (76); de même les droites CB′ et OE, perpendiculaires à CB, sont parallèles. Donc, dans cette

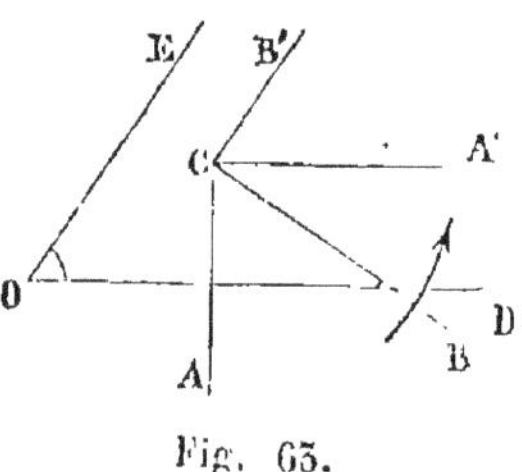

Fig. 63.

nouvelle position, les côtés de l'angle A′CB′, égal à l'angle ACB, sont respectivement parallèles aux côtés de l'angle DOE, et ces angles sont égaux ou supplémentaires (87), égaux s'ils sont de même nature, supplémentaires s'ils sont de nature opposée.

§ VIII. — SOMME DES ANGLES D'UN TRIANGLE ET D'UN POLYGONE CONVEXE.

Théorème.

89. *La somme des angles d'un triangle est égale à deux angles droits.*

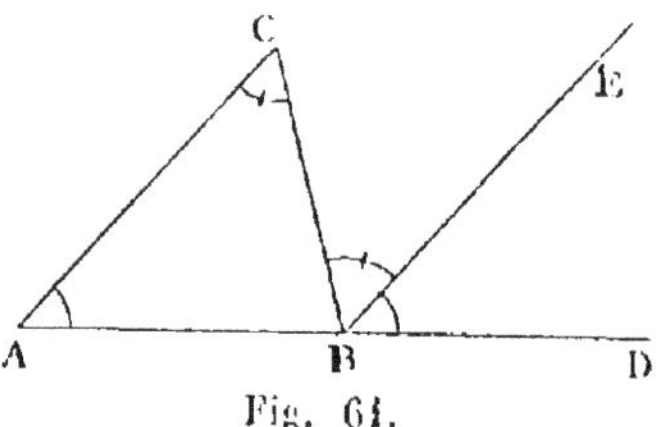

Fig. 64.

Soit un triangle ABC (*fig.* 64). Prolongeons le côté AB au delà du point B, et par le point B menons BE, parallèle à AC, et de même sens que AC. L'angle DBE est égal à l'angle A du triangle, ces deux angles étant des angles correspondants formés par deux parallèles, AC, BE, et une sécante AB. Comme l'angle extérieur DBC surpasse l'angle A (57), et que l'angle DBE est égal à A, la droite BE tombe dans l'angle DBC; cela étant, l'angle CBE et l'angle C du triangle sont alternes-internes par rapport aux parallèles, BE, AC, et à la sécante BC, et par conséquent sont égaux. L'angle CBA est le troisième angle du triangle. Or les trois angles consécutifs, DBE, EBC, CBA, formés autour du point B, d'un même côté de la droite AB, valent ensemble deux angles droits; donc la somme des trois angles d'un triangle quelconque est égale à deux angles droits.

90. COROLLAIRE I. L'angle CBD, formé par le côté BC et le prolongement BD du côté AB, est appelé angle *extérieur* au triangle. Cet angle CBD est égal à la somme des angles A et C du triangle. Donc : *Un angle extérieur à un triangle est égal à la somme des deux angles intérieurs qui ne lui sont pas adjacents.*

91. COROLLAIRE II. *Deux triangles qui ont deux angles égaux chacun à chacun ont les trois angles égaux chacun à chacun.*

92. COROLLAIRE III. *Un triangle ne peut avoir plus d'un angle droit ou obtus.*

93. COROLLAIRE IV. *Les deux angles aigus d'un triangle rectangle sont complémentaires.*

Théorème.

94. *La somme des angles intérieurs d'un polygone convexe est égale à autant de fois deux angles droits que ce polygone a de côtés moins deux.*

Soit par exemple le polygone convexe ABCDEF (*fig.* 65). En joignant le sommet A à chacun des autres sommets, je décompose le polygone en autant de triangles que le polygone a de côtés moins deux ; car, à l'exception des deux côtés, AB, AF, qui comprennent l'angle

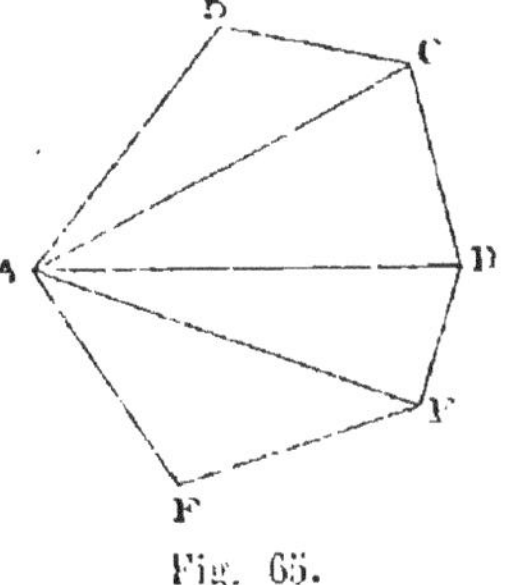

Fig. 65.

A, chaque côté du polygone sert de base à un triangle particulier ayant le point A pour sommet. La somme des angles de chacun de ces triangles valant deux angles droits, la somme totale des angles de ces triangles vaut autant de fois deux angles droits qu'il y a de triangles, c'est-à-dire autant de fois deux angles droits que le polygone a de côtés moins deux. Or, le polygone étant convexe, la somme totale des angles de ces triangles est égale à la somme des angles du polygone. Donc, la somme des angles du polygone vaut autant de fois deux angles droits que le polygone a de côtés moins deux.

Si n est le nombre des côtés d'un polygone, la somme des angles intérieurs est égale à $2(n-2)$ angles droits, ou $2n$ droits moins 4 droits. En particulier, dans un quadrilatère, la somme des quatre angles vaut quatre angles droits.

Théorème.

95. *Étant donné un polygone convexe* ABCD... A *(fig. 66), si l'on prolonge le côté* AB *dans le sens* ABB′, *le côté suivant* BC *dans le sens* BCC′, *le côté suivant* CD *dans le sens* CDD′, *et ainsi de suite, la somme des angles extérieurs au polygone ainsi formés vaut quatre angles droits.*

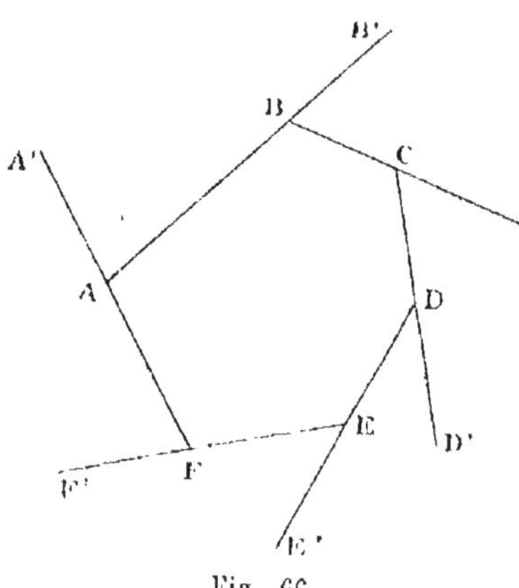

Fig. 66.

Soit un polygone de n côtés ABCDEF *(fig. 66)*. Chaque sommet du polygone, A par exemple, est le sommet d'un angle intérieur BAF et d'un angle extérieur BAA′ dont la somme vaut deux angles droits. La somme totale des angles intérieurs et des angles extérieurs vaut donc $2n$ droits ; or la somme des angles intérieurs vaut $2n$ droits moins 4 droits : donc la somme des angles extérieurs vaut 4 droits, excès de $2n$ droits sur $2n-4$ droits.

§ IX. — PARALLÉLOGRAMMES.

96. DÉFINITIONS. On appelle *parallélogramme* un quadrilatère dont les côtés opposés sont deux à deux parallèles *(fig. 67)*.

Un parallélogramme dont l'un des angles est droit est appelé *rectangle*.

Un parallélogramme dont deux côtés consécutifs sont égaux
est appelé *losange*.

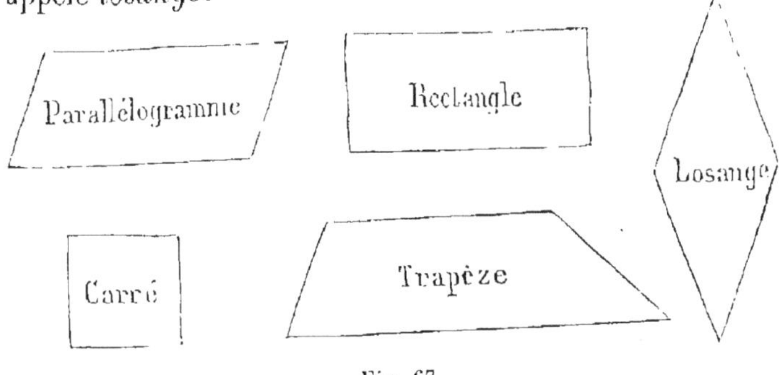

Fig. 67.

Un parallélogramme qui a un angle droit et deux côtés consécutifs égaux est appelé *carré*.

Un *trapèze* est un quadrilatère convexe qui a deux côtés
parallèles; ces côtés parallèles sont appelés les *bases* du trapèze.

Théorème.

97. *Dans un parallélogramme les angles opposés sont égaux,
et les angles adjacents à un même côté sont supplémentaires.*

En effet, deux angles opposés, A et C, dans un parallélogramme ABCD (*fig.* 68), ont les côtés respectivement parallèles
et de sens contraires, et par conséquent
sont égaux. Deux angles A et B, adjacents
à un même côté AB, sont intérieurs, d'un
même côté, par rapport aux deux parallèles AD, BC et à la sécante AB, et, par
conséquent, sont supplémentaires.

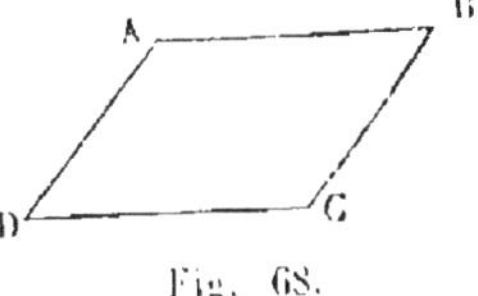
Fig. 68.

98. Corollaire. *Si l'un des angles d'un parallélogramme est
droit, les quatre angles sont droits. — Dans un rectangle les
quatre angles sont droits.*

99. Réciproquement. *Si dans un quadrilatère convexe les
angles opposés sont égaux, la figure est un parallélogramme.*
Soit dans le quadrilatère ABCD, A = C et B = D (*fig.* 68). La
somme des quatre angles du quadrilatère, A + C + B + D, ou
2 A + 2 B, vaut quatre angles droits; donc la somme des angles

A et B est égale à deux angles droits. Les angles supplémentaires A et B étant intérieurs d'un même côté par rapport aux droites, AD, BC, et à la sécante AB, les droites AD et BC sont parallèles; on reconnaît de même que les côtés AB et DC sont parallèles, et on en conclut que la figure ABCD est un parallélogramme.

Théorème.

100. *Dans un parallélogramme, les côtés opposés sont égaux.*

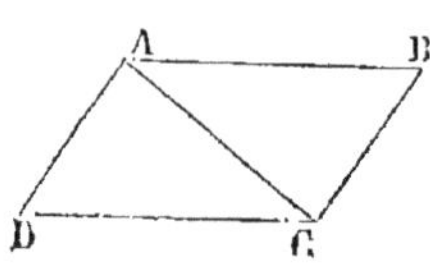

Fig. 69.

Soit le parallélogramme ABCD; menons la diagonale AC (*fig.* 69). Les triangles ABC, ACD sont égaux, comme ayant un côté égal adjacent à deux angles égaux chacun à chacun, savoir : AC commun, les angles BAC et DCA égaux comme angles alternes-internes, par rapport à deux droites parallèles et à une sécante, et les angles ACB et CAD égaux pour la même raison : donc AB = DC, et BC = AD.

101. Corollaire I. *Si, dans un parallélogramme, deux côtés consécutifs sont égaux, les quatre côtés sont égaux.* — *Les quatre côtés d'un losange sont égaux.*

102. Corollaire II. *Deux parallèles sont partout également distantes.*

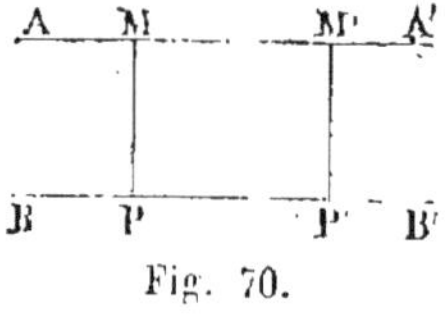

Fig. 70.

Soient deux parallèles AA′ et BB′ (*fig.* 70); des points M et M′ pris quelconques sur AA′, menons MP et M′P′ perpendiculaires à BB′, la figure MPP′M′ est un parallélogramme; les côtés opposés MP, M′P′ sont égaux : donc deux points quelconques de la droite AA′ sont à la même distance de la droite BB′.

103. Corollaire III. *Le lieu des points situés à une distance donnée d'une droite AB se compose de deux droites RR′ et SS′, parallèles à cette droite (fig. 71)*

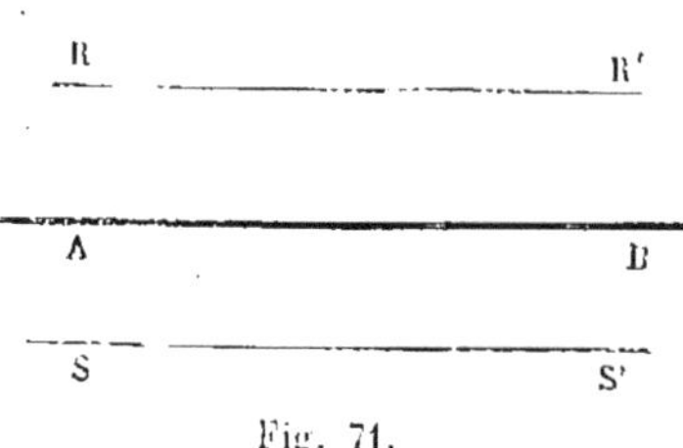

Fig. 71.

104. RÉCIPROQUEMENT. *Si dans un quadrilatère convexe les côtés opposés sont égaux, la figure est un parallélogramme.*

Soit dans le quadrilatère convexe ABCD (*fig.* 72), AB $=$ DC, et AD $=$ BC. Menons la diagonale AC; les deux triangles ABC, ACD sont égaux comme ayant les trois côtés égaux chacun à chacun, savoir : AC commun, AB $=$ CD, AD $=$ BC. Donc, les angles BAC et ACD sont égaux, ainsi que les angles ACB et CAD. Les angles égaux BAC et ACD étant alternes-internes par

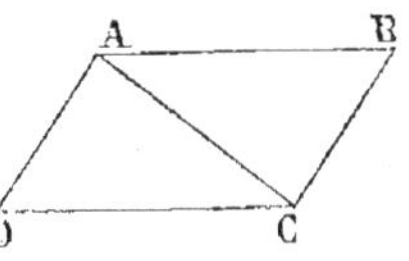

Fig. 72.

rapport aux droites AB, CD, et à la sécante AC, les droites AB et DC sont parallèles. On déduit de même de l'égalité des angles ACB et CAD que BC et AD sont parallèles : donc la figure ABCD est un parallélogramme.

Théorème.

105. *Si dans un quadrilatère convexe deux côtés opposés sont égaux et parallèles, la figure est un parallélogramme.*

Soit, dans le quadrilatère convexe ABCD, les côtés AB et DC égaux et parallèles (*fig.* 73). Menons la diagonale AC. Les deux triangles ABC, ACD sont égaux comme ayant un angle égal compris entre deux côtés égaux chacun à chacun, savoir : les angles BAC et ACD égaux comme angles alternes-internes par rapport à deux droites parallèles et à une sécante, le côté AC

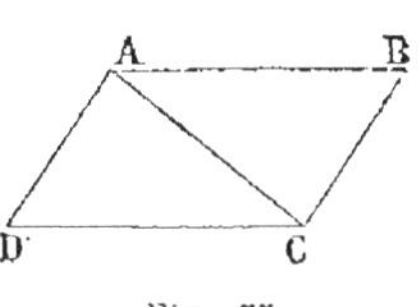

Fig. 73.

commun, et les côtés AB et DC égaux par hypothèse : donc les angles ACB et CAD sont égaux, et, par suite, les droites BC et AD, qui font avec la sécante AC des angles alternes-internes égaux, sont parallèles. Donc la figure est un parallélogramme.

Théorème.

106. *Les diagonales d'un parallélogramme se coupent en parties égales.*

Menons les diagonales AC et BD du parallélogramme ABCD

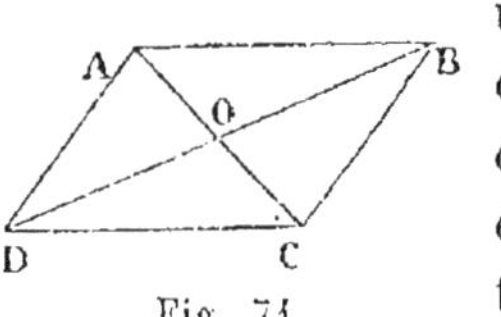

Fig. 74.

(*fig.* 74) ; les deux triangles AOB et COD sont égaux, comme ayant un côté égal adjacent à deux angles égaux chacun à chacun, savoir : AB = CD, côtés opposés du parallélogramme, ABD = BDC, et BAC = ACD comme angles alternes-internes par rapport à deux parallèles et à une sécante : donc AO = OC, et BO = OD.

107. RÉCIPROQUEMENT. *Si les diagonales d'un quadrilatère se coupent en parties égales, la figure est un parallélogramme.*

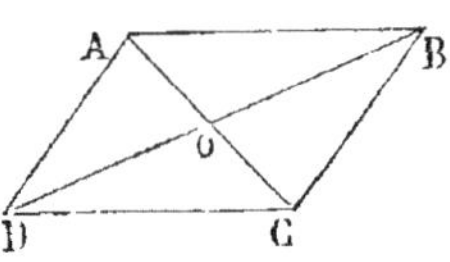

Fig. 75.

Soit AO = OC, BO = OD (*fig.* 75) ; les deux triangles AOB et COD, ayant un angle égal compris entre deux côtés égaux chacun à chacun, sont égaux : donc AB = DC, et ABD = BDC. Or, les angles égaux ABD et BDC étant alternes-internes par rapport aux droites AB, CD et à la sécante BD, les droites AB et CD sont parallèles. Le quadrilatère ABCD a deux côtés opposés, AB et CD, égaux et parallèles : donc c'est un parallélogramme.

Théorème.

108. *Dans un rectangle les diagonales sont égales.*

Soit le rectangle ABCD (*fig.* 76) ; les triangles ADC et BCD

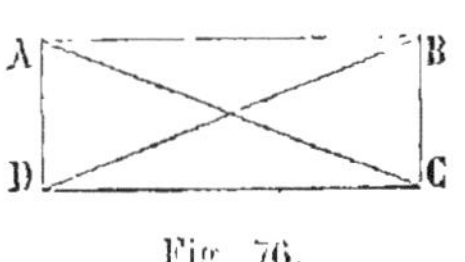

Fig. 76.

ont un angle égal compris entre deux côtés égaux chacun à chacun, savoir : les angles ADC, BCD égaux comme droits, CD côté commun, AD = BC, côtés opposés du rectangle ; donc ces triangles sont égaux, et, par conséquent, les diagonales AC et BD sont égales.

109. RÉCIPROQUEMENT. *Un parallélogramme dans lequel les diagonales sont égales est un rectangle.*

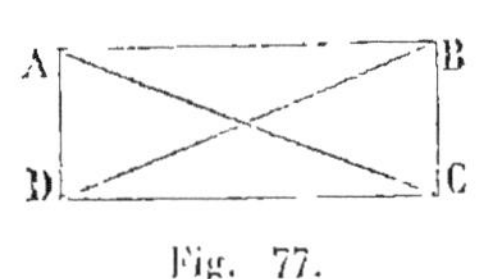

Fig. 77.

Soit dans le parallélogramme ABCD (*fig.* 77), AC = BD. Les triangles ADC, BCD sont égaux comme ayant les trois côtés égaux chacun à chacun, DC commun, AC = BD par hypothèse, AD = BC comme côtés opposés du parallélogramme : donc les angles ADC et BCD sont égaux. Ces angles égaux, étant d'ailleurs supplémentaires (97), sont des angles droits : donc le parallélogramme est un rectangle.

Théorème.

110. *Dans un losange les diagonales sont perpendiculaires.*

Soit le losange ABCD (*fig.* 78), et soit O le point de rencontre des diagonales ; le point O est le milieu de AC. Dans le triangle isocèle ABC, la droite BO, qui joint le sommet B au milieu de la base, est perpendiculaire sur cette base (49) : donc les diagonales AOC, BOD sont perpendiculaires.

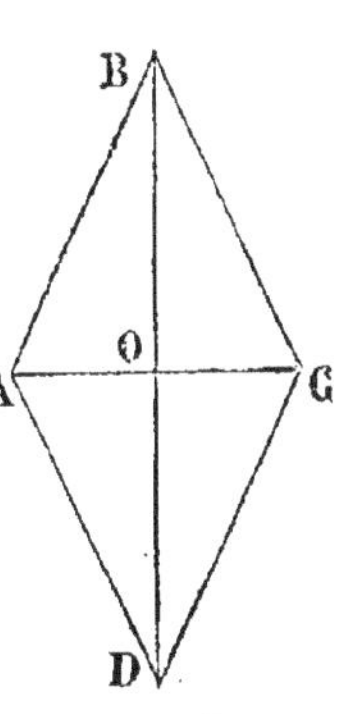

Fig. 78.

111. Corollaire. *Dans un carré les diagonales se coupent en parties égales, sont égales, et sont perpendiculaires.*

112. Réciproquement. *Un parallélogramme dont les diago-nales sont perpendiculaires est un losange.*

Soit ABCD (*fig.* 79) un parallélogramme dans lequel les diagonales AC, BD sont perpen-diculaires. Les deux côtés consécutifs BA et BC sont égaux comme obliques dont les pieds s'é-cartent également du pied O de la perpendicu-laire BO sur AC ; donc la figure est un losange.

113. Corollaire. *Si dans un quadrilatère les diagonales se coupent en parties égales, sont égales et sont perpendiculaires, le qua-drilatère est un carré.*

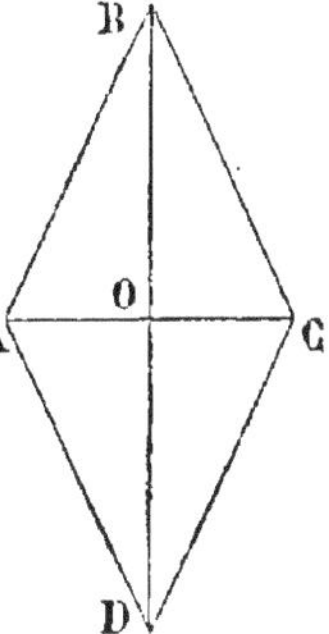

Fig. 79.

EXERCICES SUR LE LIVRE I.

Théorèmes à démontrer.

1. La somme des distances d'un point pris à l'intérieur d'un triangle aux trois sommets de ce triangle est comprise entre la moitié du péri-mètre du triangle et ce périmètre.

2. Démontrer que, si AD est une médiane du triangle ABC, on a

$$\frac{1}{2}(AB + AC - BC) < AD < \frac{1}{2}(AB + AC).$$

3. Démontrer que la somme des longueurs des trois médianes d'un triangle est comprise entre la moitié du périmètre du triangle et ce périmètre.

4. Dans un triangle isocèle, les hauteurs correspondant aux côtés égaux sont égales; réciproquement, si dans un triangle deux hauteurs sont égales, les côtés correspondants sont égaux; si les trois hauteurs sont égales, les trois côtés sont égaux.

5. Si dans un triangle, la bissectrice et la hauteur issues du même sommet, ou la bissectrice et la médiane, ou la hauteur et la médiane, coïncident, le triangle est isocèle.

6. Démontrer que les perpendiculaires élevées sur les côtés d'un triangle par les milieux de ces côtés sont concourantes.

7. Si par les sommets d'un triangle on mène des parallèles à ses côtés, on forme un nouveau triangle dont les côtés sont respectivement doubles des côtés du premier triangle.

8. Les trois hauteurs d'un triangle se coupent en un même point.

9. Les bissectrices des angles d'un quadrilatère forment un nouveau quadrilatère dans lequel les angles opposés sont supplémentaires. — Quelle est la forme du second quadrilatère quand le premier est un parallélogramme, un rectangle?

10. La somme des distances d'un point de la base d'un triangle isocèle aux deux autres côtés est constante. Comment faut-il modifier l'énoncé quand le point est pris sur le prolongement de la base?

11. La somme des distances d'un point pris dans l'intérieur d'un triangle équilatéral aux trois côtés est constante.

12. Dans un triangle, la droite qui joint les milieux de deux côtés est parallèle au troisième côté, et égale à sa moitié.

13. Les milieux des côtés d'un quadrilatère sont les sommets d'un parallélogramme. — Quelles conditions doit remplir le quadrilatère donné pour que le parallélogramme ainsi formé soit un rectangle, ou un losange, ou un carré?

14. Dans un quadrilatère les droites qui passent par les milieux de deux côtés opposés, et la droite qui joint les milieux des diagonales, se coupent en un même point, et chacune d'elles est partagée par ce point en deux parties égales.

15. Deux médianes d'un triangle se coupent mutuellement en deux parties dont l'une est double de l'autre. — Les trois médianes d'un triangle se coupent en un même point.

16. Soit O le point de concours des médianes d'un triangle ABC;

par ce point on mène une droite quelconque OR, et des sommets du triangle on abaisse sur OR les perpendiculaires AA′, BB′, CC′. Démontrer que la somme des deux perpendiculaires qui sont d'un même côté de OR est égale à la longueur de l'autre.

17. Démontrer que les trois bissectrices des angles intérieurs d'un triangle concourent en un même point, que deux bissectrices des angles extérieurs et la bissectrice intérieure du troisième angle sont concourantes.

18. Si le point de concours des bissectrices d'un triangle est sur l'une des hauteurs, ou sur l'une des médianes, le triangle est isocèle. Si ce point est à la fois sur deux hauteurs, ou sur deux médianes, le triangle est équilatéral.

19. Si le point de concours des médianes d'un triangle est sur la bissectrice d'un des angles du triangle, ou sur une des hauteurs, le triangle est isocèle. Si ce point est à la fois sur deux bissectrices, ou sur deux hauteurs, le triangle est équilatéral.

20. Soit un parallélogramme OACB; on prend, sur OA, OA′ = 2OA, et sur OB, OB′ = 2OB (*fig.* 80); démontrer que la droite A′B′ passe par le point C, et que ce point est le milieu de A′B′.

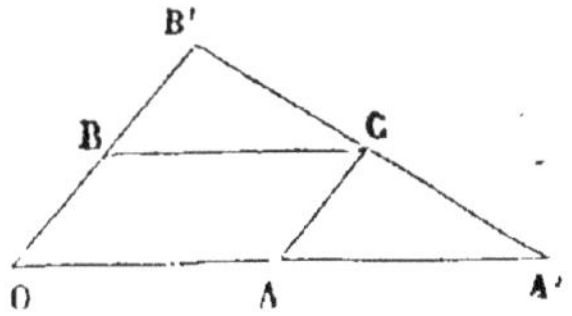

Fig. 80.

21. Démontrer que deux triangles sont égaux lorsqu'ils ont deux côtés égaux chacun à chacun et une médiane égale placée de la même façon (deux cas).

22. Démontrer que, dans un triangle rectangle, si un des angles aigus est double de l'autre, l'hypoténuse est double du plus petit côté; réciproque.

23. Démontrer que, dans un triangle ABC, l'angle formé par la hauteur et la bissectrice intérieure issues d'un même sommet A est égal à la demi-différence des angles à la base BC.

24. On prolonge la base AB d'un triangle ABC d'une longueur BD égale à BC, et l'on prend sur le côté BA la longueur BE égale à BC; démontrer : 1° que l'angle DCE est droit; 2° que l'angle CEA est égal à un angle droit augmenté ou diminué de la moitié de l'angle B du triangle ABC suivant que le côté BC est inférieur ou supérieur au côté AB.

25. Démontrer que, dans un trapèze, la droite qui passe par les milieux des côtés non parallèles est parallèle aux bases, passe par les milieux des diagonales du trapèze, et que la portion de cette droite comprise entre les deux diagonales est égale à la demi-différence des bases.

26. Démontrer que deux trapèzes sont égaux lorsqu'ils ont leurs quatre côtés égaux et disposés de la même manière.

27. Démontrer que, dans tout trapèze dont les côtés non parallèles sont égaux, les angles opposés sont supplémentaires.

28. Étant donné un triangle ABC rectangle en A, soit AB le plus petit des côtés de l'angle droit; on fait tourner le triangle, dans son plan, autour du point A, de telle sorte que dans la nouvelle position AB'C' l'hypoténuse B'C' passe par le point B; démontrer que si D est le point d'intersection de BC et de AC', on a $\widehat{ADB} = 3\,\widehat{ACB}$.

Problèmes à résoudre.

29. Trouver un point équidistant de deux points donnés, et équidistant de deux droites données.

30. Trouver un point équidistant de deux points donnés et situé à une distance donnée d'une droite donnée.

31. Trouver un point équidistant de deux droites données et situé à une distance donnée d'une droite donnée.

32. Quelle condition doivent remplir les côtés non parallèles d'un trapèze pour que deux angles opposés du trapèze soient supplémentaires?

33. Étant donnés une droite MN et deux points A et B, situés d'un même côté de cette droite, déterminer sur la droite MN un point C tel que l'angle ACM soit égal à l'angle BCN. Démontrer que le point C ainsi obtenu est, de tous les points de la droite MN, celui dont la somme des distances aux points A et B est la plus petite.

34. Étant donnés deux points A et B dans un angle MON, trouver un point C sur OM, et un point D sur ON, tels que la somme des distances AC + CD + DB soit la plus petite possible.

35. Mener une parallèle à un côté d'un triangle telle que la portion de cette ligne comprise dans le triangle soit égale à la somme ou à la différence des segments des deux autres côtés compris entre cette ligne et le côté du triangle auquel elle est parallèle.

36. Démontrer que dans un rectangle on peut inscrire un nombre infini de parallélogrammes ayant leurs côtés parallèles aux diagonales du rectangle et que tous ces parallélogrammes ont le même périmètre.

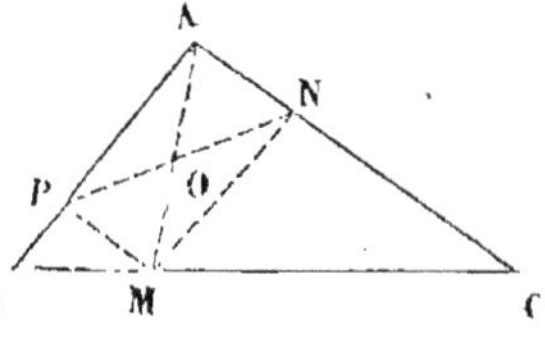

Fig. 84.

37. Soit un triangle ABC (*fig.* 84); on prend sur BC un point quelconque M, et on mène, par ce point, MN parallèle à AB et MP parallèle à AC, de manière à former le parallélogramme MNAP. On demande le lieu décrit par le point de concours O des diagonales de ce parallélogramme, quand le point M parcourt la droite BC.

38. Trouver le lieu géométrique des points dont la somme, ou la différence, des distances à deux droites fixes est constante et égale à une longueur donnée.

39. Soit un angle ROS; sur les côtés de cet angle on prend les longueurs OA et OB telles que la somme OA + OB soit égale à une longueur donnée, et l'on construit le parallélogramme OACB; trouver le lieu du sommet C du parallélogramme. Même question en supposant que la différence OA — OB est constante.

40. Soient deux points fixes, A, B, et une droite LL′ perpendiculaire à la droite qui passe par les points A et B; on prend sur LL′ un point quelconque C; on mène, du point A, AA′ perpendiculaire à BC, et du point B, BB′ perpendiculaire à AC; on demande le lieu décrit par le point de rencontre des droites AA′ et BB′ quand le point C parcourt la droite LL′.

41. Sur les côtés d'un angle xAy, on prend deux longueurs variables AM, AN; on trace MP perpendiculaire à Ax et NP perpendiculaire à Ay; ces droites se rencontrent en P; en supposant P à l'intérieur de l'angle xAy, prouver que, si la somme AM + AN demeure constante quand M et N se déplacent respectivement sur Ax et Ay, la somme PM + PN demeure également constante; examiner si la propriété est encore vraie quand P n'est pas à l'intérieur de l'angle, et comment il faut la modifier quand elle cesse d'être vraie; enfin, trouver le lieu géométrique du point P. (École normale de Fontenay-aux-Roses, 1899.)

LIVRE II

CIRCONFÉRENCE

§ 1. Définitions, cercle, rayons, diamètres, cordes. — § II. Dépendance mutuelle des cordes et des arcs. — § III. Tangente à la circonférence. — § IV. Positions relatives de deux circonférences. — § V. Mesure des angles. — § VI. Usages de la règle, du compas, de l'équerre, du rapporteur. — § VII. Problèmes relatifs aux perpendiculaires, aux parallèles, aux angles. — § VIII. Problèmes élémentaires sur la construction des triangles. — § IX. Problèmes sur les tangentes; décrire sur une portion de droite un segment capable d'un angle donné. — § X. Remarques sur la résolution des problèmes.

§ I. — DÉFINITIONS, CERCLE, RAYONS, DIAMÈTRES, CORDES.

114. Définitions. On appelle *circonférence de cercle* ou plus simplement *circonférence*, une ligne plane dont tous les points sont à une même distance d'un point du plan nommé *centre*. La portion de plan limitée par une circonférence de cercle est appelée *cercle*.

Toute droite OA qui va du centre d'un cercle à un point de la circonférence de ce cercle est un *rayon* (*fig.* 82). Tous les rayons d'une même cercle sont égaux.

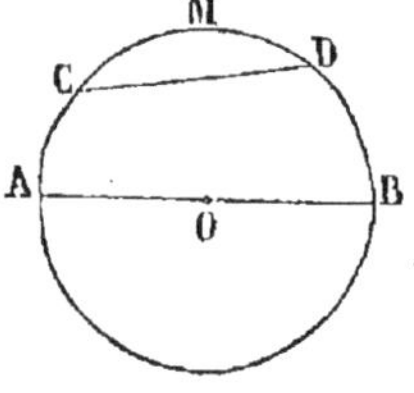
Fig. 82.

Tout point intérieur à une circonférence de cercle étant à une distance du centre moindre que le rayon, et tout point extérieur étant à une distance du centre plus grande que le rayon, une circonférence est le *lieu géométrique* des points du plan dont la distance au centre est égale au rayon.

115. Une droite AB passant par le centre, et terminée de part et d'autre à la circonférence, est un *diamètre*. Tout diamètre est double du rayon.

116. Une portion CMD de la circonférence d'un cercle est un *arc*. La portion de droite CD qui joint les extrémités d'un arc est une *corde*. On dit que la corde CD *sous-tend* l'arc CD, et que l'arc CD est *sous-tendu* par la corde CD.

Théorème.

117. *Une droite ne peut rencontrer une circonférence en plus de deux points.*

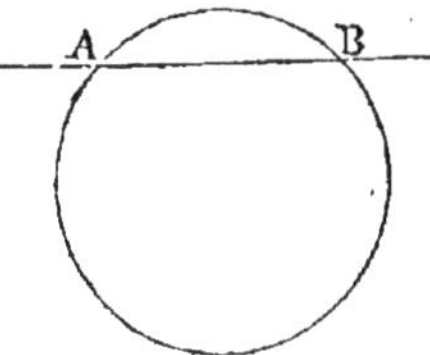
Fig. 85

En effet, du centre de la circonférence on ne peut mener à la droite plus de deux obliques égales au rayon (68).

Une droite AB qui rencontre une circonférence en deux points est dite *sécante* (*fig.* 83).

Théorème.

118. *Tout diamètre AB partage la circonférence et le cercle en deux parties égales.*

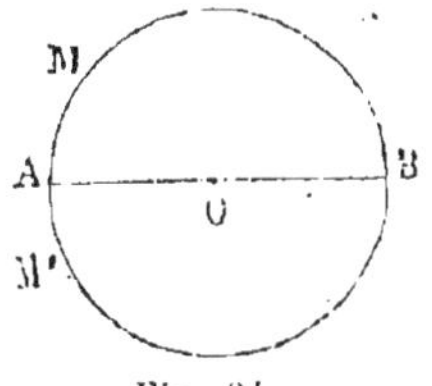
Fig. 84.

Faisons tourner (*fig.* 84) la partie AMB de la figure autour du diamètre AB pour la rabattre sur la partie AM'B. Un point quelconque M de l'arc AMB vient se placer sur l'arc AM'B, parce que la circonférence est le *lieu* des points du plan dont la distance au centre est égale au rayon ; donc l'arc AMB coïncide avec l'arc AM'B, et le diamètre AB partage la circonférence et le cercle en deux parties égales.

Théorème.

119. *Toute corde qui ne passe pas par le centre d'un cercle est plus petite qu'un diamètre.*

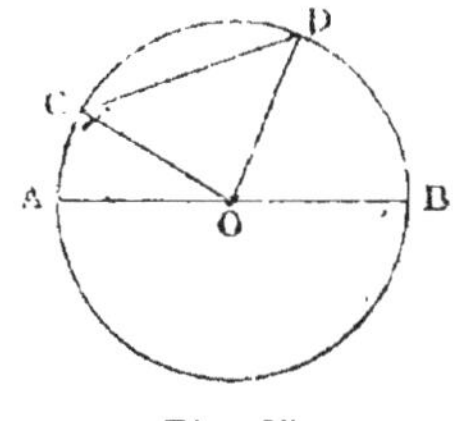
Fig. 85.

Soit CD une corde qui ne passe pas par le centre O du cercle donné, et soit AB un diamètre (*fig.* 85). Menons les rayons, OC, OD. Le diamètre AB, double du rayon, est égal à OC + OD ; dans le triangle OCD, le côté CD est plus petit que la somme des deux autres ; donc la corde CD est moindre que le diamètre AB.

§ II. — DÉPENDANCE MUTUELLE DES CORDES ET DES ARCS.

Théorème

120. *Dans un même cercle, ou dans deux cercles égaux :
1° deux arcs égaux sont sous-tendus par des cordes égales;
2° deux arcs inégaux, et moindres qu'une demi-circonférence, sont sous-tendus par des cordes inégales; le plus grand arc est sous-tendu par la plus grande corde.*

1° Soient, dans deux cercles égaux O et O', les arcs égaux AMB et A'M'B' (*fig.* 86); les cordes AB et A'B' qui les sous-tendent sont égales.

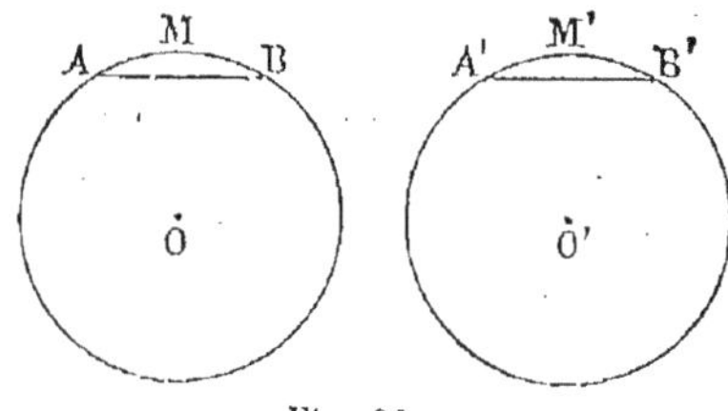

Fig. 86.

Nous pouvons toujours supposer les lettres A', B', placées de façon que, pour un observateur placé en O' au-dessus du plan, le sens de l'arc A'M'B' soit le même que le sens de l'arc AMB pour un observateur placé en O au-dessus du plan. Ceci posé, portons le cercle O' sur le cercle O de façon que le centre O' tombe en O; les deux cercles coïncident. Faisons tourner le cercle O' autour du point O de manière à amener le point A' en A; les deux cercles coïncident toujours, et comme l'arc A'M'B' est égal à l'arc AMB et de même sens, le point B' tombe en B, et, par suite, la corde A'B' coïncide avec la corde AB. Donc les deux cordes sont égales.

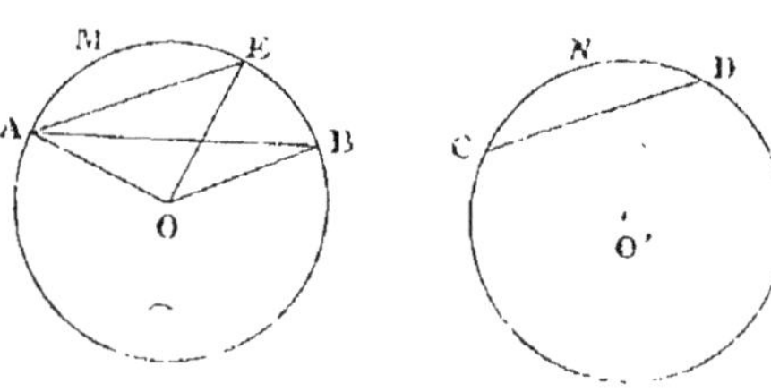

Fig. 87.

2° Soient, sur des cercles égaux, l'arc AMB plus grand que l'arc CND, et moindre qu'une demi-circonférence : la corde AB est plus grande que la corde CD (*fig.* 87). En effet, supposons toujours les arcs AMB, CND de même sens, et portons le cercle O' sur le cercle O, de manière que les cercles coïncident et que C tombe en A. Le point D

tombe sur l'arc AMB, entre A et B, en E je suppose, et la corde
AE est égale à la corde CD. Menons les rayons OA, OB, OE.
L'arc AMB est situé tout entier dans l'angle AOB, et, le point E
étant sur cet arc, la droite OE est dans l'angle AOB ; par conséquent, l'angle AOB est plus grand que l'angle AOE. Cela étant,
les triangles, AOB, AOE, ont deux côtés égaux chacun à chacun, comprenant des angles inégaux, savoir : OA côté commun,
OB égal à OE comme rayons d'un même cercle, et l'angle AOB
plus grand que l'angle AOE ; donc le troisième côté AB du
premier triangle est plus grand que le troisième côté AE du
second.

121. Si les arcs considérés sont pris sur un même cercle, on
imagine que l'on détache de ce cercle un cercle égal, l'un des
arcs restant sur l'un des cercles, l'autre sur l'autre, et on
répète la démonstration précédente.

122. REMARQUE. Dans un cercle, un arc AMB moindre que
la moitié de la circonférence de cercle et la corde AB qui le sous-
tend sont deux grandeurs qui varient dans le même sens ; quand
l'arc augmente, la corde augmente ; si l'arc devient égal à la
demi-circonférence de cercle, la corde devient égale au diamètre.
Si l'arc devient plus grand que la demi-circonférence, alors l'arc
et la corde qui le sous-tend sont deux grandeurs qui varient en
sens contraires : quand l'arc augmente, la corde diminue. Donc :

123. RÉCIPROQUEMENT. *Dans un même cercle, ou dans des
cercles égaux, deux cordes égales sous-tendent des arcs
moindres chacun qu'une demi-circonférence, qui sont égaux ;
deux cordes inégales sous-tendent des arcs, moindres chacun
qu'une demi-circonférence, qui sont inégaux, et la plus grande
corde sous-tend le plus grand arc.*

Si l'on considère des arcs inégaux tous deux plus grands
qu'une demi-circonférence, c'est la plus petite corde qui sous-
tend le plus grand arc.

Théorème.

124. *Le diamètre CD perpendiculaire à une corde AB d'une
circonférence partage en deux parties égales la corde AB et
chacun des arcs ACB, ADB qu'elle sous-tend (fig. 88).*

Soient O le centre du cercle et I le point où le diamètre CD, perpendiculaire à la corde AB, rencontre cette corde. Les obliques

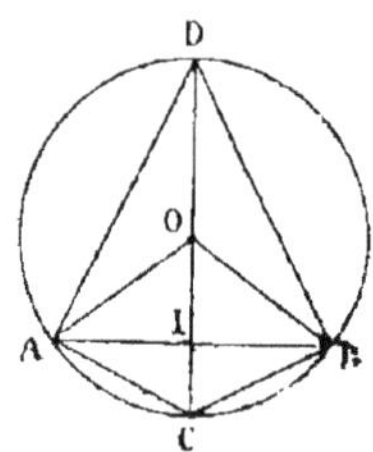

OA et OB étant égales comme rayons d'un même cercle, leurs pieds A et B sont équidistants du pied I de la perpendiculaire OI ; donc le diamètre CD partage en deux parties égales la corde AB. D'autre part, de ce que $IA = IB$, il résulte que les cordes CA, CB, sont des obliques égales, et, par suite, les arcs CA, CB, sous-tendus par ces cordes, sont égaux. On verrait de même que les arcs DA, DB, sont

Fig. 88.

égaux. Donc le diamètre CD partage en deux parties égales chacun des arcs, ACB, ADB, sous-tendus par la corde AB.

125. Corollaire I. *Dans un cercle, le centre, le milieu d'une corde, et les milieux des deux arcs sous-tendus par cette corde, sont quatre points en ligne droite.*

126. Corollaire II. *Le lieu des milieux des cordes d'un cercle parallèles à une droite donnée est le diamètre perpendiculaire à cette droite.*

Théorème.

127. *Par trois points non en ligne droite on peut faire passer une circonférence, et on n'en peut faire passer qu'une.*

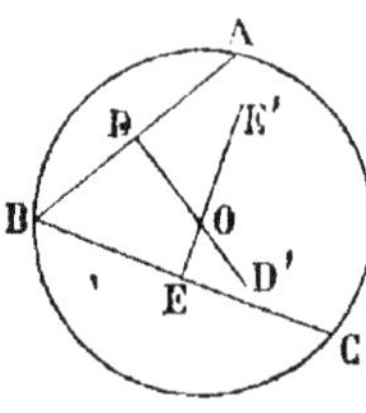

Soient, A, B, C, trois points non en ligne droite (*fig.* 89) ; joignons les points A et B, B et C ; menons la perpendiculaire DD′ au milieu de AB, et la perpendiculaire EE′ au milieu de BC. Les droites DD′ et EE′, perpendiculaires aux droites AB et BC, ne peuvent être parallèles ; car, si elles étaient parallèles,

Fig. 89.

la droite BA perpendiculaire à DD′ serait perpendiculaire à sa parallèle EE′ (80), et se confondrait avec la droite BC perpendiculaire à EE′ (40) ; les trois points A, B et C seraient en ligne droite, ce qui est contre l'hypothèse. Les deux droites DD′ et EE′ se coupant, soit O leur point de rencontre ; ce point O est équidistant des points, A, B et C. Donc si de O ⋯

comme centre, avec OA pour rayon, on décrit une circonférence, elle passe par les trois points, A, B et C.

Cette circonférence est d'ailleurs la seule que l'on puisse faire
passer par les trois points A, B, C. En effet, le centre de toute
circonférence passant par ces trois points devant être également
éloigné de chacun d'eux, est situé à la fois sur la droite DD',
lieu des points équidistants de A et de B, et sur la droite EE',
lieu des points équidistants de B et de C, c'est-à-dire au point
de concours O de ces deux droites; donc toute circonférence
passant par les trois points, A, B, C, coïncide avec la circonférence décrite du point O comme centre avec OA pour rayon.

128. Corollaire. *Deux circonférences distinctes ne peuvent
se rencontrer en plus de deux points.*

Car, si elles avaient trois points communs, elles coïncideraient.

129. Remarque. Si les trois points donnés sont en ligne droite (*fig.* 90), les
droites, DD', EE', perpendiculaires à une
même droite ABC, sont parallèles, et le point
de rencontre s'éloigne à l'infini, ce qui indique que le problème n'est plus possible.

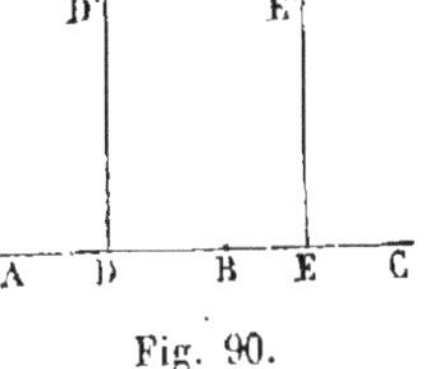

Fig. 90.

On savait d'ailleurs que par trois points
en ligne droite on ne peut pas faire passer une circonférence,
puisqu'une droite ne rencontre jamais une circonférence en plus
de deux points.

Théorème.

150. *Dans un même cercle, ou dans deux cercles égaux,
deux cordes égales sont éga-
lement éloignées du centre.*

Soient (*fig.* 91), dans les
cercles égaux O et O', les
cordes égales AB et A'B': les
perpendiculaires OI et O'I',
menées des centres sur ces
cordes, sont égales. Pour le

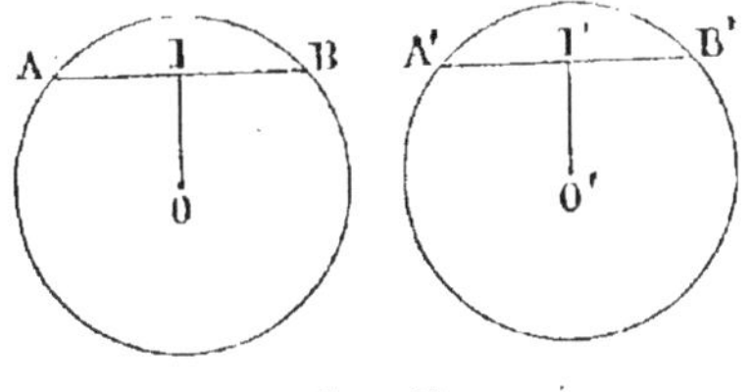

Fig. 91.

démontrer, supposons, ce qui est toujours permis, que les arcs

AB et A'B', qui sont égaux (123), sont de même sens; portons le cercle O' sur le cercle O, de façon que le centre O' tombe sur le centre O, et faisons tourner le cercle O' autour du point O pour amener le point A' sur le point A. Les cercles coïncident, et les arcs de même sens AB, A'B' étant égaux, le point B' tombe en B; la corde A'B' coïncide avec AB, et par suite la perpendiculaire O'I' coïncide avec OI, et lui est égale.

Théorème.

131. *Dans un même cercle, ou dans des cercles égaux, de deux cordes inégales la plus grande est la plus rapprochée du centre.*

Soit, dans le cercle O, la corde AB plus grande que la corde CD (*fig.* 92) : la corde AB est plus rapprochée du centre que la corde CD.

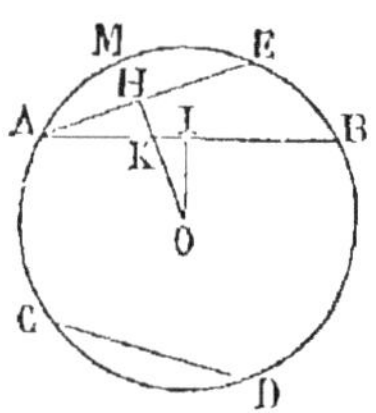
Fig. 92.

En effet, prenons à partir du point A, dans le sens de l'arc AMB, arc moindre qu'une demi-circonférence et sous-tendu par la corde AB, l'arc AME égal à l'arc CD, moindre qu'une demi-circonférence et sous-tendu par la corde CD; cet arc est moindre que l'arc AMB, parce que la corde CD est plus petite que la corde AB, et l'extrémité E tombe entre les points A et B. Les cordes AE et CD, qui sous-tendent des arcs égaux, sont égales et, par suite, également éloignées du centre. Il s'agit donc de démontrer que la distance OI du centre à la corde AB est plus petite que la distance OH du centre à la corde AE. Or le centre O et le point H, milieu de la corde AE, étant de part et d'autre de la corde AB, la perpendiculaire OH rencontre nécessairement la corde AB en un point K situé entre O et H, et OK est moindre que OH; d'autre part, la perpendiculaire OI est moindre que l'oblique OK : donc, à plus forte raison, OI est moindre que OH.

132. Remarque. Dans un cercle, la longueur d'une corde et la distance du centre à cette corde sont deux grandeurs qui varient en sens inverse : quand la première augmente, la seconde diminue. On en conclut la réciproque du théorème précédent : *Dans un même cercle, ou dans deux cercles égaux, des cordes également éloignées du centre sont égales.*

§ III. — TANGENTE A LA CIRCONFÉRENCE.

155. Définition. On dit qu'une droite est *tangente* en un point A à une circonférence, lorsqu'elle n'a que ce seul point commun avec la circonférence; ce point A est appelé *point de contact* de la tangente.

Le fait qu'une droite peut n'avoir qu'un seul point commun avec une circonférence n'est pas évident *a priori*. Cette possibilité se trouve démontrée par le théorème suivant.

Théorème.

154. *Soit* A *un point de la circonférence d'un cercle :*

1° La perpendiculaire au rayon OA *menée par le point* A *ne rencontre la circonférence qu'au point* A, *et, par suite, est tangente à la circonférence en ce point ;*

2° Toute droite menée par le point A, *non perpendiculaire au rayon* OA, *rencontre la circonférence du cercle en un second point* B *différent de* A.

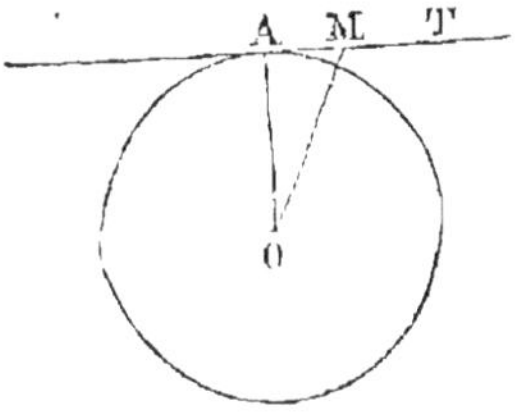

1° Soit AT la perpendiculaire au rayon OA menée par le point A (*fig.* 95). Tout point M de cette droite AT, autre que le point A, est extérieur au cercle, car l'oblique OM est plus grande que la perpendiculaire OA.

Il en résulte que la droite AT ne rencontre la circonférence du cercle qu'au seul point A; donc elle lui est tangente, et A est le point de contact.

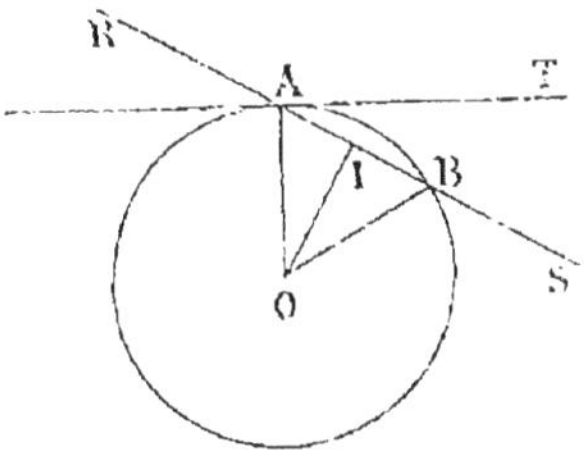

Fig. 95.

2° Soit RAS une droite menée par le point A, non perpendiculaire au rayon OA (*fig.* 94); soit I le pied de la perpendiculaire à la droite RAS menée par le centre du cercle. Si, sur la droite RAS, à partir du point I, on prend, dans le sens AI, une longueur IB égale à AI, on sait que les deux obliques, OA, OB,

Fig. 94.

sont égales. Donc le point B, qui est différent du point A, est aussi commun à la droite RAS et à la circonférence du cercle donné.

De l'ensemble de ces deux propositions il résulte que :

135. RÉCIPROQUEMENT. *Une tangente TT′ à un cercle est perpendiculaire au rayon OA qui passe par le point de contact (fig. 93).*

136. REMARQUE. Si l'on fait tourner une sécante AB autour du point A, jusqu'à ce que le point B vienne se confondre avec le point A (*fig. 94*), le milieu I de la corde AB vient aussi se confondre avec le point A, et par suite la droite OI vient se placer sur OA. Or la sécante AB est perpendiculaire sur OI : donc, à la limite, quand le point B vient se confondre avec le point A, la sécante AB se place sur la perpendiculaire, au point A, au rayon OA, et se confond ainsi avec la tangente en A.

On peut donc regarder la tangente AT à une circonférence en un point A comme *la position limite vers laquelle tend une sécante AB, qui tourne autour du point A, jusqu'à ce que le second point B, où elle rencontre la circonférence, vienne se confondre avec le point A.*

Théorème.

137. *Deux droites parallèles interceptent sur une circonférence des arcs égaux.*

1° Soient d'abord les deux droites parallèles AB et CD, toutes deux sécantes (*fig. 95*) : les arcs interceptés AC et BD sont égaux. En effet, menons le diamètre EF perpendiculaire à la droite AB et, par suite, perpendiculaire à CD. Ce diamètre partage en deux parties égales les arcs AFB et CFD soustendus par les cordes AB et CD. Donc les arcs AF et BF sont égaux entre eux, ainsi que les arcs CF et DF; par suite l'arc AC, excès de l'arc AF sur l'arc CF, est égal à l'arc BD, excès de l'arc BF sur l'arc DF.

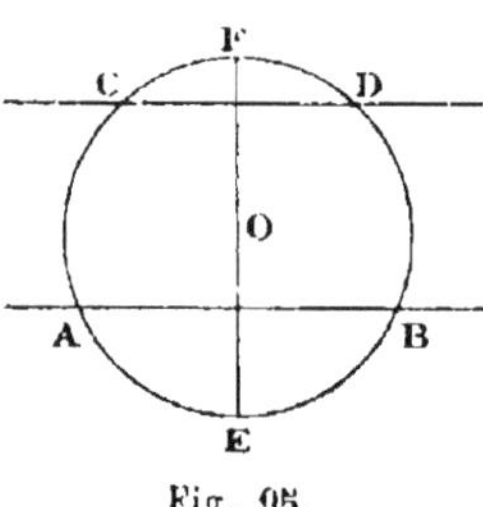

Fig. 95.

2° Soient encore les droites parallèles, AB et GH, la première sécante, la seconde tangente au point E (*fig. 96*); les arcs interceptés AE et BE sont égaux. En effet, le rayon OE, qui passe

par le point de contact, est perpendiculaire à la tangente GH, et, par suite, à la parallèle AB; donc il partage l'arc AEB en deux parties égales.

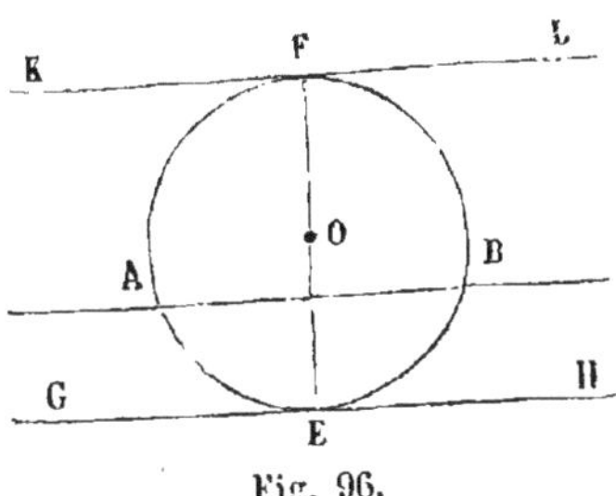

Fig. 96.

3° Soient enfin deux droites parallèles GH et KL toutes deux tangentes, l'une en E, l'autre en F (*fig. 96*); les arcs interceptés EAF et EBF sont encore égaux. En effet, les rayons OE et OF, respectivement perpendiculaires aux droites parallèles GH et KL, sont dans le prolongement l'un de l'autre, et la droite EOF est un diamètre qui partage la circonférence en deux parties égales.

138. CorOLLAIRE. *Lorsque deux tangentes à un cercle sont parallèles, les points de contact sont les extrémités d'un même diamètre.*

§ IV. — POSITIONS RELATIVES DE DEUX CIRCONFÉRENCES.

Théorème.

139. *Lorsque deux circonférences O et O′ ont deux points communs M et M′ (fig. 97), la corde commune MM′ est perpendiculaire à la ligne des centres, et est partagée par elle en deux parties égales.*

En effet, la droite OO′, qui passe par les deux points O et O′ respectivement équidistants de M et de M′, est le lieu des points équidistants de M et M′; donc elle est perpendiculaire à MM′ en son milieu.

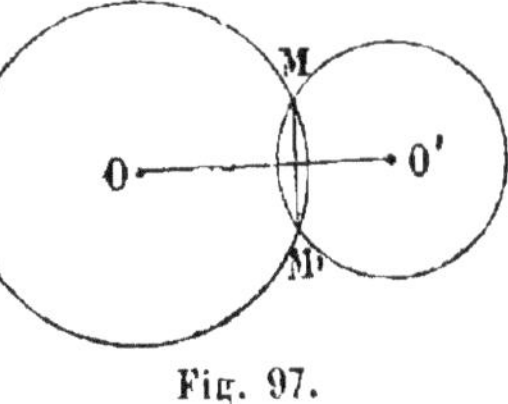

Fig. 97.

140. REMARQUE. Nous savons que deux circonférences ne peuvent avoir plus de deux points communs (128). Quand elles ont deux points communs, on les dit *sécantes*; les deux points communs sont placés *symétriquement* par rapport à la ligne des centres. Si l'un des points communs est sur la ligne des centres, en A (*fig.* 98 et 99), l'autre est confondu avec le premier en A, et les deux cercles, dont les circonférences n'ont qu'un point

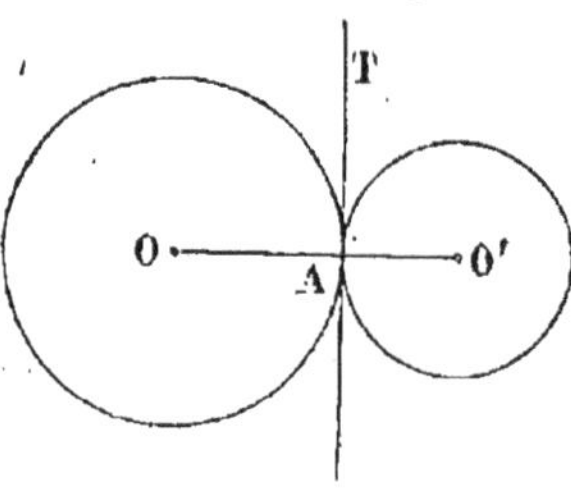

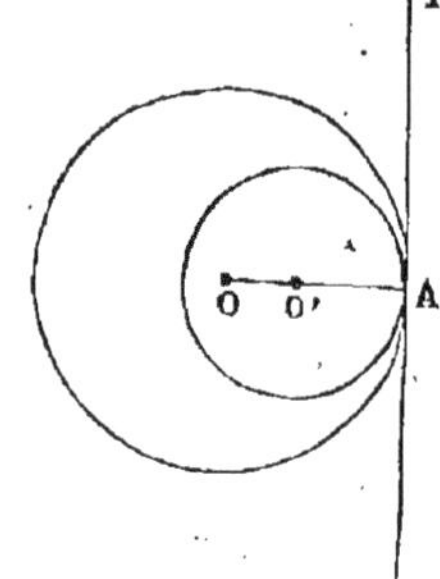

Fig. 98.   Fig. 99.

commun, sont dits *tangents*. Le point de contact est sur la ligne des centres, et les deux tangentes en ce point aux deux cercles sont confondues avec la perpendiculaire à la ligne des centres.

Deux circonférences étant tangentes, si tous les points de l'une quelconque des deux sont en dehors de l'autre, on dit qu'elles sont tangentes *extérieurement* (*fig.* 98); si tous les points de l'une sont à l'intérieur de l'autre, on dit qu'elles sont tangentes *intérieurement* (*fig.* 99).

Quand deux circonférences n'ont aucun point commun, on dit que les circonférences sont *extérieures* si tous les points de chacune sont en dehors de l'autre (*fig.* 100); on dit que l'une

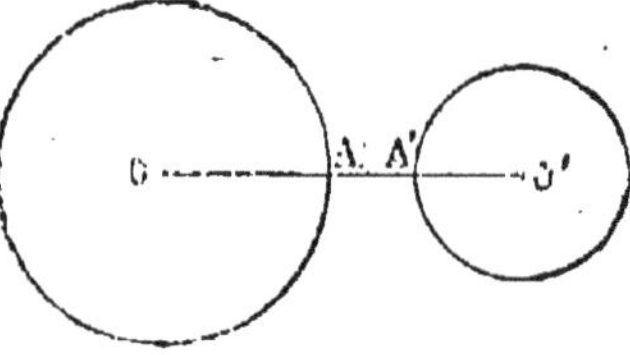

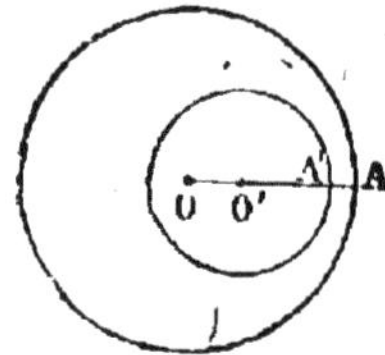

Fig. 100.   Fig. 101.

est *intérieure* à l'autre si tous les points de l'une sont à l'intérieur de l'autre (*fig.* 101).

Deux circonférences situées dans un plan occupent toujours, l'une par rapport à l'autre, une des cinq positions que nous venons de définir.

Théorème.

141. *Quand deux circonférences sont extérieures, la distance des centres est plus grande que la somme des rayons.*

On voit, en effet, que la distance des centres OO′ (*fig.* 102) se compose de la somme des rayons, OA + O′A′, augmentée de AA′.

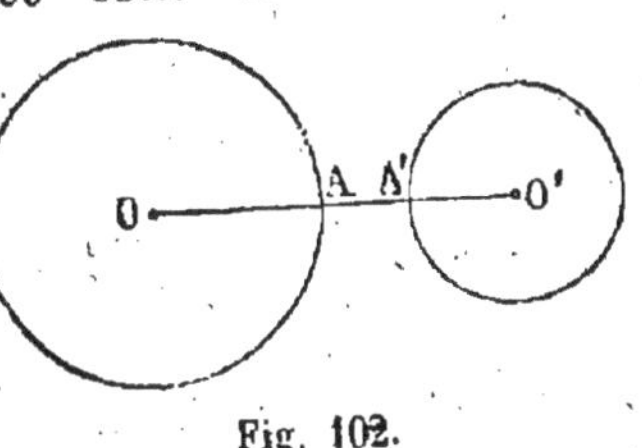

Fig. 102.

Théorème.

142. *Quand deux circonférences sont tangentes extérieurement, la distance des centres est égale à la somme des rayons.*

Le point de contact A (*fig.* 103) est situé sur la ligne des centres; le centre O′, extérieur au cercle O, est sur le prolongement de OA, et la distance

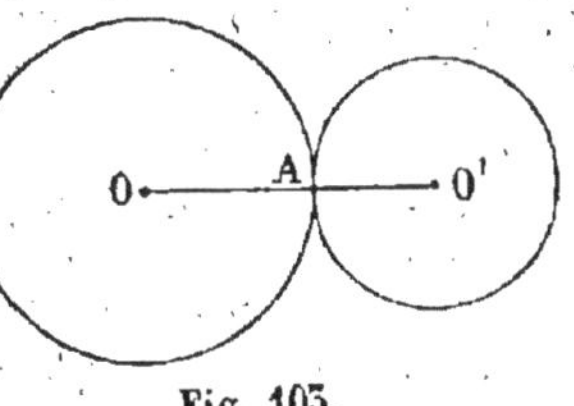

Fig. 103.

des centres OO′ se compose de la somme des rayons, OA + O′A.

Théorème.

143. *Quand deux circonférences sont sécantes, la distance des centres est à la fois plus petite que la somme des rayons et plus grande que leur différence.*

Soient, en effet, deux circonférences sécantes O et O′, et soit M un des deux points communs (*fig.*104). Le point M étant en dehors de la ligne des centres, les trois points, O,O′,M, sont les sommets d'un triangle dans lequel le côté OO′ est à la fois plus petit que la somme des deux autres OM et O′M et plus grand que leur différence. Donc la distance des centres OO′ est à

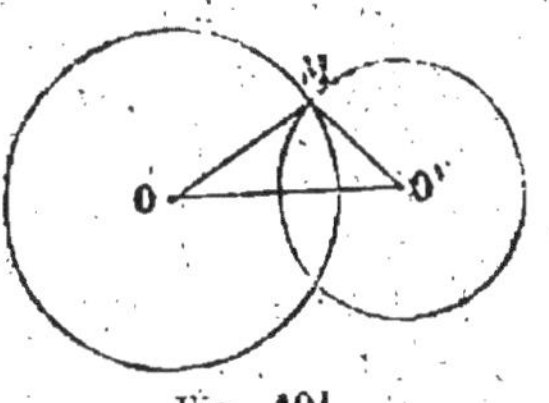

Fig. 104.

la fois plus petite que la somme des rayons et plus grande que leur différence.

Théorème.

144. *Quand deux circonférences sont tangentes intérieurement, la distance des centres est égale à la différence des rayons.*

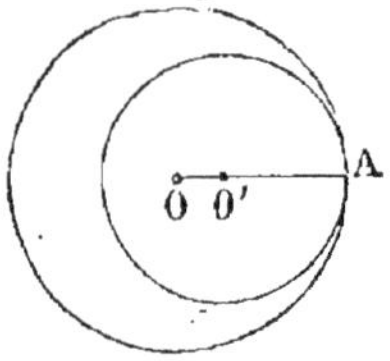

En effet, le point de contact A (*fig.* 105) est situé sur la ligne des centres, le centre O′ du plus petit cercle est entre O et A, et la distance des centres OO′ est égale à OA — O′A, c'est-à-dire à la différence des rayons.

Fig. 105.

Théorème.

145. *Quand une circonférence est intérieure à une autre, la distance des centres est plus petite que la différence des rayons.*

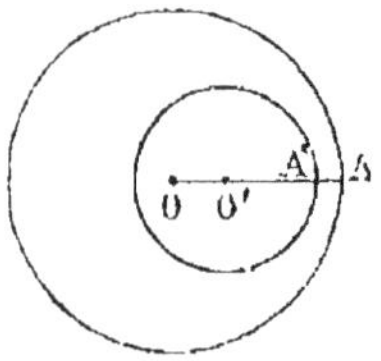

En effet, la distance des centres OO′ (*fig.* 106) est égale au rayon OA, moins le rayon O′A′, moins encore la portion de rayon A′A comprise entre les deux cercles.

Fig. 106.

146. *En résumé*, en appelant D la distance des centres, R et R′ les deux rayons, et en supposant R supérieur ou égal à R′, si les deux circonférences sont :

Extérieures, on a	$D > R + R'$
Tangentes extérieurement, on a . . .	$D = R + R'$
Sécantes, on a	$\begin{cases} D < R + R' \\ D > R - R' \end{cases}$
Tangentes intérieurement, on a . . .	$D = R - R'$
L'une intérieure à l'autre, on a . . .	$D < R - R'.$

Théorème.

147. *Les réciproques des cinq derniers théorèmes sont vraies, c'est-à-dire que si l'on a :*

1° $D > R + R'$ *les circonférences sont*   *Extérieures;*
2° $D = R + R'$ *id.*   }   *Tangentes extérieurement;*

5° $\begin{cases} D < R + R' \\ D > R - R' \end{cases}$ *les circonférences sont* Sécantes;

4° $D = R - R'$ *id.*   *Tangentes intérieu-*
                                  rement;

5° $D < R - R'$ *id.*   *L'une intérieure à*
                                  l'autre.

Prenons, par exemple, la première condition, $D > R + R'$; elle exclut chacune des quatre dernières, et les deux circonférences ne pouvant occuper aucune des quatre autres positions sont nécessairement extérieures. Il en est de même pour la deuxième, pour la quatrième et pour la cinquième condition.

La troisième condition est double; elle comprend les deux inégalités :

$$D < R + R', \quad \text{et} \quad D > R - R'.$$

L'inégalité $D < R + R'$ exprime que les circonférences ne sont ni extérieures, ni tangentes extérieurement; l'inégalité $D > R - R'$ exprime que les circonférences ne sont ni l'une intérieure à l'autre, ni tangentes intérieurement; les deux inégalités, prises simultanément, expriment donc que les circonférences sont sécantes parce qu'elles n'occupent aucune des quatre autres positions.

§ V. — MESURE DES ANGLES.

148. Définitions. On appelle *angle au centre* d'une circonférence un angle dont le sommet est au centre de la circonférence; tel est l'angle AOB (*fig.* 107).

149. On appelle *angle inscrit* dans une circonférence un angle formé par deux cordes qui se coupent sur cette circonférence; tel est l'angle ACB (*fig.* 107).

Fig. 107.

Théorème.

150. *Dans un même cercle, ou dans des cercles égaux*

1° deux angles au centre égaux interceptent des arcs égaux;
2° deux angles au centre inégaux interceptent des arcs iné-
gaux; le plus grand angle intercepte le plus grand arc.

1° Soient, dans deux cercles égaux O et O′, les angles au
centre égaux, AOB, A′O′B′, (*fig.* 108), que nous pouvons tou-

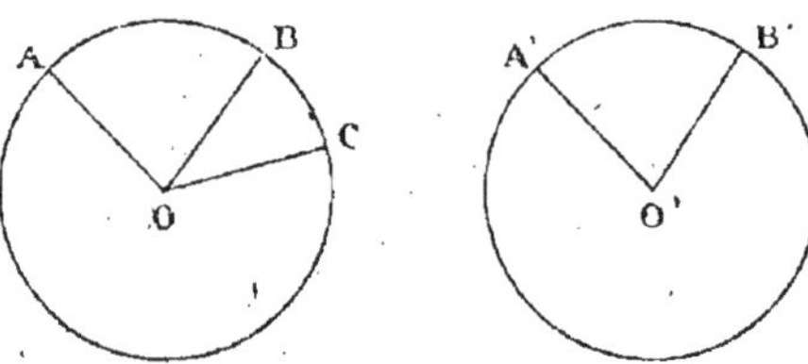

Fig. 108.

jours supposer de même sens. Portons le cercle O′ sur le cercle
O, de façon que le centre O′ tombe en O; les deux cercles
coïncident. Faisons tourner le cercle O′ autour du point O de
manière à amener le rayon O′A′ sur le rayon OA; les deux
cercles coïncident toujours; et, comme l'angle A′O′B′ est égal à
l'angle AOB et de même sens, le rayon O′B′ vient se placer sur
le rayon OB. Il en résulte que les deux arcs A′B′ et AB coïncident : donc ils sont égaux.

2° Soient, dans deux cercles égaux O et O′, les angles au centre,
AOC, A′O′B′, que nous supposerons inégaux et de même sens,
et supposons l'angle AOC plus grand que l'angle A′O′B′(*fig.* 108).
Portons encore le cercle O′ sur le cercle O de façon que le
centre O′ tombe en O; les deux cercles coïncident. Faisons
tourner le cercle O′ autour du centre O de manière à amener
O′A′ sur OA; les deux cercles coïncident toujours; comme l'angle
AOC est plus grand que l'angle A′O′B′ et est de même sens que
lui, le rayon O′B′ vient se placer à l'intérieur de l'angle AOC,
et son extrémité B′ vient se placer, sur l'arc AC, en un certain
point B situé entre A et C. Il en résulte que l'arc AC est plus
grand que l'arc AB; mais l'arc AB est égal à l'arc A′B′ : donc
l'arc AC est plus grand que l'arc A′B′.

De l'ensemble de ces deux propositions il résulte que :

151. RÉCIPROQUEMENT. *Dans un même cercle ou dans deux*

cercles égaux : 1° à deux arcs égaux correspondent des angles au centre égaux ; 2° à deux arcs inégaux correspondent des angles au centre inégaux ; au plus grand arc correspond le plus grand angle au centre.

Théorème.

152. *Si des sommets de deux angles comme centres on décrit deux arcs de cercle de même rayon, le rapport des angles est égal au rapport des arcs compris entre leurs côtés.*

Des sommets O et C des angles, AOB, DCE, comme centres (*fig.* 109), avec un même rayon, décrivons les arcs de cercle AB et DE : le rapport des angles AOB et DCE est égal au rapport des arcs AB et DE. En effet, supposons d'abord que les arcs, AB, DE, aient une commune mesure, c'est-à-dire qu'un certain arc PQ soit contenu un nombre entier de fois dans chacun des deux arcs, par exemple, cinq fois dans AB et quatre fois dans DE ; le rapport des

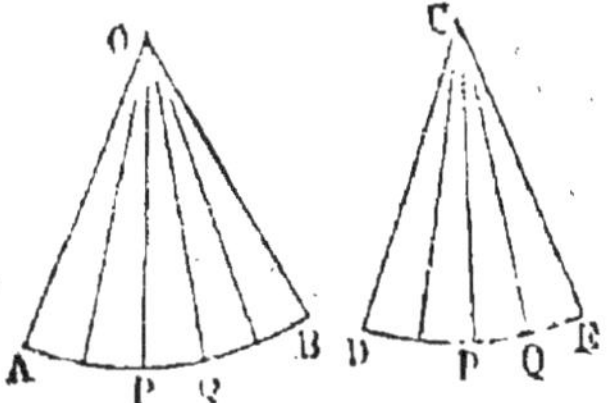

Fig. 109.

arcs AB et DE est alors égal à $\frac{5}{4}$. Menons des rayons par les points de division des arcs AB et DE. Les angles AOB et DCE se trouvent ainsi partagés en angles égaux à l'angle POQ ; car, dans des cercles égaux, ces angles au centre interceptent sur la circonférence des arcs égaux. Or, l'angle AOB contient cinq de ces angles, l'angle DCE en contient quatre ; donc le rapport des angles AOB et DCE est aussi $\frac{5}{4}$.

Le théorème étant vrai, quelque petite que soit la commune mesure entre les deux arcs, est encore vrai quand ces arcs sont incommensurables.

153. On sait que le rapport de deux grandeurs de même espèce est le nombre qui *mesure* la première quand on prend la seconde pour unité (17). D'après cela, si l'on convient de prendre pour unité d'arc, sur une circonférence de rayon quel-

conque, l'arc de cette circonférence compris entre les côtés d'un angle au centre égal à l'angle pris pour unité d'angle, on peut énoncer comme il suit le théorème précédent :

La mesure d'un angle au centre est la même que celle de l'arc compris entre ses côtés.

En effet, soient MON l'angle pris pour unité d'angle, et AOB angle à mesurer (*fig.* 110). Du point O comme centre, avec un rayon quelconque, décrivons une circonférence : l'arc MN de cette circonférence est l'unité d'arc sur cette circonférence. La mesure de l'angle AOB est le rapport $\dfrac{AOB}{MON}$;

la mesure de l'arc AB est le rapport $\dfrac{\overarc{AB}}{\overarc{MN}}$.

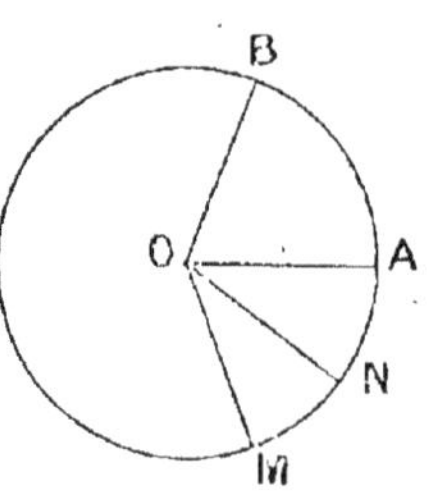

Fig. 110.

Mais ces deux rapports sont égaux; donc, la mesure de l'angle AOB est la même que celle de l'arc AB.

154. Pour effectuer commodément la mesure d'un arc et, par suite, la mesure d'un angle, on partage la circonférence en 360 parties égales que l'on nomme *degrés;* on subdivise le *degré* en 60 parties égales que l'on nomme *minutes*, et la minute en 60 parties égales que l'on nomme *secondes*. Une demi-circonférence contient 180 degrés; un quart de circonférence ou *quadrant* contient 90 degrés. Pour désigner un arc de 67 degrés 28 minutes 43 secondes et 0,52 de seconde, on écrit : 67° 28′ 43″,52.

L'angle au centre, dont les côtés comprennent sur la circonférence un arc égal à 1°, est appelé angle d'un degré. De même, un angle au centre dont les côtés comprennent un arc d'une minute, un arc d'une seconde, est appelé angle d'une minute, angle d'une seconde. Un angle d'un degré vaut 60 angles d'une minute; il vaut aussi 60 × 60, c'est-à-dire 3600 angles d'une seconde. Un angle, au centre, dont les côtés comprennent un arc de 67° 28′ 43″,52, est un angle de 67° 28′ 43″,52.

Deux diamètres perpendiculaires partagent la circonférence en quatre parties égales; un angle droit dont le sommet est du centre d'une circonférence intercepte sur la circonférence un arc égal au quart de la circonférence, c'est-à-dire un arc de 90°, un angle droit vaut donc 90°. Deux angles complémentaires valent ensemble 90°. Deux angles supplémentaires valent ensemble 180°. La somme des trois angles d'un triangle est égale à 180°. Dans un triangle équilatéral chaque angle vaut le tiers de 180°, ou 60°. Dans un triangle rectangle, la somme des deux angles aigus vaut 90°.

Théorème.

155. *Un angle inscrit dans une circonférence a même mesure que la moitié de l'arc compris entre ses côtés.*

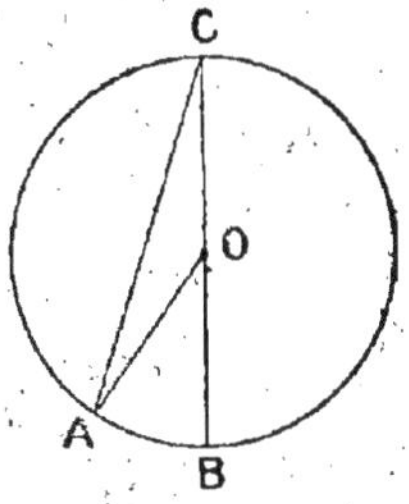

Nous distinguerons trois cas :

1° *Le centre O de la circonférence est sur l'un des côtés de l'angle inscrit ACB* (*fig.* 111).

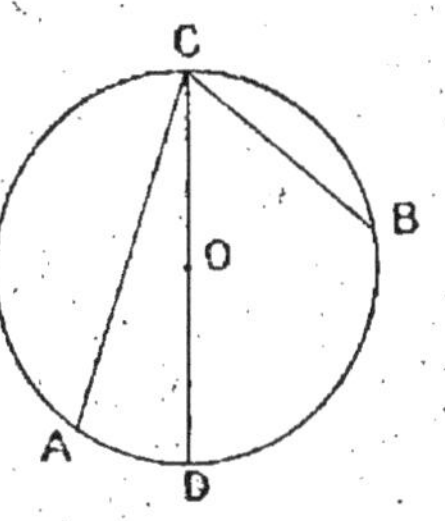

Fig. 111.

Menons le rayon OA; dans le triangle AOC, les côtés OA, OC étant égaux, les angles opposés C et A sont égaux. Or, la somme de ces deux angles du triangle est égale à l'angle extérieur non adjacent AOB : donc chacun de ces angles est égal à la moitié de l'angle AOB. L'angle au centre AOB a même mesure que l'arc AB; l'angle ACB, moitié de l'angle AOB, a donc même mesure que la moitié de l'arc AB.

2° *Le centre O est dans l'intérieur de l'angle ACB* (*fig.* 112).

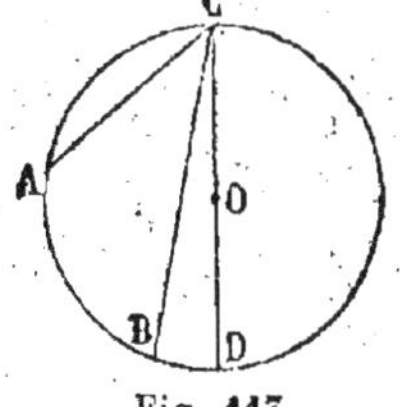

Fig. 112.

Menons le diamètre COD; l'angle ACB est la somme des angles, ACD, DCB. Le premier a même mesure que la moitié de l'arc AD, le second a même mesure que la moitié de l'arc DB : donc l'angle ACB a même mesure que la moitié de la somme des arcs AD et DB, c'est-à-dire que la moitié de l'arc AB.

3° *Le centre O est en dehors de l'angle ACB* (*fig.* 113).

Fig. 113.

Menons encore le diamètre COD. L'angle ACB est la différence des angles, ACD, BCD. Le premier a même mesure que la moitié de l'arc AD, le second que la moitié de l'arc BD : donc l'angle ACB a même mesure que la moitié de la différence des arcs AD et BD, c'est-à-dire que la moitié de l'arc AB.

156. CoROLLAIRE I. *Tous les angles, ACB, AC'B, AC"B, etc., inscrits dans un même arc AMB, sont égaux (fig. 114).*

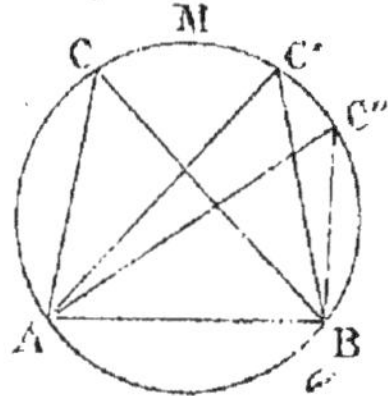

Fig. 114.

En effet, tous ces angles ont même mesure que la moitié du même arc AB.

On dit pour cette raison que l'arc AMB est *capable* de l'angle ACB. Quand l'arc est plus grand qu'une demi-circonférence, les angles inscrits sont aigus; quand il est plus petit qu'une demi-circonférence, les angles inscrits sont obtus. Quand l'arc est égal à une demi-circonférence, les angles inscrits sont droits.

157. CoROLLAIRE II. *Un angle ABC, formé par une corde AB et une portion BC de la tangente à l'extrémité B de la corde, a même mesure que la moitié de l'arc AMB sous-tendu par la corde et situé dans l'angle ABC (fig. 115).*

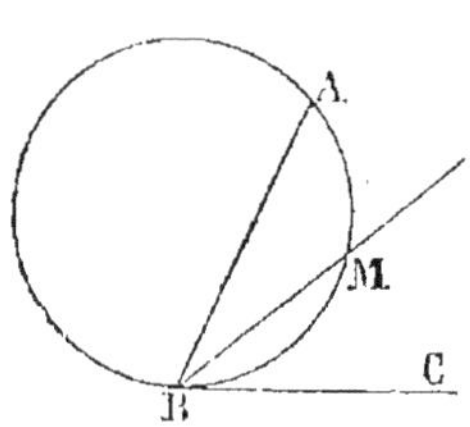

Fig. 115.

Menons la sécante BM; l'angle inscrit ABM a même mesure que la moitié de l'arc AM; faisons tourner la sécante BM autour du point B, de façon que le point M se rapproche indéfiniment du point B et vienne se confondre avec lui. L'angle ABM a toujours même mesure que la moitié de l'arc AM. Or, quand le point M se confond avec le point B, la sécante BM se confond avec la portion BC de la tangente en B, et l'angle ABM devient l'angle ABC; l'arc AM devient l'arc AB : donc l'angle ABC a même mesure que la moitié de l'arc AB.

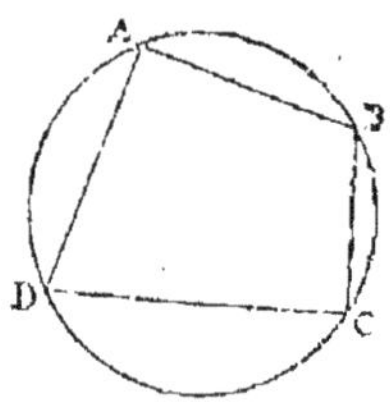

Fig. 116.

158. CoROLLAIRE III. *Deux angles opposés A et C d'un quadrilatère convexe ABCD inscrit dans un cercle sont supplémentaires (fig. 116).*

En effet, l'angle A ayant même mesure que la moitié de l'arc BCD, et l'angle C même mesure que la moitié de l'arc DAB, la somme de ces deux angles a même mesure que la moitié d'une circonférence entière et, par conséquent, équivaut à deux angles droits.

Théorème.

159. *Un angle ACB, formé par deux sécantes, dont le point de rencontre est dans l'intérieur d'un cercle, a même mesure que la moitié de la somme de l'arc AB compris entre ses côtés et de l'arc DE compris entre leurs prolongements* (fig. 117).

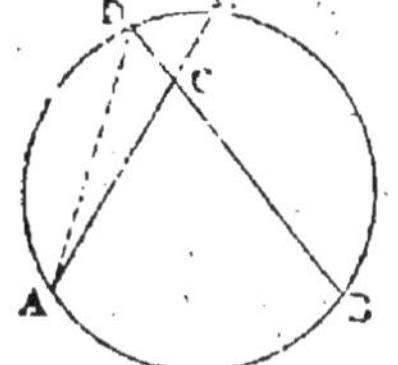

Fig. 117.

Menons la corde AD; l'angle ACB, extérieur au triangle ADC, est la somme des angles intérieurs non adjacents D et A; or, ces angles D et A étant inscrits dans le cercle ont même mesure, le premier que la moitié de l'arc AB, le second que la moitié de l'arc DE; donc l'angle ACB a même mesure que la moitié de la somme des arcs AB et DE.

Théorème.

160. *Un angle ACB, formé par deux sécantes, dont le point de rencontre est extérieur à un cercle, a même mesure que la moitié de la différence des arcs AB et DE compris entre ses côtés* (fig. 118).

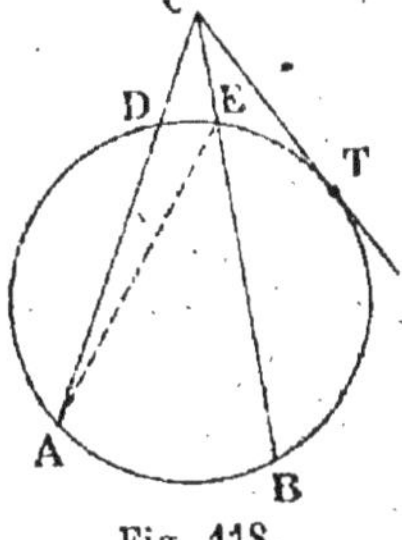

Fig. 118.

Menons la corde AE; l'angle AEB extérieur au triangle ACE est la somme des angles intérieurs non adjacents, et, par suite, l'angle ACB est l'excès de l'angle AEB sur l'angle CAE. Il a donc même mesure que l'excès de la moitié de l'arc AB sur la moitié de l'arc DE, ou que la moitié de la différence de ces deux arcs.

Si l'on fait tourner les côtés de l'angle autour du point C, de manière à amener un de ces côtés ou tous les deux à être tangents au cercle, on voit que le théorème subsiste pour un angle formé soit par une sécante et une tangente, soit par deux tangentes.

161. COROLLAIRE. *Le lieu des points d'un plan d'où une portion de droite AB est vue sous un angle donné se compose de deux arcs de cercle AMB et AM'B, capables de l'angle donné, et placés symétriquement par rapport à AB (fig. 119).*

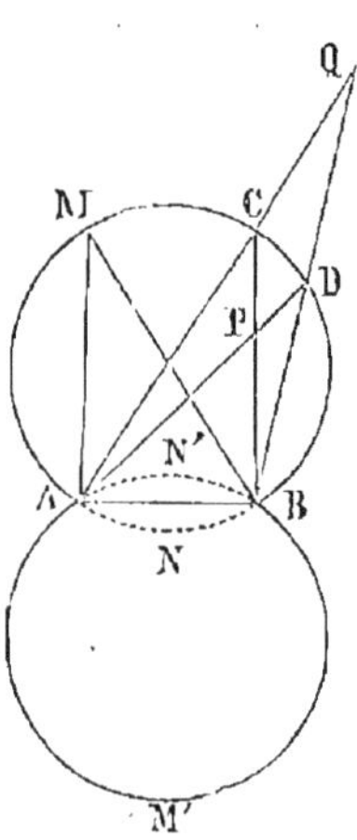

Fig. 119.

Il est évident que tout point pris sur l'un de ces arcs est un point du lieu; il reste à faire voir que ces deux arcs contiennent tous les points du lieu. Prenons, par exemple, un point du plan qui, par rapport à AB, soit du même côté que l'arc AMB; si ce point est à l'intérieur du segment, comme le point P, l'angle APB, sous lequel la portion de droite AB est vue de ce point, est plus grand que l'angle donné AMB, car cet angle APB a même mesure que la moitié de l'arc ANB, plus la moitié de l'arc CD compris entre les prolongements de ses côtés; si ce point est extérieur au segment AMB, comme le point Q, l'angle AQB est plus petit que l'angle donné, car cet angle AQB a même mesure que la moitié de l'arc ANB moins la moitié de l'autre arc CD compris entre ses côtés.

L'arc AMB contient donc tous les points du lieu situés, par rapport à AB, du même côté que le point M; l'arc AM'B contient de même tous les points du lieu situés de l'autre côté de AB, et le lieu demandé se compose de ces deux arcs égaux.

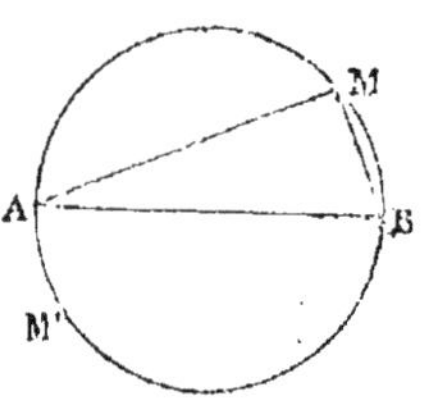

Fig. 120.

Les arcs, ANB, AN'B, constituent le lieu des points d'où la portion de droite AB est vue sous un angle supplémentaire de l'angle AMB.

Quand l'angle donné est droit, chacun des arcs, AMB, AM'B, est une moitié de la circonférence décrite sur AB comme diamètre, et le li   est cette circonférence (*fig. 120*).

§ VI. — USAGES DE LA RÈGLE, DU COMPAS, DE L'ÉQUERRE,

DU RAPPORTEUR.

162. Règle. Pour tracer une ligne droite sur le papier, on se sert d'une *règle*, ou barre de bois, dont les faces sont planes, et les bords taillés en ligne droite. Si la droite doit passer par deux points donnés A et B, on applique la règle sur le papier; et l'on amène l'un des bords de la règle à passer par ces deux points (*fig.* 121); puis, avec la pointe d'un crayon bien taillé, ou avec un tire-ligne, on trace une ligne sur le papier en suivant bien exactement le bord de la règle.

Fig. 121.

Avant d'employer une règle, il faut la vérifier, c'est-à-dire s'assurer que le bord dont on se sert est bien en ligne droite. A cet effet, on trace avec la règle une ligne sur le papier, et sur cette ligne on marque deux points A et B; puis on fait mouvoir la règle, sans changer la face appuyée contre le papier, de façon que l'extrémité M, voisine du point A, vienne se placer près du point B; on fait en sorte que le bord passe encore par les points A et B, et l'on trace une nouvelle ligne en suivant ce même bord. Si la règle est bonne, la seconde ligne coïncide exactement avec la première (*fig.* 122); dans le cas contraire, les deux lignes sont différentes (*fig.* 123).

Fig. 122.

Fig. 123.

163. Compas. Pour tracer une circonférence, on se sert d'un instrument appelé *compas*. Le compas se compose de deux branches métalliques terminées en pointe, et réunies par un axe autour duquel elles tournent avec frottement. Le frottement doit être suffisant pour maintenir invariable l'écartement des branches quand on manie le compas; mais il doit néanmoins permettre d'ouvrir le compas sans secousses de manière à faire varier progressivement la distance des deux pointes. Une vis placée en tête du compas permet de serrer plus ou moins fortement les deux branches l'une contre l'autre, et par là d'augmenter ou de diminuer le frottement à volonté.

Pour tracer, d'un point O comme centre, une circonférence de rayon égal à une longueur AB, il suffit d'ouvrir le compas de façon que les deux pointes reposent, l'une sur le point A, l'autre sur le point B, de placer ensuite une pointe en O, et de faire mouvoir l'autre sur le papier tandis que la première reste en O.

164. Équerre. L'*équerre* (*fig.* 124) est un triangle rectangle, en bois ou en métal, qui sert à mener des perpendiculaires et des parallèles.

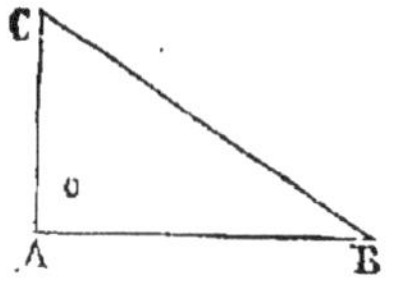

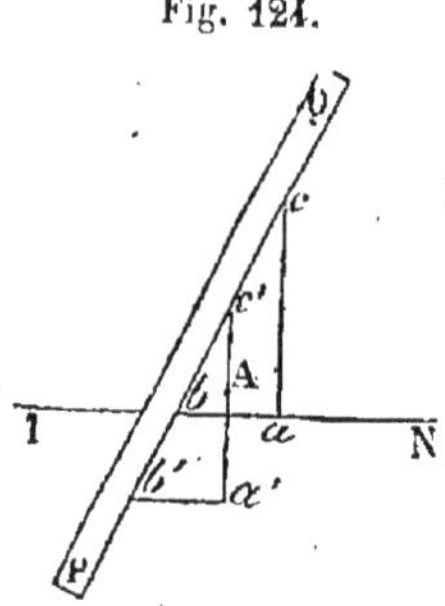

Fig. 124.

Pour mener, par un point A, une perpendiculaire à une droite MN (*fig.* 125), on applique l'équerre sur le papier, de façon que l'un des côtés *ab* de l'angle droit coïncide avec la droite MN; puis, appuyant la main sur l'équerre afin de l'empêcher de glisser, on applique le bord d'une règle PQ contre l'hypoténuse de l'équerre. Cela fait, on appuie la main sur la règle PQ, pour la rendre immobile à son tour, et l'on fait glisser l'équerre sur le papier, l'hypoténuse toujours appuyée contre la règle, jusqu'à ce que le second côté *ac* de l'angle droit transporté en *a'c'* passe par le point A. On trace alors une ligne droite en suivant le bord *a'c'* de l'équerre, cette droite est la perpendiculaire demandée. On voit, en effet, que les angles correspondants *bca*, *b'c'a'* étant égaux, le côté *ca* de l'équerre s'est transporté parallèlement à lui-même en *a'c'*, et comme *ac* est perpendiculaire à MN, la droite *a'c'* l'est aussi.

Fig. 125.

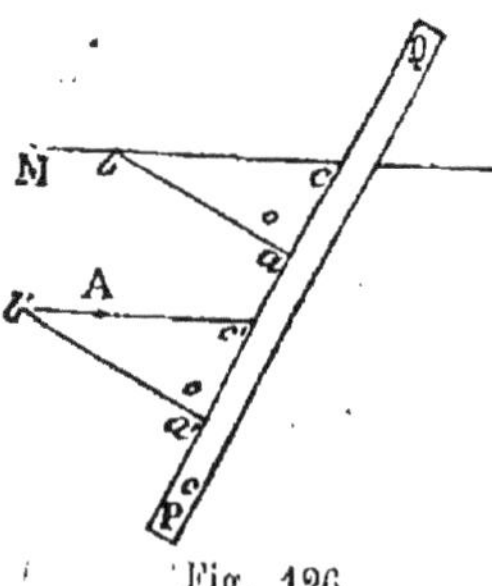

Fig. 126.

165. Pour mener, par un point A, une parallèle à une droite MN (*fig.* 126), on applique sur MN l'un des bords de l'équerre, *bc*, par exemple, et contre un autre bord de l'équerre, *ac*, par exemple, on applique une règle PQ ; on presse avec la main la règle contre le papier pour la rendre immobile, on fait glisser l'équerre le long de la règle jusqu'à ce que le côté *bc*, venant en *b′c′*, passe par le point A ; on se sert du bord *b′c′* de l'équerre comme d'une règle, et l'on trace une droite ; cette droite est évidemment la parallèle demandée.

166. Avant d'employer une équerre on doit la vérifier, c'est-à-dire s'assurer que les trois bords constituent de bonnes règles, et que l'angle *bac* est rigoureusement droit.

La première vérification se fait comme nous l'avons expliqué pour la règle. Pour vérifier que l'angle *bac* est droit, on applique un côté de l'angle droit *ab* contre une règle (*fig.* 127), et avec un crayon on trace une ligne suivant le côté *ac*, puis on fait mouvoir l'équerre, sans changer la face appuyée contre le papier, de façon à l'amener dans la position *a′b′c′*,

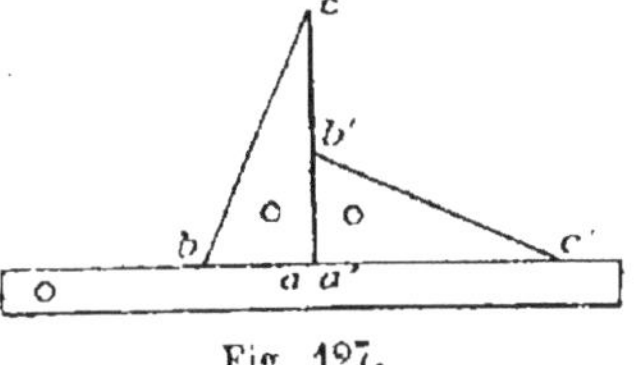

Fig. 127.

le sommet *a′* coïncidant avec le sommet *a*, et le côté *a′c′* étant appliqué contre la règle. On trace une nouvelle droite suivant *a′b′* ; si l'angle *bac* de l'équerre est droit, cette droite *a′b′* coïncide avec la droite *ac* ; si l'angle n'est pas droit, la coïncidence n'a pas lieu.

167. **Rapporteur.** Le *rapporteur* est un demi-cercle, ordinairement en cuivre ou en corne, dont la demi-circonférence est divisée en 180 degrés. Les divisions sont marquées au burin, et numérotées de 10 en 10 dans les deux sens ; le centre est marqué par un petit trou (*fig.* 128). On se sert du rapporteur

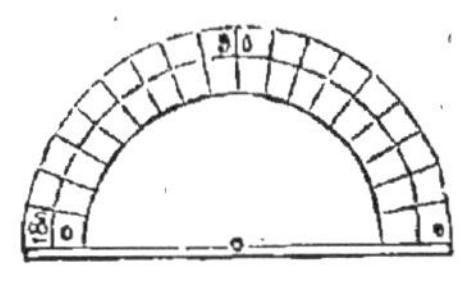

Fig. 128.

pour évaluer en degrés un angle donné sur le papier, et pour faire sur le papier un angle d'un nombre déterminé de degrés.

Pour mesurer avec le rapporteur un angle AOB (*fig.* 129),

on place le centre du rapporteur au sommet O de l'angle, on

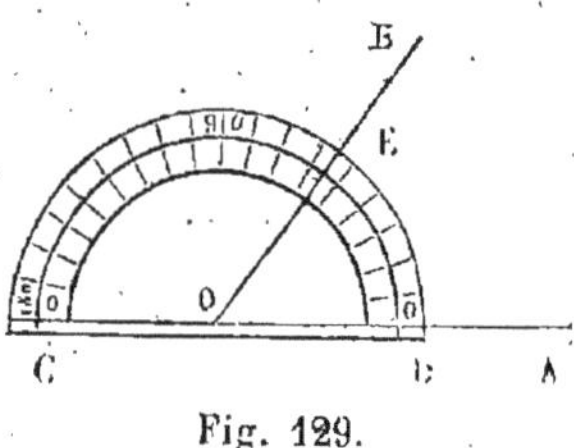

Fig. 129.

dirige le diamètre 0° — 180° sur le côté OA, et on lit sur la circonférence le nombre de degrés et la fraction de degré que contient l'arc DE compris entre les côtés de l'angle AOB.

Pour faire avec le rapporteur un angle d'un nombre donné de degrés, de 40° par exemple, en un point A d'une droite MN, on opère comme il suit : on place le rapporteur de façon que le centre et la division 40° soient sur la droite MN (*fig.* 130), puis on fait glisser le rapporteur sur le papier, en laissant toujours le centre et la division 40° sur la droite MN, jusqu'à ce que le bord *ab* du rapporteur passe par le point A, et

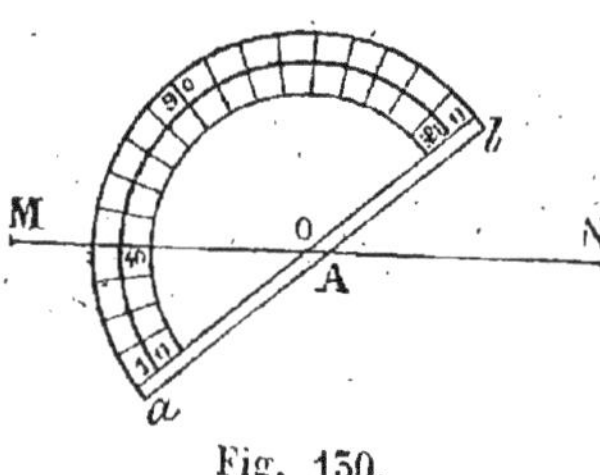

Fig. 130.

avec un crayon on trace une droite en se servant du bord *ab* comme d'une règle. Cette droite, parallèle au diamètre 0° — 180° du rapporteur, fait avec la droite MN, au point A, un angle de 40°.

168. On rend plus commode l'usage du rapporteur en lui donnant une forme rectangulaire (*fig.* 131), qui permet de le faire glisser comme une équerre le long d'une règle. Les traits de division s'obtiennent alors en prolongeant les rayons qui passent par les traits de division d'un demi-cercle dont le diamètre est la ligne 0° — 180° du rapporteur.

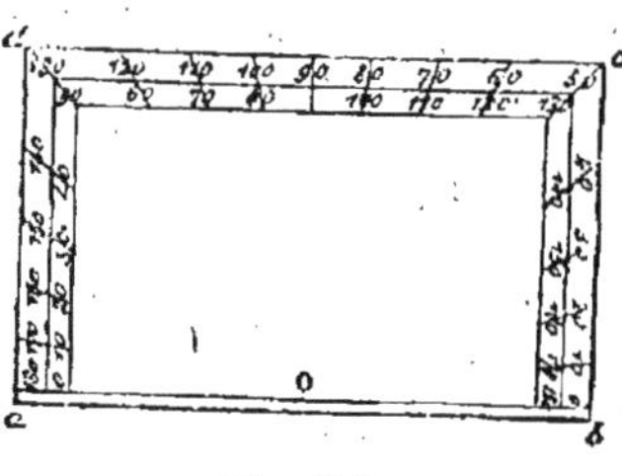

Fig. 131.

Si l'on veut, avec un rapporteur de cette forme, mener par un point A une droite faisant avec une droite MN un angle de 40° par exemple, on place le rapporteur (*fig.* 132) de façon que le centre et la division 40° soient sur la ligne MN, le bord *ab* fait ainsi un angle de 40° avec MN. On appuie une règle contre le bord *ac*, et l'on fait glisser le rapporteur le long de la règle jusqu'à ce que le bord *ab*, transporté parallèlement à lui-même en *a'b'*, passe par le point A; puis on trace la droite demandée en se servant de ce bord *a'b'* comme d'une règle.

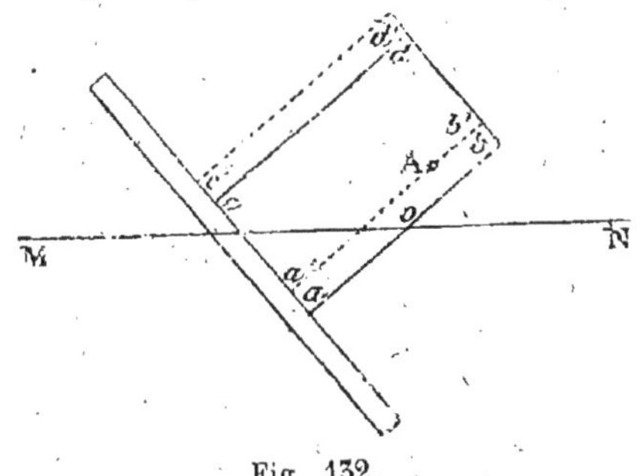

Fig. 132.

169. Avant d'employer un rapporteur, il faut le vérifier, c'est-à-dire s'assurer que les 180 divisions de la demi-circonférence sont égales entre elles. A cet effet, on trace sur le papier un angle d'un certain nombre de degrés, on place le centre du rapporteur au sommet de l'angle, et l'on fait tourner le rapporteur autour de ce point. Si les divisions du rapporteur sont égales, il est évident que le nombre des divisions comprises entre les côtés de l'angle doit rester constant.

§ VII. — PROBLÈMES RELATIFS AUX PERPENDICULAIRES, AUX PARALLÈLES, AUX ANGLES.

Problème.

170. *Mener par un point donné* A *une perpendiculaire à une droite donnée* MN.

1° Le point est sur la droite MN (*fig.* 133). Prenons de part et d'autre du point A sur la droite MN des longueurs égales AB et AC; puis du point B comme centre, avec un rayon arbitraire mais plus grand que AB, décrivons un arc de cercle; du point C comme centre, avec le même rayon, décrivons un second arc de

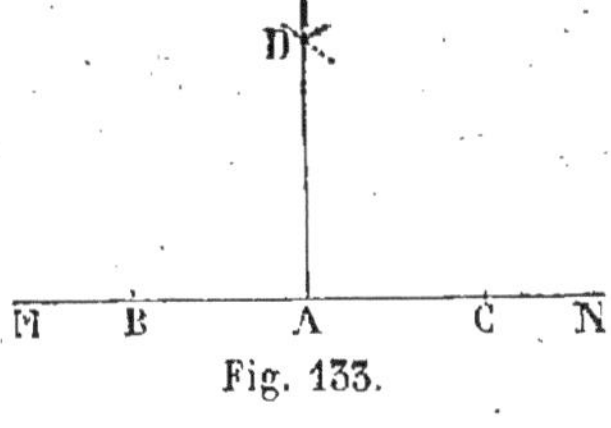

Fig. 133.

cercle qui coupe le premier en un point D; enfin menons la droite AD : cette droite est la perpendiculaire demandée. En effet, les points A et D étant équidistants des points B et C,

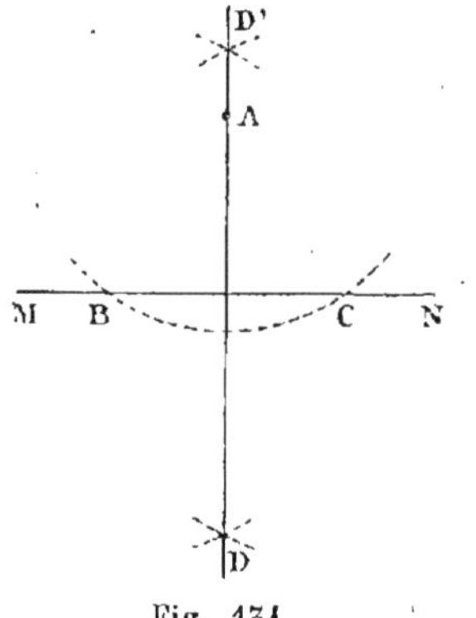

Fig. 134.

appartiennent à la perpendiculaire à la droite BC en son milieu (69).

2° Le point A est en dehors de la droite MN (*fig. 134*). Du point A comme centre, avec un rayon arbitraire, décrivons un arc de cercle qui rencontre la droite MN aux deux points B et C. Du point B comme centre, avec un rayon arbitraire mais plus grand que la moitié de BC, décrivons un arc de cercle, et du point C comme centre, avec le même rayon,

décrivons un second arc de cercle qui coupe le premier au point D. Menons la droite AD : cette droite est la perpendiculaire demandée. En effet, les points A et D, étant équidistants des points B et C, appartiennent à la perpendiculaire à la droite BC en son milieu.

171. REMARQUE. Les arcs de cercle décrits des points B et C comme centres, avec le même rayon, se coupent en deux points D et D′; on se servira de préférence, pour tracer la droite demandée, de celui de ces points qui est le plus éloigné du point donné A.

Problème.

172. *Mener une perpendiculaire à une portion de droite AB, en son milieu.*

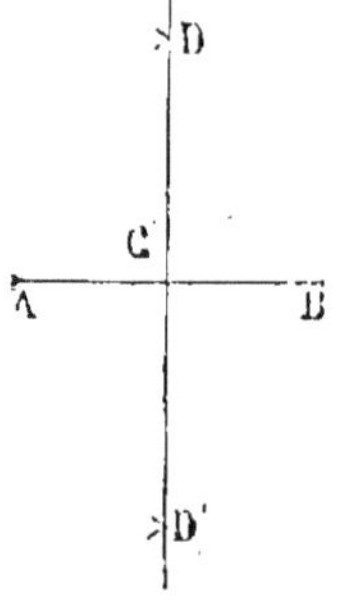

Fig. 155.

Du point A comme centre, avec un rayon arbitraire plus grand que la moitié de AB, je décris un arc de cercle (*fig. 155*); du point B comme centre avec le même rayon, je décris un second arc de cercle; ces deux arcs se coupent aux points D et D′. Je mène la droite DD′ : elle rencontre la droite AB en un point C qui est le milieu de AB.

En effet, les points D et D′ étant équidistants

des points A et B, la droite DD' est le lieu des points équidistants des points A et B; elle est donc perpendiculaire à la droite AB, en son milieu.

173. APPLICATION. *Tracer la circonférence qui passe par trois points, A, B, C, non en ligne droite.*

Des points A et B comme centres, avec un même rayon plus grand que la moitié de AB, je décris deux arcs de cercle qui se coupent aux points D et D' (*fig.* 136), et je mène la droite DD' qui est le lieu des points équidistants des points A et B; je construis de même la droite EE', lieu des points équidistants des points B et C. Ces deux lieux

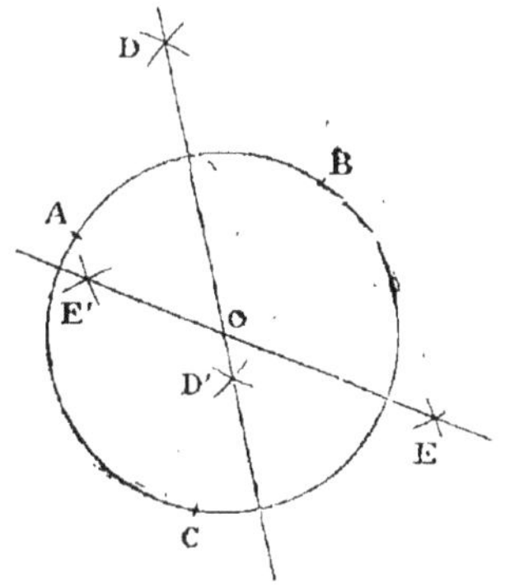

Fig. 136.

se coupent (127), soit O leur point de rencontre. Ce point est équidistant de A et de B, de B et de C, et par conséquent si, du point O comme centre, avec OA pour rayon, je décris une circonférence, cette circonférence est celle qui passe par les trois points, A, B, C.

Cette construction peut servir pour déterminer le centre d'une circonférence; il suffit, à cet effet, de prendre sur la circonférence trois points quelconques, et d'opérer comme précédemment.

174. REMARQUE. Le point de concours de la droite DD' perpendiculaire à AB en son milieu, et de la droite EE' perpendiculaire à la droite BC en son milieu, étant équidistant à la fois des points A et B, et des points B et C, est équidistant des points A et

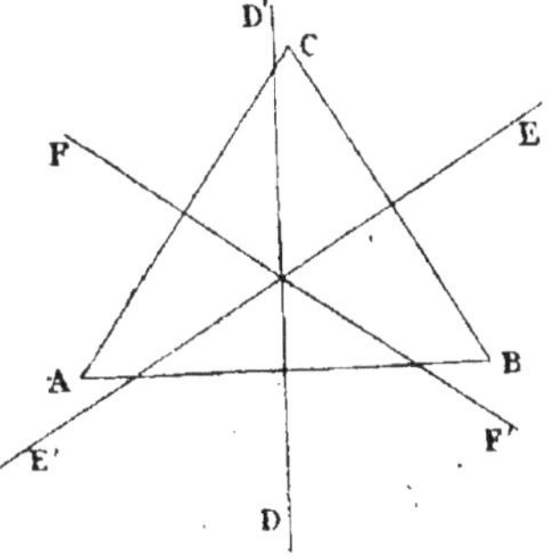

Fig. 137.

C, et, par conséquent, appartient à la droite FF' perpendiculaire à la droite AC en son milieu (*fig.* 137). D'où le théorème suivant :

Si l'on mène à chaque côté d'un triangle une perpendiculaire en son milieu, on obtient trois droites qui concourent en un même point.

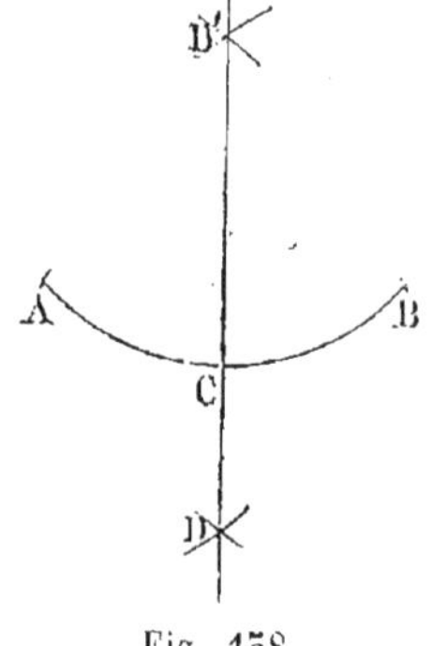

Fig. 158.

Problème.

175. *Partager un arc de cercle AB en deux parties égales.*

Je mène, comme dans le problème précédent, la droite DD′, lieu des points équidistants de A et de B (*fig.* 158); cette droite est perpendiculaire à la corde AB, en son milieu, et partage l'arc AB en deux parties égales (124).

Problème.

176. *Mener la bissectrice d'un angle donné* AOB (*fig.* 159). Du point O comme centre, avec un rayon arbitraire, je décris un arc de cercle qui rencontre les côtés de l'angle aux points A et B.

De ces points comme centres, avec un rayon plus grand que la moitié de la corde AB, je décris des arcs de cercle qui se coupent en D. Je joins O et D. La droite OD est la bissectrice de l'angle AOB, car elle partage l'arc AB, et par suite l'angle AOB, en deux parties égales.

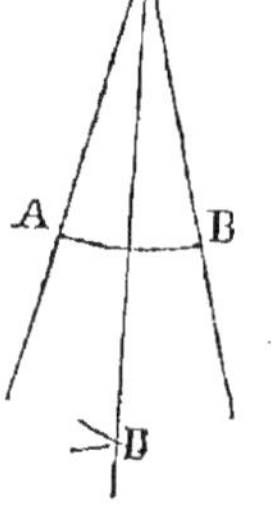

Fig. 159.

177. Application. *Mener un cercle tangent aux trois côtés d'un triangle* ABC (*fig.* 140).

Le centre d'un cercle tangent aux trois droites AB, AC, BC, est un point équidistant de ces trois droites; c'est donc un point appartenant à la fois au lieu des points équidistants des droites AB et AC, et au lieu des points équidistants des droites AB et BC. Réciproquement d'ailleurs, tout point appartenant à la fois à ces deux lieux géométriques est équidistant des trois droites AB, AC, BC, et, par conséquent, est centre d'un cercle tangent à ces trois droites. Or, le lieu des points équidistants des droites AB et AC est l'ensemble des bissectrices RR′, R₁R′₁ des angles formés par ces droites (74); de même, le lieu des points équidistants des droites AB, BC, est l'ensemble des bissectrices SS′, S₁S₁′ des angles formés par ces droites.

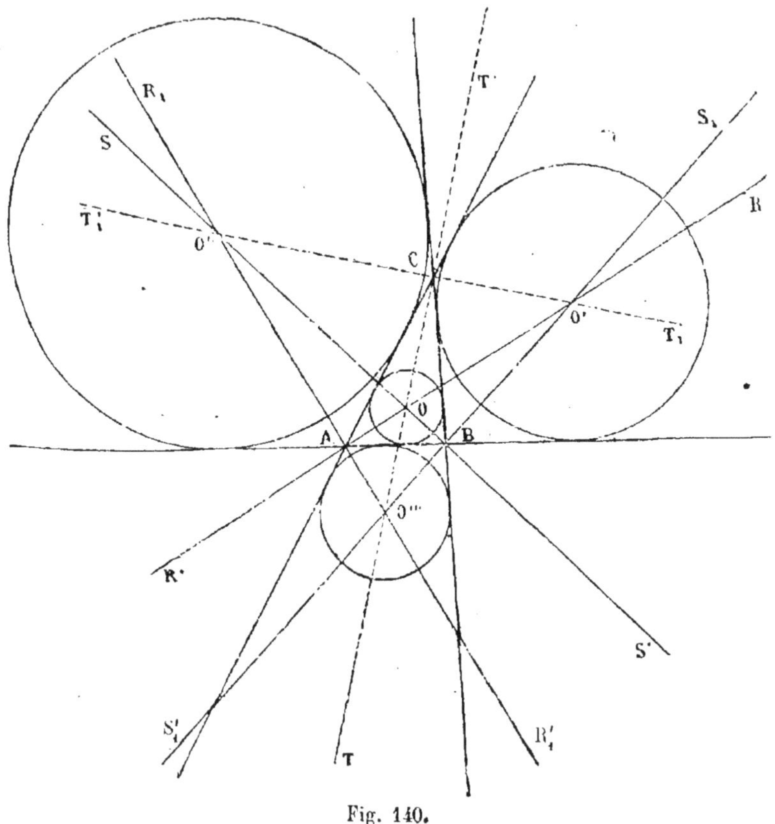

Fig. 140.

Les centres des cercles cherchés sont donc les points communs à ces deux lieux.

La droite RR′ du premier lieu coupe la droite SS′ du second, car ces droites forment, avec la sécante AB, du même côté que le point C par rapport à AB, deux angles intérieurs d'un même côté, RAB, SBA, dont la somme est égale à la demi-somme des angles A et B du triangle, et est par conséquent non seulement moindre que deux droits, mais même moindre qu'un droit. Le point de rencontre O est, par rapport à AB, du même côté que le point C (86); ce point O se trouvant ainsi à la fois dans chacun des angles CAB, CBA, est dans la portion du plan commune à ces deux angles, c'est-à-dire dans l'intérieur du triangle. Le cercle décrit du point O comme centre, avec un rayon égal à la distance de ce point à la droite AB, est tangent aux trois côtés du triangle.

La droite RR′ du premier lieu et la droite S_1S_1' du second se coupent aussi; car elles font, avec la sécante AB, du même côté que le point C par rapport à AB, deux angles intérieurs d'un même côté, RAB, S_1BA, dont la somme est encore plus petite que deux droits, attendu que cette somme est égale à $\frac{1}{2}\left(A+B\right)+1$ droit. Le point de rencontre O′ est, par rapport à AB, du même côté que le point C; ce point se trouvant ainsi à la fois dans l'angle A du triangle, et dans l'angle extérieur formé par BC et par le prolongement de AB au delà du point B, est dans la portion du plan commune à ces angles, c'est-à-dire dans l'angle A et hors du triangle. Le cercle décrit du point O′ comme centre, avec la distance du point O′ à AB pour rayon, est un second cercle tangent aux trois côtés du triangle.

On verrait de même que la droite SS′ du second lieu coupe la droite R_1R_1' du premier en un point O″ situé dans l'angle B du triangle, en dehors du triangle. Le cercle décrit du point O″ comme centre, avec la distance du point O″ à AB pour rayon, est un troisième cercle tangent aux trois côtés du triangle.

Enfin, la droite R_1R_1' du premier lieu et la droite S_1S_1' du second se coupent aussi : car elles font, avec la sécante.AB, du même côté que le point C par rapport à AB, deux angles intérieurs d'un même côté, R_1AB, S_1BA, dont la somme, composée de $\frac{A}{2}+1$ droit et de $\frac{B}{2}+1$ droit, surpasse deux droits. Le point de rencontre O‴ est, par rapport à AB, du côté opposé à celui où est le point C. Ce point O‴ se trouvant ainsi à la fois dans l'angle extérieur formé par AB et par le prolongement de CA, et dans l'angle extérieur formé par BA et par le prolongement de CB, est dans la portion du plan commune à ces deux angles, c'est-à-dire dans l'angle C, en dehors du triangle. Le cercle décrit de O‴ comme centre, avec un rayon égal à la distance du point O‴ à AB, est un quatrième cercle tangent aux trois côtés du triangle.

Il y a donc quatre cercles tangents aux trois côtés du triangle. Celui qui a pour centre le point O est situé dans l'intérieur du triangle, on le nomme le *cercle inscrit*. Chacun des trois autres cercles est situé en dehors du triangle, et dans l'un des angles du triangle, on les nomme les *cercles exinscrits*. On distingue l'un des cercles exinscrits des deux autres en désignant l'angle du triangle dans lequel il est contenu. Ainsi le cercle exinscrit qui a pour centre le point O′ est celui qui est contenu dans l'angle A.

178. Remarque. Le point de concours O des bissectrices RR′, SS′ des angles A et B du triangle, étant équidistant des côtés CA, CB du troisième angle, et situé dans cet angle, appartient à la bissectrice TT′ de l'angle C ; donc :

Les trois bissectrices des angles d'un triangle se coupent en un même point.

Pareillement le point de concours O‴ des bissectrices R_1R_1', S_1S_1' des angles extérieurs au triangle, dont les sommets sont A et B, étant équidistant des droites CA, CB, et situé dans l'angle ACB formé par ces droites, appartient à la bissectrice TT′ de l'angle C du triangle ; donc :

La bissectrice d'un angle d'un triangle et les bissectrices des angles extérieurs au triangle, non adjacents à cet angle, se coupent en un même point.

Problème.

179. *Mener pour un point donné A une parallèle à une droite donnée MN (fig. 141).*

D'un point quelconque B de la droite MN pris pour centre, avec BA pour rayon, je décris un arc de cercle qui rencontre la droite MN au point C ; du point A comme centre, avec le même rayon, je décris un arc de

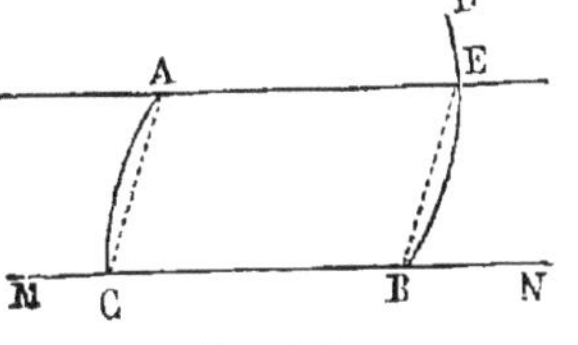

Fig. 141.

cercle BD ; je porte ensuite sur cet arc une ouverture de compas BE égale à AC, et je mène la droite AE ; cette droite est la parallèle demandée.

En effet, d'après les constructions effectuées, le quadrilatère

ACBE a ses côtés opposés égaux, et, par conséquent, est un parallélogramme (104).

Problème.

180. *Mener, par un point A d'une droite AB, une droite faisant avec la demi-droite AB un angle égal à un angle donné EDF (fig. 142).*

Du point D comme centre, avec une ouverture de compas arbitraire, décrivons un arc de cercle qui coupe en G et en H les côtés de l'angle EDF ; du point A comme centre, avec la même ouverture de compas, décrivons l'arc de cercle

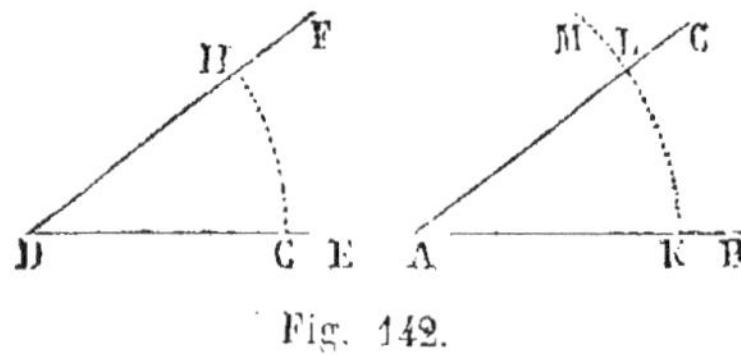

Fig. 142.

KM ; puis, avec une ouverture de compas égale à la corde GH, prenons la corde KL égale à la corde GH, enfin menons la droite AL. L'angle BAL est égal à l'angle EDF, car les arcs de même rayon GH et KL, étant sous-tendus par des cordes égales, sont égaux, et, par conséquent, les angles au centre GDH et KAL sont égaux.

Problème.

181. *Connaissant deux angles A et B d'un triangle, déterminer le troisième (fig. 143).*

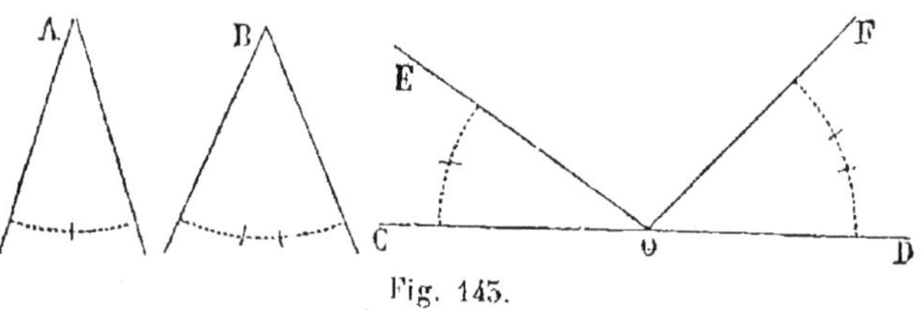

Fig. 143.

Par un point O d'une droite indéfinie CD menons une demi-droite OE telle que l'angle COE soit égal à A, et une demi-droite OF telle que l'angle DOF soit égal à B ; l'angle EOF, supplément de la somme des deux angles A et B, est l'angle cherché.

VIII. — PROBLÈMES ÉLÉMENTAIRES SUR LA CONSTRUCTION DES TRIANGLES.

Problème.

182. *Construire un triangle, connaissant un côté a et les deux angles adjacents* B *et* C *(fig. 144).*

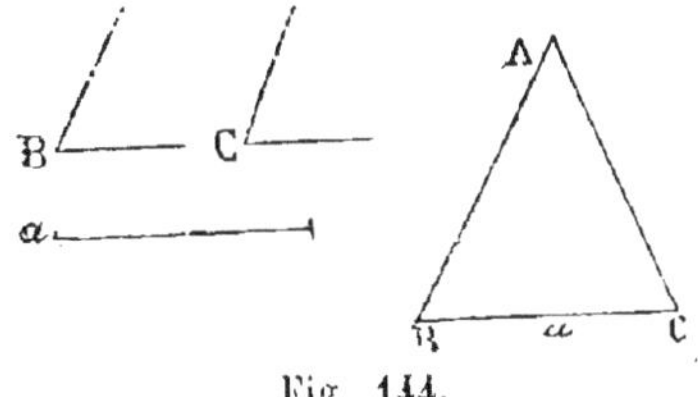

Fig. 144.

Sur une droite indéfinie on prend une longueur BC égale à a; au point B on fait un angle ABC égal à l'angle B, au point C un angle ACB égal à l'angle C; soit A le point de rencontre des côtés de ces angles; le triangle ABC ainsi formé est le triangle demandé, pourvu que la somme des deux angles donnés soit moindre que 180°.

Problème.

183. *Construire un triangle, connaissant deux côtés a, b, et l'angle compris* C *(fig. 145).*

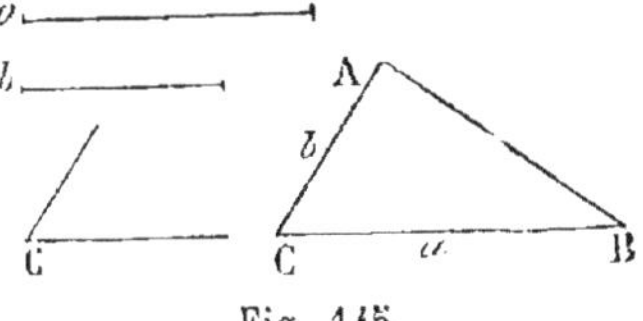

Fig. 145.

On prend sur une ligne droite une longueur CB égale à a; on fait au point C un angle BCA égal à l'angle C donné, et, sur la droite CA, on prend une longueur CA égale à b; enfin on joint B et A. Le triangle ABC est le triangle demandé.

Problème.

184. *Construire un triangle, connaissant les trois côtés a, b et c (fig. 146).*

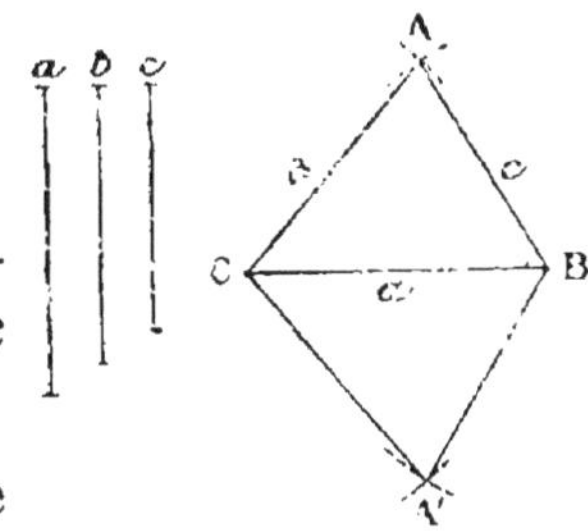

Fig. 146.

On prend sur une droite indéfinie une longueur BC égale au plus grand a des trois côtés donnés; du point C comme centre, avec un rayon égal à b, on décrit un arc de cercle; du point B comme centre, avec un rayon égal à c, on décrit un second arc de cercle. Soit A un point commun à ces deux arcs de cercle; en joignant les points C et A, et les points B et A, on obtient un triangle ABC qui, ayant les trois côtés respectivement égaux à a, b, c, est le triangle demandé.

185. REMARQUE. Pour que le problème soit possible, il faut et il suffit que les arcs de cercle décrits des points C et B comme centres, avec des rayons égaux à b et à c, se coupent, c'est-à-dire que la distance des centres soit à la fois plus petite que la somme des rayons et plus grande que leur différence. Or, le plus grand côté a est plus grand que la différence des deux autres; donc la condition *nécessaire et suffisante* pour qu'avec trois côtés donnés on puisse construire un triangle, est que le plus grand côté soit plus petit que la somme des deux autres.

Cette condition étant remplie, les arcs de cercle se coupent en deux points A et A′; mais le triangle A′BC est égal au triangle ABC (55).

Problème.

186. *Construire un triangle, connaissant deux côtés a, b, et l'angle A opposé au côté a.*

On prend (*fig.* 147) l'angle CAR égal à l'angle donné A, et sur

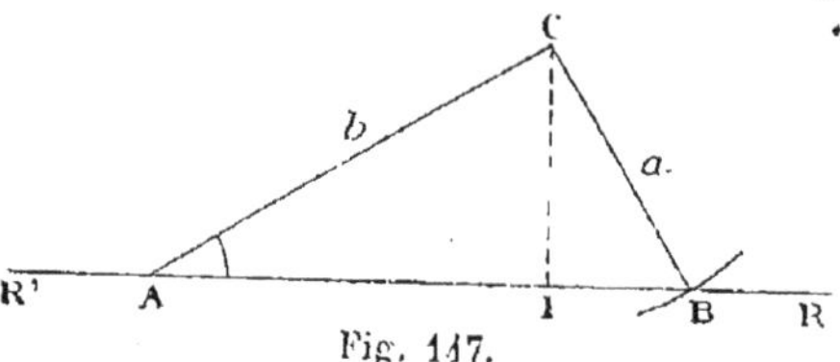

Fig. 147.

l'un des côtés de cet angle on porte une longueur AC égale au côté donné b; puis, du point C comme centre, avec un rayon égal au côté a, on décrit une circonférence. Soit B un point où cette circonférence rencontre le second côté AR de l'angle donné; le triangle ABC satisfait aux conditions du problème. Donc, selon que la circonférence décrite du point C comme centre, avec a pour rayon, rencontre la portion AR de la droite indéfinie R′R en deux points, en un point, ou ne la rencontre pas, le problème admet deux solutions, une solution, ou n'en admet pas.

Pour que le problème soit possible, il faut d'abord que la circonférence employée rencontre la droite RR', et pour cela il faut que a soit supérieur ou égal à la perpendiculaire CI menée du point C à la droite RR'.

Supposons cette condition remplie. La circonférence rencontre la droite RR'. Pour distinguer les différents cas qui peuvent se présenter, nous supposerons successivement l'angle A aigu, ou obtus, ou droit.

1° L'angle A est aigu (*fig.* 148). Si a est égal à CI, la circonférence est tangente en I à RR', et le triangle rectangle ACI répond seul à la question. Si a est plus grand que CI et moindre

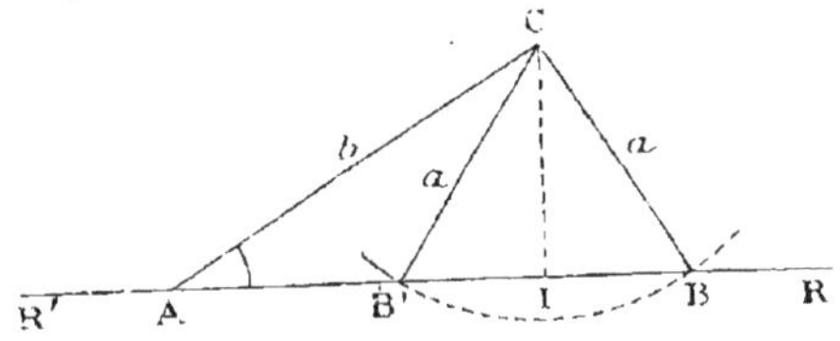

Fig. 148.

que b, la circonférence rencontre la droite RR' en deux points B et B' situés sur la portion AR de cette droite, et les deux triangles ACB, ACB' répondent à la question. Si a est égal à b, le point B' se confond avec le point A, le triangle ACB' se réduit à une droite, l'autre devient isocèle. Si a est plus grand que b, les deux points B et B' sont l'un sur la portion AR de la droite RR', l'autre sur la portion AR', et, par conséquent, le premier seul convient et le problème n'a qu'une solution.

2° L'angle A est obtus (*fig.* 149). Si a est plus grand que b,

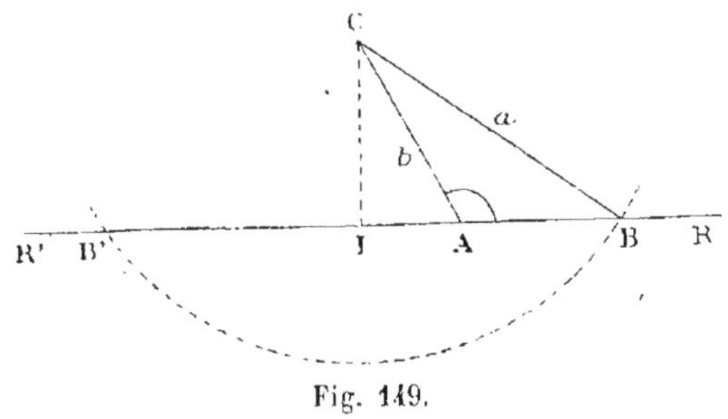

Fig. 149.

la circonférence rencontre la droite RR' en deux points B et B' situés l'un sur AR, l'autre sur AR'; le premier convient, le second ne convient pas, et le problème admet une solution. Si a est égal à b, le point B se confond avec le point A, et le triangle se réduit à une droite. Si a est moindre que b, les points B et B' sont tous deux sur la portion AR' de la droite RR', et le problème est impossible.

3° L'angle A est droit (*fig. 150*). Dans ce cas, les deux portions

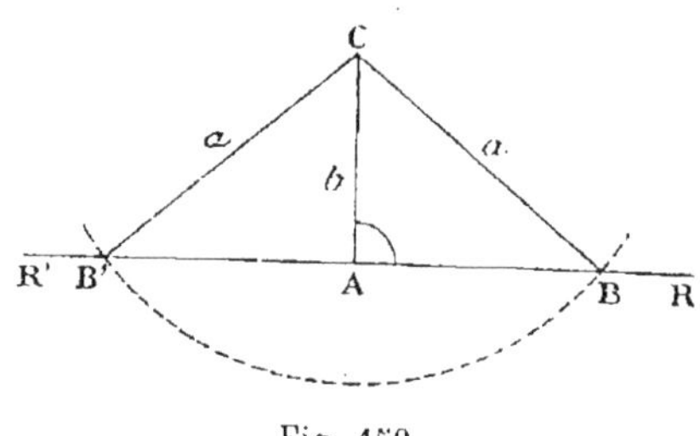

Fig. 150.

AR et AR' de la droite RR' faisant le même angle avec la droite AC, il n'y a plus lieu de distinguer ces deux portions de la droite indéfinie. Si a est supérieur à CA, c'est-à-dire à b, la circonférence rencontre la droite RR' aux deux points B et B', situés à égale distance du point A. Les deux triangles ACB, ACB' répondent à la question; mais, comme ils sont égaux, nous dirons que le problème n'admet qu'une solution. Si a est égal à b, le triangle ABC se réduit à une droite; si a est moindre que b, le problème est impossible.

Nous pouvons réunir dans le tableau suivant les résultats principaux de cette discussion :

$$a < CI \dots\dots\dots\dots\dots\dots\dots \quad 0 \text{ solution.}$$

$$a > CI \begin{cases} A < 90° \begin{cases} a < b \dots\dots\dots & 2 \text{ solutions.} \\ a > b \dots\dots\dots & 1 \text{ solution.} \end{cases} \\ A > 90° \begin{cases} a \leqslant b \dots\dots\dots & 0 \text{ solution.} \\ a > b \dots\dots\dots & 1 \text{ solution.} \end{cases} \\ A = 90° \begin{cases} a \leqslant b \dots\dots\dots & 0 \text{ solution.} \\ a > b \dots\dots\dots & 1 \text{ solution.} \end{cases} \end{cases}$$

IX. — PROBLÈMES SUR LES TANGENTES; DÉCRIRE SUR UNE PORTION DE DROITE UN SEGMENT CAPABLE D'UN ANGLE DONNÉ.

Problèmes.

187. *Mener une tangente à une circonférence : 1° par un point de la circonférence; 2° par un point extérieur; 3° parallèlement à une droite donnée.*

1° Pour mener une tangente à une circonférence par un point A de cette circonférence, il suffit d'élever au point A une perpendiculaire au rayon OA (*fig.* 151).

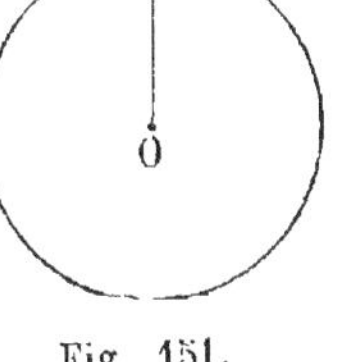

Fig. 151.

2° Proposons-nous de mener par un point A extérieur à une circonférence donnée une tangente à cette circonférence. Supposons le problème résolu; soit B le point de contact d'une tangente menée par le point A à la circonférence donnée (*fig.* 152). Il s'agit de trouver ce point B. Or la tangente AB étant perpendiculaire au rayon OB, l'angle OBA est droit, et, par conséquent, le point B est sur la circonférence décrite sur OA comme diamètre; comme il doit être aussi sur la circonférence donnée, il est l'un des points de rencontre de ces deux circonférences. On décrira donc sur OA comme diamètre une circonférence, et on joindra le point A aux deux points de rencontre de cette circonférence avec la circonférence donnée.

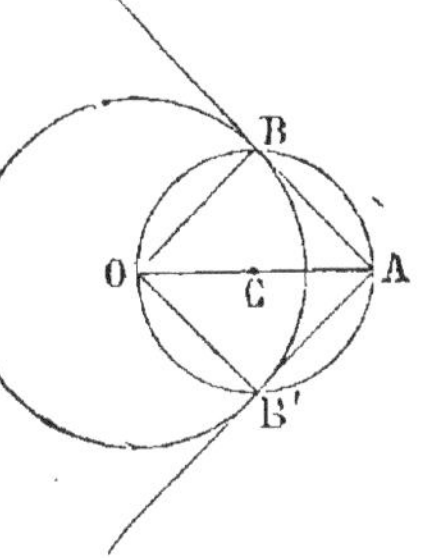

Fig. 152.

Si le point A est à l'extérieur du cercle donné, les deux circonférences se coupent en deux points B, B′, et du point A on peut mener à la circonférence donnée les deux tangentes, AB, AB′.

Si le point A est à l'intérieur du cercle donné, les deux circonférences ne se rencontrent pas. Le problème est impossible, ce qui est évident *a priori*, puisqu'une tangente à un cercle n'a aucun point à l'intérieur de ce cercle.

Si le point A est sur la circonférence donnée, les deux circonférences sont tangentes en A ; les points, B, B', se confondent avec le point A ; les deux tangentes, AB, AB' se confondent avec la perpendiculaire au point A au rayon OA.

3° Soit à mener à la circonférence O une tangente parallèle à la droite donnée MN. Supposons encore le problème résolu, soit A le point de contact d'une tangente AT à la circonférence donnée, parallèle à la droite donnée MN (*fig.* 153). Il s'agit de trouver ce point A. Or, le rayon OA étant perpendiculaire à la tangente AT et, par suite, à la droite MN parallèle à AT, le point A est sur la perpendiculaire menée du centre O sur MN, et, comme il doit être sur la circonférence donnée, il est un des deux points de rencontre de cette circonférence et de la perpendiculaire à MN menée par le centre. On mènera donc du centre O la perpendiculaire à MN, et par chacun des points, A, A', où elle rencontre la circonférence donnée, on mènera une parallèle à MN. On obtiendra ainsi deux tangentes, AT, A'T'. On voit que le problème est toujours possible et admet toujours deux solutions.

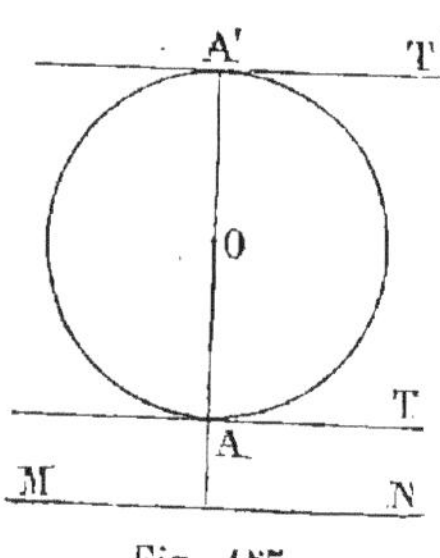

Fig. 153.

Problème.

188. *Mener une tangente commune à deux circonférences.*

Commençons par supposer le problème résolu. Soit d'abord une droite AA_1 tangente commune aux deux circonférences O et O_1 et telle que les deux circonférences soient d'un même côté par rapport à cette droite (*fig.* 154). Menons les rayons OA et O_1A_1 qui passent par les points de contact ; ils sont tous deux perpendiculaires à la tangente commune AA_1, et sont dirigés dans le même sens ; menons encore la droite O_1B parallèle à AA_1. La figure ABO_1A_1 est un rectangle ; les côtés opposés AB et O_1A_1 sont égaux, et la longueur OB est égale à la différence des rayons des deux circonférences. Si du point O comme centre, avec un rayon égal à la différence des deux rayons, on décrit

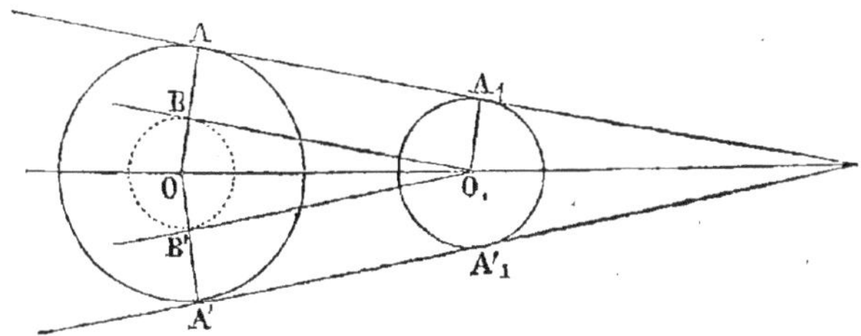

Fig. 154.

une circonférence, cette circonférence est tangente à la droite O_1B au point B, puisque O_1B est perpendiculaire au rayon OB.

De là résulte la construction suivante : du point O comme centre, avec un rayon égal à la différence des deux rayons, on décrit une circonférence, et du point O_1 on mène à cette circonférence les tangentes O_1B et O_1B'; on mène les rayons OBA, $OB'A'$ de la circonférence donnée O, et aux points A et A' on mène à cette circonférence les tangentes AA_1 et $A'A'_1$; ces tangentes sont communes aux deux circonférences; on les nomme tangentes communes *extérieures*. Les deux circonférences sont d'un même côté par rapport à chacune de ces tangentes.

189. REMARQUE. La construction précédente suppose le point O_1 extérieur au cercle OB, c'est-à-dire la distance des centres des cercles donnés plus grande que la différence de leurs rayons; elle est donc applicable tant que les cercles ne sont ni intérieurs, ni tangents intérieurement (147). Si les cercles sont tangents intérieurement (*fig.* 155), le point O_1 étant sur la circonférence OB, les points B et B' se confondent avec le point O_1; les points A et A' se confondent avec le

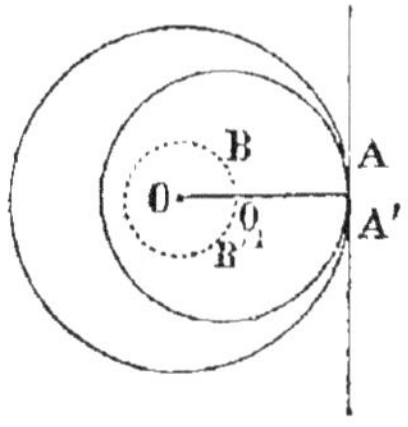

Fig. 155.

point de contact des deux circonférences, et, par suite, les tangentes communes extérieures aux deux circonférences se confondent en une seule. Si le second cercle est intérieur au premier, le point O_1 étant à l'intérieur du cercle OB, la construction est impossible. Il est d'ailleurs évident *a priori* que, dans ce cas, les circonférences n'ont pas de tangente commune.

190. Soit en second lieu une droite CC_1 tangente commune aux circonférences O et O_1, et telle que les deux circonférences soient de part et d'autre de cette droite (*fig.* 156). Menons les rayons OC et O_1C_1 qui passent par les points de contact; ils

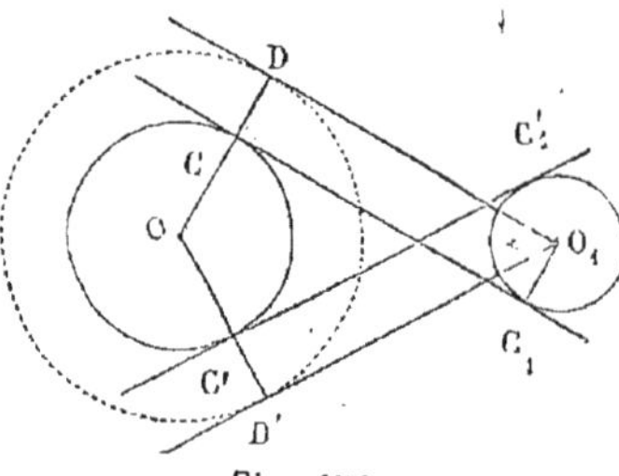
Fig. 156.

sont tous deux perpendiculaires à la tangente commune CC_1, et sont dirigés en sens contraires. Menons encore la parallèle O_1D à la tangente CC_1. La figure CDO_1C_1 est un rectangle; les côtés opposés CD, C_1O_1 sont égaux, et la longueur OD est égale à la somme des rayons des deux circonférences. Si du point O comme centre, avec un rayon égal à la somme des rayons des deux circonférences, nous décrivons une circonférence, elle est tangente au point D à la droite O_1D, puisque O_1D est perpendiculaire à OD.

De là résulte la construction suivante : du point O comme centre, avec un rayon égal à la somme des rayons, on décrit la circonférence OD; on mène du point O_1 les tangentes O_1D et O_1D' à cette circonférence, et aux points C et C', où les rayons OD, OD' rencontrent la circonférence donnée O, on mène à cette circonférence les tangentes CC_1 et $C'C'_1$; ces tangentes seront tangentes communes aux deux circonférences données. On les nomme tangentes communes *intérieures*; les deux circonférences sont de part et d'autre de chacune d'elles.

191. Remarque. Cette construction suppose le point O_1 extérieur au cercle OD, c'est-à-dire la distance des centres des cercles donnés plus grande que la somme des rayons; elle est donc applicable quand les cercles sont extérieurs.

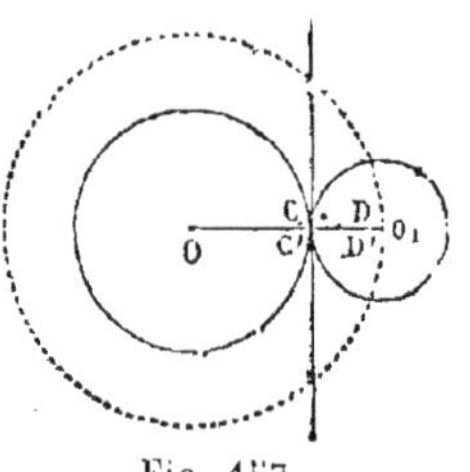
Fig. 157.

Si les cercles sont tangents extérieurement (*fig.* 157), le point O_1 est sur le cercle OD, les points C et C' se confondent avec le point de contact des deux circonférences, et les deux tangentes communes intérieures se confondent en une seule. Dans toute autre position des deux circonférences, le point O_1 étant à l'intérieur du cercle O, la construction est impossible. Il est d'ailleurs évident *a priori* qu'alors les circonférences n'ont pas de tangente commune intérieure.

Problème.

192. *Décrire sur une portion de droite AB, d'un côté de cette droite, l'arc d'un segment de cercle capable d'un angle donné.*

Supposons le problème résolu. Soit AMB l'arc demandé que nous supposerons au-dessus de la droite AB, et soit O le centre de cet arc (*fig.* 158). Le point O est sur la perpendiculaire DE menée à la droite AB par son milieu. D'autre part, soit BC la tangente en B à l'arc AMB; l'angle ABC, formé par la corde AB et par la partie BC de la tangente située au-dessous de AB, a même mesure que la moitié de l'arc ANB, comme tout angle inscrit dans le segment AMB; par conséquent, cet angle ABC est égal à l'angle donné. Si donc on mène par le

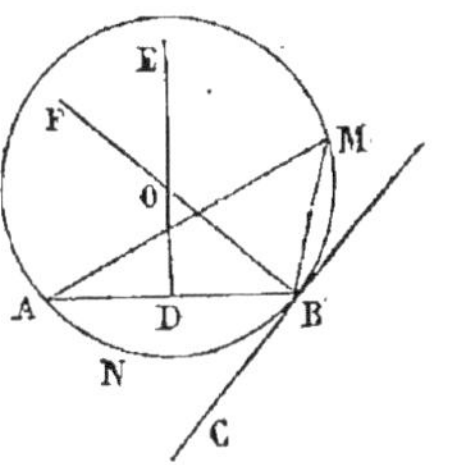

Fig. 158.

point B une droite BC faisant avec BA, au-dessous de AB, un angle ABC égal à l'angle donné, cette droite est la tangente en B à l'arc demandé. Mais alors, le centre de cet arc est aussi situé sur la perpendiculaire BF à BC, au point B. Le centre de l'arc demandé est donc le point de concours des droites DE et BF.

De là résulte la construction suivante : on élève à AB une perpendiculaire DE, en son milieu; on mène par le point B une droite BC faisant avec BA au-dessous de BA un angle ABC égal à l'angle donné, et, par le point B, on mène la droite BF perpendiculaire à BC. Du point de concours O des droites DE et BF, comme centre, avec OB pour rayon, on décrit une circonférence. L'arc AMB de cette circonférence, situé par rapport à AB du côté où n'est pas l'angle ABC, est l'arc demandé.

L'arc ANB, situé de l'autre côté de la corde, est l'arc d'un segment capable d'un angle égal au supplément de l'angle donné.

§ X. — REMARQUES SUR LA RÉSOLUTION DES PROBLÈMES.

193. Lorsque la solution d'un problème se présente aisément à l'esprit, on indique cette solution, et l'on démontre ensuite qu'elle satisfait aux conditions demandées : c'est la marche *synthétique*; c'est celle que nous avons suivie pour résoudre les problèmes des n°ˢ 170, 172, 175, 179, 180, 187 (1ʳᵉ partie), etc.

Mais lorsque la solution paraît plus difficile à découvrir, on procède autrement : on commence par supposer le problème résolu; on construit, aussi bien que possible, une figure que l'on suppose satisfaire à toutes les conditions du problème; puis, par un examen attentif de cette figure, on cherche à découvrir quelles constructions il faudrait effectuer avec les données du problème pour construire effectivement la figure demandée. C'est la marche *analytique;* c'est celle que nous avons suivie pour résoudre les problèmes du n° 187 (2ᵉ et 3ᵉ parties), des n° 188, 190, 192.

Lorsque, en opérant ainsi, on reconnaît que la construction de la figure dépend essentiellement de la détermination d'un point, pour trouver ce point on cherche à déterminer deux lignes sur lesquelles ce point doit être situé. À cet effet, on laisse d'abord de côté une des conditions du problème, et l'on cherche quel est le lieu géométrique des points qui satisfont aux autres conditions de l'énoncé; puis, reprenant la condition d'abord négligée, on en laisse une autre de côté, et l'on cherche encore le lieu géométrique des points qui satisfont aux conditions conservées; on a ainsi deux lieux géométriques sur lesquels le point doit être situé. Si ces deux lieux ne se composent que de droites et de cercles, on saura trouver leurs points communs, et le problème sera résolu.

Reprenons, par exemple, le dernier problème.

Décrire sur une portion de droite AB, au-dessus de cette droite, l'arc d'un segment de cercle capable d'un angle donné.

Ayant supposé le problème résolu et tracé l'arc AMB, qui

est censé satisfaire aux conditions de l'énoncé, on voit que la possibilité de tracer cet arc dépend uniquement de la détermination de son centre O. Or, l'arc doit remplir trois conditions : passer par A, passer par B, et limiter un segment capable d'un angle donné, situé au-dessus de AB. Laissant de côté la dernière condition, on dira : Le lieu des centres des arcs de cercle qui passent par A et par B est la droite DE perpendiculaire à AB en son milieu; donc le point O est sur la droite DE. Puis, reprenant la dernière condition, le segment AMB, situé au-dessus de AB, est capable de l'angle donné, et, abandonnant la première, l'arc passe par A, on dira : le lieu des centres des arcs de cercle qui passent par B et limitent des segments situés au-dessus de AB, capables de l'angle donné, est la perpendiculaire BF menée par le point B, à une droite BC, qui fait avec AB, au-dessous de AB, un angle ABC égal à l'angle donné. Or, on sait construire les deux droites DE et BF, qui toutes deux doivent contenir le point O, et par suite on sait déterminer la position de ce point.

EXERCICES SUR LE LIVRE II.

Théorèmes à démontrer.

1. Deux cercles étant tangents, si l'on mène par le point de contact deux sécantes quelconques, les droites qui joignent les extrémités de ces sécantes sont parallèles.

2. Étant donnés deux cercles qui se coupent, si par l'un des points communs on mène deux sécantes quelconques, les droites qui joignent les extrémités de ces sécantes font un angle constant.

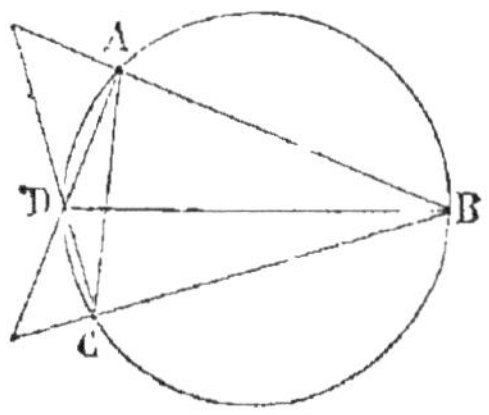

Fig. 159.

3. Soient quatre points A, B, C et D situés sur une circonférence (*fig.* 159); on peut mener par ces quatre points les trois couples de sécantes AB et CD, AC et BD, AD et BC; démontrer que les bissectrices des angles des sécantes AB et CD sont parallèles aux bissectrices des angles des sécantes AC et BD, et aussi aux bissectrices des angles des sécantes AD et BC.

GÉOM., LETTRES, I.

4. Un parallélogramme circonscrit à un cercle est un losange. — Dans un losange on peut toujours inscrire un cercle.

5. Soit un arc de cercle AB; si, en un point quelconque M de cet arc, on mène une tangente au cercle, la portion PQ de cette ligne, comprise entre les tangentes au cercle aux points A et B, est vue du centre sous un angle constant (*fig.* 160).

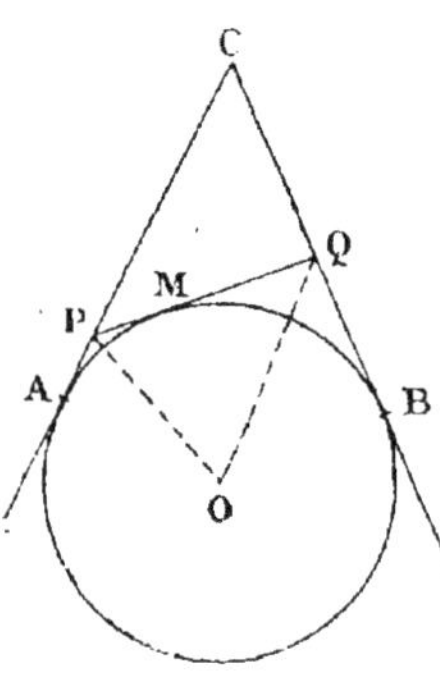

Fig. 160.

6. Soient un arc de cercle AMB moindre qu'une demi-circonférence, AC et BC les tangentes au cercle aux points A et B (*fig.* 160); si, en un point quelconque M de l'arc AB, on mène une tangente PQ, cette tangente forme avec les droites CA et CB un triangle CPQ dont le périmètre est constant. — Si l'arc donné AB est plus grand qu'une demi-circonférence, l'excès de la somme des côtés CP et CQ sur le côté PQ est constant.

7. Si un quadrilatère est circonscrit à un cercle, la somme ou la différence de deux côtés opposés est égale à la somme ou à la différence des deux autres côtés, selon que les points de contact sont sur les côtés du quadrilatère, ou sur leurs prolongements.

8. Réciproque du théorème précédent.

9. Les pieds des perpendiculaires abaissées du sommet A d'un triangle ABC sur les quatre bissectrices des angles formés par la droite BC avec les droites AB et AC sont quatre points en ligne droite.

10. Démontrer que si, sur les côtés d'un triangle comme diamètres, on décrit des circonférences, ces circonférences se coupent deux à deux sur les côtés du triangle.

11. Démontrer que les hauteurs d'un triangle sont les bissectrices des angles du triangle qui a pour sommets les pieds des hauteurs.

12. Démontrer que dans un triangle les droites qui joignent les pieds des hauteurs sont respectivement perpendiculaires aux droites qui joignent les sommets au centre du cercle circonscrit au triangle.

13. Soit ABC un triangle équilatéral inscrit dans une circonférence donnée; démontrer que, si l'on joint le sommet A à un point D quelconque du plus petit arc sous-tendu par le côté BC, on a $AD = BD + CD$; comment doit-on modifier l'énoncé dans le cas où le point D est sur l'arc AB ou sur l'arc AC?

14. Étant donnés une circonférence de centre O et deux diamètres rectangulaires AB et CD, par le point A on mène une sécante quelconque qui rencontre le diamètre CD en E et la circonférence en F; au point F on mène la tangente à la circonférence qui rencontre CD au point G; démontrer que l'angle OGF est double de l'angle OAF.

15. Par le milieu C d'un arc AB d'une circonférence donnée O, on mène deux cordes quelconques qui rencontrent en D et E la droite AB, en F et G la circonférence; démontrer que les quatre points D, E, F, G sont sur une même circonférence.

16. Soient un angle ROR' et OS la bissectrice de cet angle (*fig.* 161); on prend, sur cette bissectrice OS, un point quelconque C, et de ce point comme centre, avec un rayon arbitraire, on décrit une circonférence qui rencontre les côtés de l'angle aux points A, B, A', B'. Démontrer que la droite BA' qui joint les points B et A' situés de part et d'autre de OS, et non situés sur une perpendiculaire à OS, est vue du point C sous un angle BCA' dont la grandeur ne dépend ni de la position du point C sur OS, ni du rayon de la circonférence.

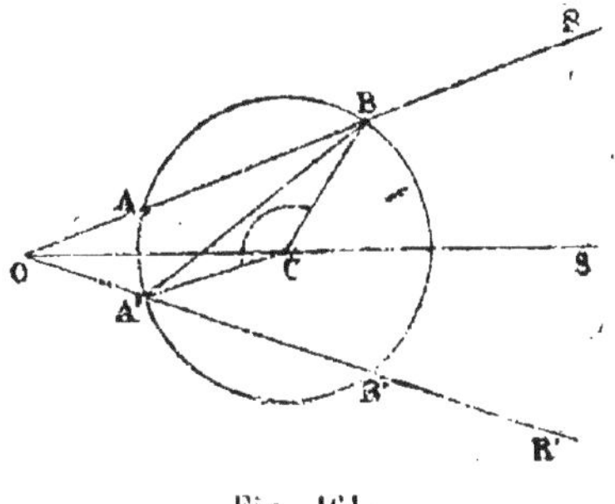

Fig. 161.

Problèmes à résoudre.

Construire un triangle connaissant :

17. Le rayon du cercle circonscrit et deux angles.

18. Le rayon du cercle circonscrit, un côté et l'un des angles adjacents à ce côté.

19. Le rayon du cercle circonscrit et deux côtés.

20. Le rayon du cercle inscrit et deux angles.

21. Le rayon du cercle inscrit, un angle et un côté adjacent à cet angle.

22. Deux côtés et une médiane.

23. Un côté et deux médianes.

24. Les trois médianes.

25. Un côté, l'angle opposé, et la somme ou la différence des deux autres côtés.

26. Un côté, un angle adjacent, et la somme ou la différence des deux autres côtés.

27. Un côté, l'angle opposé, et le rayon du cercle ex-inscrit situé dans l'angle donné.

28. Deux côtés et l'une des hauteurs.

29. Un côté et deux des hauteurs.

30. Deux angles et l'une des hauteurs.

31. Un angle et deux des hauteurs.

32. Le périmètre et deux angles.

33. Déterminer les sommets d'un triangle connaissant les points de rencontre autres que les sommets du triangle, des bissectrices des angles du triangle avec le cercle circonscrit au triangle.

34. Déterminer les sommets d'un triangle connaissant les points de rencontre, autres que les sommets du triangle, du cercle circonscrit au triangle avec les perpendiculaires abaissées de chaque sommet du triangle sur le côté opposé.

35. Déterminer les sommets d'un triangle ABC connaissant les points, autres que le point A, où le cercle circonscrit au triangle est rencontré par la perpendiculaire abaissée de A sur BC, par la bissectrice de l'angle A, et par la droite qui joint le point A au milieu de BC.

36. Construire un triangle ABC connaissant la base AB, la grandeur de l'angle C et un point de la bissectrice de l'angle que fait le côté AC avec le prolongement de BC. (Concours général, Troisième, 1876.)

37. Mener à une circonférence une tangente qui fasse avec une droite donnée un angle donné.

38. Par un point pris dans le plan d'une circonférence donnée, mener une sécante telle que la portion interceptée par la circonférence ait une longueur donnée.

39. Mener, par deux points donnés sur une circonférence donnée, deux cordes parallèles dont la somme ait une longueur donnée.

40. Avec un rayon donné, tracer une circonférence passant par deux points donnés.

41. Avec un rayon donné, tracer une circonférence tangente à deux droites données.

42. Avec un rayon donné, tracer une circonférence passant par un point donné et tangente à une droite donnée.

43. Avec un rayon donné, tracer une circonférence tangente à une droite et à une circonférence données.

44. Avec un rayon donné, tracer une circonférence tangente à deux circonférences données.

45. Tracer une circonférence tangente à une droite donnée en un point donné et tangente à une circonférence donnée.

46. Tracer une circonférence tangente à une circonférence donnée en un point donné et tangente à une droite donnée.

47. Étant donnés quatre points, tracer une circonférence également distante de ces quatre points. (La distance d'un point à une circonférence est comptée sur la droite qui passe par ce point et par le centre de la circonférence.)

48. Construire un trapèze connaissant les longueurs des bases parallèles et des deux diagonales.

49. Construire un trapèze connaissant les longueurs des bases parallèles et des côtés non parallèles.

50. Construire un quadrilatère connaissant les longueurs des quatre côtés et la longueur de la droite qui joint les milieux de deux côtés opposés.

51. Soit AB un diamètre d'un cercle (*fig.* 162); on prend sur la circonférence un point quelconque C, on mène la droite AC, et on prend sur CA, de part et d'autre du point C, les longueurs CD et CD' égales à la corde CB. Trouver le lieu décrit par les points D et D', quand le point C parcourt le cercle donné.

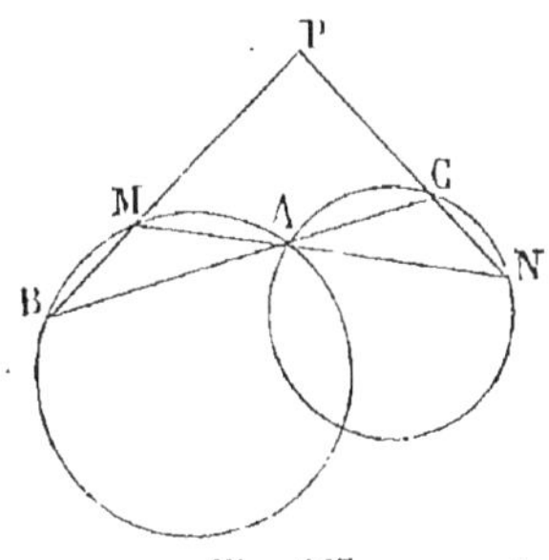

Fig 162.

52. Lieu des milieux des cordes d'un cercle qui passent par un point donné.

53. Lieu des points tels que les pieds des perpendiculaires menées de chacun d'eux aux trois côtés d'un triangle soient en ligne droite.

54. Soit un triangle ABC; on déplace le sommet C dans le plan du triangle, de façon que la base AB du triangle restant fixe, la médiane issue du sommet A conserve une longueur constante : 1° Quel est le lieu décrit par le sommet C? 2° Quel est le lieu décrit par le point de concours des médianes du triangle?

55. Deux circonférences se coupent au point A (*fig.* 163); on mène par le point A une sécante fixe BAC et une sécante mobile MAN; on mène par les extrémités de ces sécantes les droites BM et CN qui se coupent en un point P. Lieu décrit par le point P quand on fait tourner la sécante mobile MAN autour du point A.

56. Soient un triangle ABC, et un point fixe P sur le côté AB (*fig.* 164).

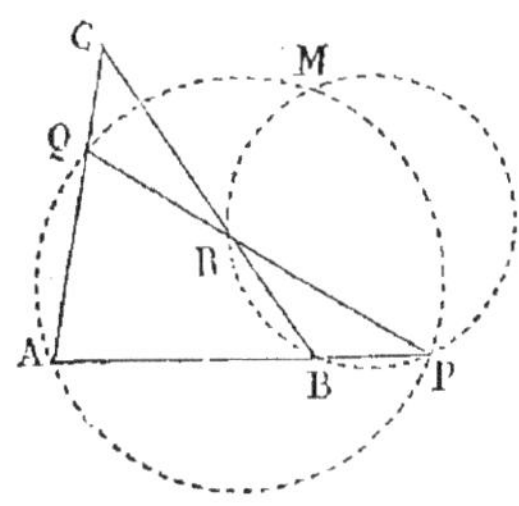

Fig. 163.   Fig. 164.

On mène par le point P une droite quelconque qui rencontre en Q le côté AC, et en R le côté BC; par les trois points P, A, Q on fait passer un cercle, de même par les trois points P, B, R on fait passer un cercle; ces deux cercles se coupent au point P, et en un autre point M. On demande le lieu décrit par le point M, quand la sécante PRQ tourne autour du point P.

57. Une droite de longueur constante AB se meut, en restant appuyée par ses extrémités A et B sur les côtés d'un angle droit ROS; on demande : 1° le lieu du sommet C du rectangle AOBC, construit sur OA et sur OB; 2° le lieu du milieu de la droite AB.

58. On donne un cercle et un point A extérieur au cercle; par le point A on mène une sécante qui rencontre le cercle aux points M et M': sur cette sécante on prend, dans le sens AM, une longueur AP égale à AM + AM'; on demande le lieu décrit par le point P quand la sécante tourne autour du point A. Comment faut-il modifier l'énoncé pour obtenir le même lieu quand le point A est intérieur au cercle?

59. On donne un cercle et une droite LL'; par un point A du cercle on mène une parallèle à LL', et sur cette droite, dans un sens déterminé, on porte une longueur AB égale à une longueur donnée; on demande le lieu décrit par le point B quand le point A parcourt le cercle?

60. On fait tourner une circonférence autour d'un de ses points, et, dans chacune de ses positions, on mène à cette circonférence des tangentes parallèles à une direction donnée; lieu des points de contact.

61. Soit ABC un triangle inscrit dans un cercle; le côté AB restant fixe, on fait mouvoir le point C sur le cercle, et on demande : 1° le lieu du centre du cercle inscrit dans le triangle ABC; 2° le lieu du centre de chacun des cercles ex-inscrits au même triangle.

62. On donne dans un plan deux points fixes A et A'; on mène dans ce plan un cercle C de rayon quelconque tangent à la droite AA' au point A et un cercle C' tangent à la même droite au point A' et tangent au cercle C; on mène la tangente commune extérieure autre que AA' aux deux cercles C et C'; soient B et B' les deux points de contact; sur BB' comme diamètre, dans le plan de la figure, on décrit un cercle C" :

1° Démontrer que tous les cercles, tels que le cercle C", que l'on obtient en faisant varier le rayon du cercle C, sont tangents à un même cercle fixe ;

2° Trouver le lieu du centre de chacun des cercles, tels que le cercle C", obtenus en faisant varier le rayon du cercle C. (Concours général, Philosophie, 1888.)

63. Soit un triangle isocèle OAB ayant pour côtés égaux OA et OB et pour hauteur OH; on décrit, du point O comme centre, un cercle C de rayon arbitraire et on lui mène deux tangentes, non symétriques par rapport à OH, l'une par le point A, l'autre par le point B; ces deux tangentes se coupent en un point M : 1° trouver le lieu géométrique du point M lorsque le rayon du cercle C varie; 2° trouver, dans la

même hypothèse, le lieu du point I obtenu en portant sur MB à partir de M une longueur MI égale à MA ; 3° démontrer que le produit $MA \times MB$ est égal à la différence $\overline{OA}^2 - \overline{OM}^2$, ou à la différence $\overline{OM}^2 - \overline{OA}^2$, suivant que l'on a $OA > OM$, ou $OM > OA$. (Concours général, Troisième, 1893.)

64. Par un point P pris sur la circonférence du cercle circonscrit à un triangle ABC, on mène des parallèles aux côtés BC, CA, AB de ce triangle ; ces droites rencontrent la circonférence aux points A′, B′, C′ : 1° Comparer le triangle A′B′C′, au triangle ABC; 2° Les triangles ABC et A′B′C′ étant connus, peut-on retrouver le point P? 3° Peut-on supposer le triangle ABC déduit du triangle A′B′C′ par le même procédé, à l'aide d'un point P′, et quelle relation y a-t-il entre P et P′? 4° Peut-il arriver que les triangles ABC et A′B′C′ aient un ou deux sommets communs? Dans ce cas, où doivent se trouver les points P et P′? (École normale de Fontenay-aux-Roses, 1897.)

LIVRE III

FIGURES SEMBLABLES

§ I. — LONGUEURS PROPORTIONNELLES.

Théorème.

194. *Sur la droite indéfinie qui passe par deux points donnés A et B, il y a deux points tels que le rapport des distances de chacun d'eux aux deux points A et B soit égal à un rapport donné, et il n'y en a que deux. L'un de ces points est situé entre les deux points A et B, l'autre en dehors de ces points, sur le prolongement de la droite AB.*

Cherchons d'abord s'il y a, entre A et B (*fig.* 165), un point

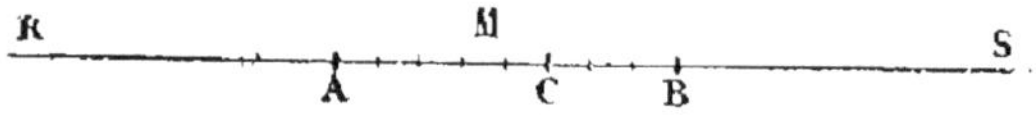

Fig. 165.

satisfaisant à la question. Supposons, pour fixer les idées, le rapport donné égal à $\frac{5}{3}$, et concevons que la longueur AB soit partagée en $5 + 3$, ou 8, parties égales. Si nous prenons, sur AB, la longueur AC égale à cinq de ces parties, la longueur CB en contiendra trois, et, par conséquent, le rapport $\frac{CA}{CB}$ sera égal à $\frac{5}{3}$.

Le point C est d'ailleurs le seul point de la droite, situé entre A et B, pour lequel le rapport des distances aux points A et B soit égal à $\frac{5}{3}$. En effet, imaginons un point mobile M allant de

A en B sur la droite AB; à mesure que ce point s'éloigne de A le numérateur MA du rapport $\dfrac{MA}{MB}$ augmente, tandis que le dénominateur MB diminue, et, pour cette double raison, le rapport $\dfrac{MA}{MB}$ augmente sans cesse. Ce rapport, allant toujours en augmentant, ne peut passer plus d'une fois par la valeur donnée $\dfrac{5}{3}$

Cherchons encore s'il y a sur la droite AB, en dehors des points A et B, un point D tel que le rapport $\dfrac{DA}{DB}$ soit égal à un rapport donné. Nous distinguerons deux cas, selon que le rapport donné est plus grand, ou plus petit que 1.

Supposons d'abord le rapport donné plus grand que 1, égal à $\dfrac{5}{3}$ par exemple. Ce point D devant, dans ce cas, être plus éloigné de A que de B, ne peut être sur la portion AB de la droite AB; c'est seulement sur la portion BS que nous devrons le chercher. A cet effet (*fig.* 166), concevons la longueur AB partagée en

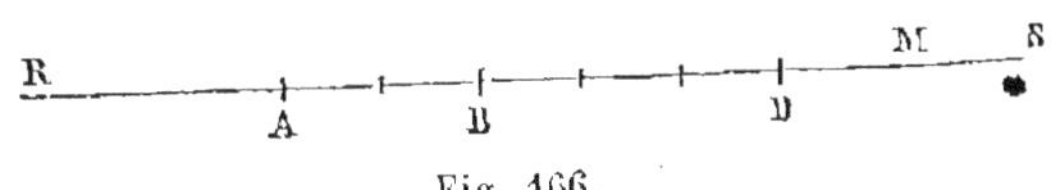

Fig. 166.

5 — 3, ou 2, parties égales; puis prenons sur BS une longueur BD égale à 3 de ces parties; la longueur AD, qui est égale à AB + BD, contiendra 2 + 3, ou 5, de ces parties, et le rapport $\dfrac{DA}{DB}$ sera égal à $\dfrac{5}{3}$. Le point D est d'ailleurs le seul point de la portion BS de la droite AB tel que le rapport de ses distances aux points A et B soit égal à $\dfrac{5}{3}$. En effet, imaginons un point mobile M s'éloignant de B sur BS. Comme MA est égal à MB + AB, on peut écrire

$$\frac{MA}{MB} = \frac{MB + AB}{MB} = 1 + \frac{AB}{MB}.$$

On voit ainsi que le rapport $\dfrac{MA}{MB}$ se compose de l'unité augmentée du rapport $\dfrac{AB}{MB}$, et par conséquent que, si le point M se déplace, le rapport $\dfrac{MA}{MB}$ diminue quand le rapport $\dfrac{AB}{MB}$ diminue. Or, ce dernier rapport, dont le numérateur AB est invariable, diminue à mesure que le point M s'éloigne de B. Donc, à mesure que le point M s'éloigne de B, sur BS, le rapport $\dfrac{MA}{MB}$ diminue sans cesse, et, par suite, il ne peut passer plus d'une fois par la même valeur $\dfrac{5}{3}$. Le point D est donc bien le seul point de la droite AB, en dehors de la portion AB, tel que l'on ait

$$\frac{DA}{DB} = \frac{5}{3}.$$

Supposons, en second lieu, le rapport donné moindre que 1, par exemple égal à $\dfrac{4}{7}$. Dans ce cas, le point D devant être plus près de A que de B, ne peut être sur la portion BS de la droite; c'est sur la portion AB qu'il faut le chercher. A cet effet

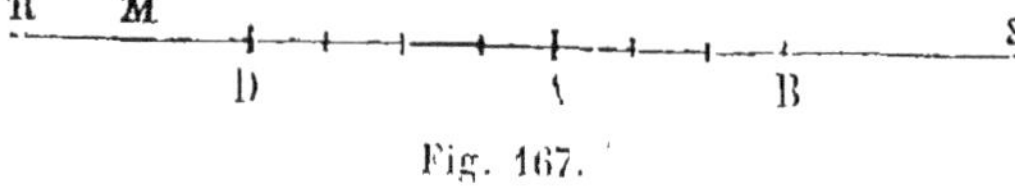

Fig. 167.

(*fig.* 167), concevons la longueur AB partagée en 7 — 4, ou 3, parties égales; et portons sur AB une longueur AD égale à 4 de ces parties; la longueur BD, qui est égale à BA + AD, contiendra 3 + 4, ou 7, de ces parties, et le rapport $\dfrac{DA}{DB}$ sera bien égal à $\dfrac{4}{7}$.

Le point D, ainsi déterminé, est d'ailleurs le seul point de la portion AB de la droite AB pour lequel le rapport des distances à A et à B soit égal à $\dfrac{4}{7}$. En effet, imaginons un point mobile M s'éloignant de A sur AR. Comme MA est égal à MB — AB, on peut écrire

$$\frac{MA}{MB} = \frac{MB - AB}{MB} = 1 - \frac{AB}{MB}.$$

On voit ainsi que le rapport $\frac{MA}{MB}$ se compose de l'unité diminuée du rapport $\frac{AB}{MB}$, et par conséquent que $\frac{MA}{MB}$ augmente quand $\frac{AB}{MB}$ diminue. Or, à mesure que le point M s'éloigne de A, sur AB, le rapport $\frac{AB}{MB}$ diminue; donc, dans ces conditions, le rapport $\frac{MA}{MB}$ augmente sans cesse, et par suite il ne peut passer plus d'une fois par la même valeur $\frac{4}{7}$.

Le point D est donc bien le seul point de la portion AR de la droite AB pour lequel on ait

$$\frac{DA}{DB} = \frac{4}{7}.$$

Si le rapport donné est égal à 1, le point C est au milieu de AB, et le point D est rejeté à l'infini.

195. DÉFINITION. On dit que des longueurs, a, b, c, d,... sont proportionnelles à d'autres longueurs, a', b', c', d', .. quand on a entre les mesures de ces longueurs la relation

$$\frac{a}{a'} = \frac{b}{b'} = \frac{c}{c'} = \frac{d}{d'} = \cdots$$

Théorème.

196. *Toute parallèle à un côté d'un triangle détermine sur les deux autres côtés des segments proportionnels.*

Soit, dans le triangle ABC (*fig.* 168), la droite DE parallèle à BC; je dis que l'on a

$$\frac{AD}{DB} = \frac{AE}{EC}.$$

Supposons d'abord que AD et DB aient une commune mesure Am, contenue 4 fois dans AD, et 3 fois dans DB; le rapport $\dfrac{AD}{DB}$ est égal à $\dfrac{4}{3}$, et il faut démontrer que le rapport $\dfrac{AE}{EC}$ est aussi égal à $\dfrac{4}{3}$.

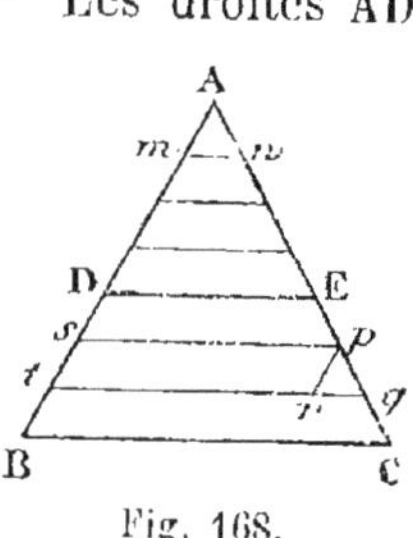

Fig. 168.

Les droites AD et BD étant partagées l'une en 4, l'autre en 3 parties égales, par les points de division menons des parallèles au côté BC; ces lignes déterminent sur AC des segments qui sont tous égaux entre eux. Considérons en effet un segment quelconque pq, et le segment An; menons pr parallèle à AB, et comparons le triangle prq au triangle Amn. Le côté pr est égal à st (côtés opposés d'un parallélogramme), et st est égal à Am par hypothèse; les angles rpq et mAn sont égaux comme angles correspondants formés par une sécante et deux parallèles; les angles prq et Amn sont égaux comme ayant les côtés parallèles et de même sens; les deux triangles ayant un côté égal adjacent à deux angles égaux, chacun à chacun, sont égaux; par suite pq est égal à An. Les longueurs AE et EC contiennent donc, la première 4 fois, la seconde 3 fois, une même longueur An : donc le rapport $\dfrac{AE}{EC}$ est égal à $\dfrac{4}{3}$.

Si AD et DB n'ont pas de commune mesure, on remarque que, le théorème étant vrai quelque petite que soit la commune mesure entre les deux longueurs AD et BD, est encore vrai quand ces longueurs sont incommensurables.

Nous avons supposé que la parallèle DE au côté BC rencontre le côté AB entre A et B, mais on répéterait le même raisonnement si le point de rencontre D de ces droites était sur le prolongement de AB, d'un côté ou de l'autre par rapport au point A.

197. Remarque. Les rapports $\dfrac{AD}{DB}$ et $\dfrac{AE}{EC}$ étant tous deux égaux

à $\frac{4}{3}$, les rapports $\frac{AD}{AB}$ et $\frac{AE}{AC}$ sont tous deux égaux à $\frac{4}{7}$, et, par

suite, sont aussi égaux. De même les rapports $\frac{DB}{AB}$ et $\frac{EC}{AC}$, tous

deux égaux à $\frac{3}{7}$, sont égaux.

198. Réciproquement. *Toute droite qui détermine sur deux côtés d'un triangle des segments proportionnels est parallèle au troisième côté du triangle, pourvu toutefois que les points de rencontre de la droite avec les deux côtés du triangle soient tous deux sur ces côtés non prolongés, ou tous deux sur les prolongements de ces côtés.*

Soient sur les côtés, AB, AC, du triangle ABC les points D et E tels que l'on ait

$$\frac{DA}{DB} = \frac{EA}{EC}.$$

1° Si les points D et E sont tous deux sur les côtés, AB, AC, non prolongés, la droite DE est parallèle à BC (*fig.* 169). En effet, supposons le point D entre A et B ; si l'on mène par ce point D une parallèle à BC, cette droite rencontre AC, entre A et C, en un point tel que le rapport de ses distances aux points A et C est égal à $\frac{DA}{DB}$; or on sait qu'entre les points A et C il n'y a qu'un seul point, le point E, qui satisfasse à cette condition ;

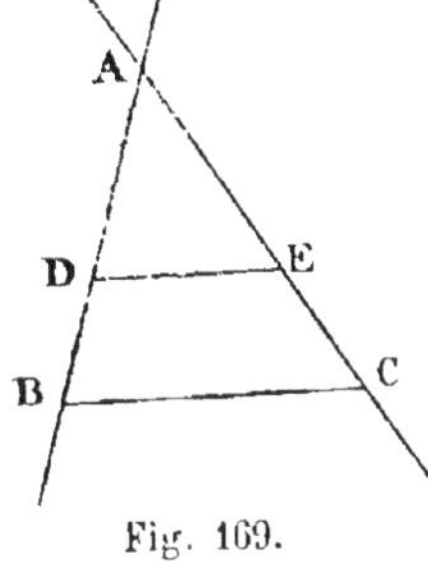

Fig. 169.

donc la parallèle au côté BC menée par le point D passe par le point E, et, par conséquent, se confond avec DE.

2° Si les points D et E sont tous deux sur les prolongements des côtés AB et AC, la droite DE est encore parallèle à BC. Remarquons d'abord que si le point D est sur le prolongement de AB, dans le sens AB (*fig.* 170), le rapport $\frac{DA}{DB}$ est plus grand

que 1 ; il en est de même du rapport égal $\frac{EA}{EC}$; donc le point E est sur le prolongement de AC dans le sens AC. Si, au contraire (*fig.* 170 *bis*), le point D est sur le prolongement de AB, dans le

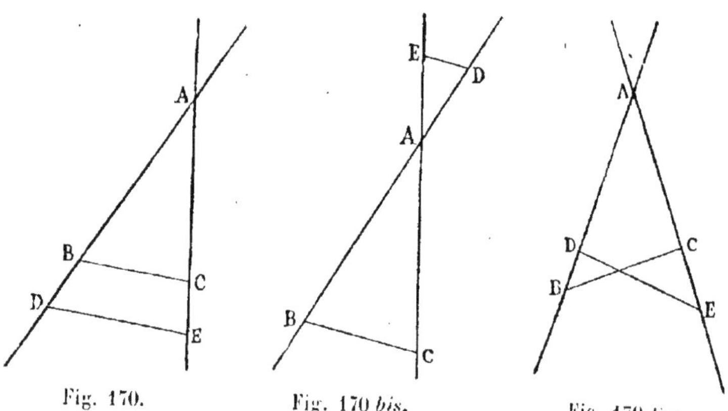

Fig. 170.   Fig. 170 *bis.*   Fig. 170 *ter.*

sens BA, le rapport $\dfrac{DA}{DB}$ est plus petit que 1; il en est de même

du rapport égal $\dfrac{EA}{EC}$, et, par conséquent, le point E est sur le prolongement de AC, dans le sens CA. Ces remarques faites, on achèvera la démonstration comme dans le premier cas.

Si le point D était sur le côté AB, non prolongé, et le point E sur le prolongement de AC, dans un sens ou dans l'autre, (*fig.* 170 *ter*), il est clair que, malgré l'égalité

$$\frac{DA}{DB} = \frac{EA}{EC},$$

la droite DE ne serait pas parallèle à BC

Théorème.

199. *La bissectrice de l'angle intérieur d'un triangle partage le côté opposé de ce triangle en deux segments proportionnels aux côtés adjacents.*

La bissectrice de l'angle extérieur jouit de la même propriété.

1° Soit ABC un triangle (*fig.* 171) et soi CD la biessectrice

de l'angle intérieur ACB de ce triangle; je me propose d'établir
que l'on a

$$(1) \qquad \frac{DA}{DB} = \frac{CA}{CB}.$$

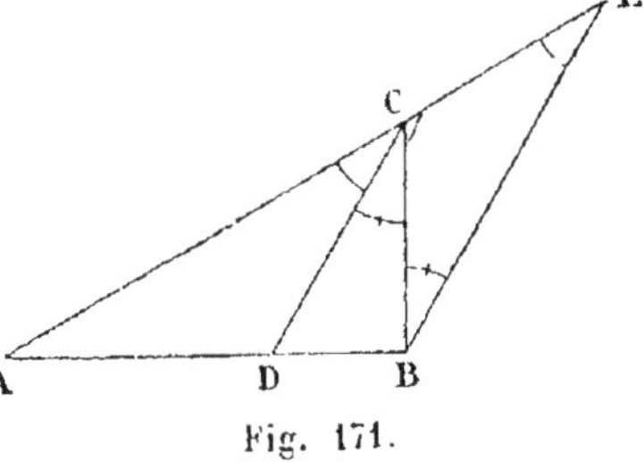

Fig. 171.

Menons par le sommet B
une parallèle BE à la bissectrice CD, et soit E le point où
elle rencontre le côté AC prolongé. Dans le triangle ABE,
la droite CD, parallèle à la base BE, partage les côtés AB et AE
en segments proportionnels, et on a

$$\frac{DA}{DB} = \frac{CA}{CE};$$

pour démontrer la relation (1), il suffit donc de prouver que
CE est égal à CB.

Or les angles CEB et ACD sont égaux comme correspondants
par rapport aux deux parallèles BE, CD et à la sécante AE; les
angles CBE et BCD sont égaux comme alternes-internes par rapport aux deux mêmes parallèles et à la sécante BC; d'ailleurs
les angles ACD, BCD sont égaux par hypothèse; donc les angles CEB et CBE, respectivement égaux aux angles égaux ACD
et BCD, sont égaux; le triangle BCE est isocèle, et les côtés
CB, CE, opposés à ces angles
égaux, sont égaux.

2° Soit CD' la bissectrice
de l'angle extérieur BCK du
triangle ABC (*fig.* 172); je
dis que l'on a

$$(2) \qquad \frac{D'A}{D'B} = \frac{CA}{CB}.$$

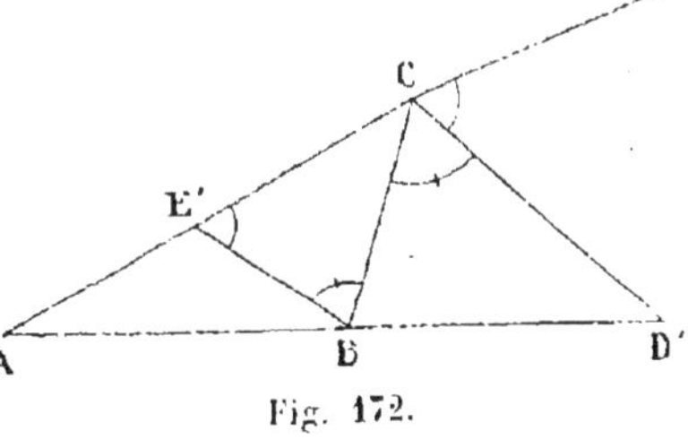

Fig. 172.

La démonstration est la même que dans le cas précédent. Menons par le sommet B la parallèle BE' à la bissectrice CD', et
soit E' le point où elle rencontre le côté AC. Dans le triangle

ABE′, la droite CD′, parallèle au côté BE′, partage les deux autres côtés en segments proportionnels, et on a

$$\frac{\text{D}'\text{A}}{\text{D}'\text{B}} = \frac{\text{CA}}{\text{CE}'};$$

pour démontrer la relation (2), il suffit donc de prouver que CE′ est égal à CB.

Or les angles CE′B et KCD′ sont égaux comme correspondants par rapport aux deux parallèles CD′, BE′ coupées par la sécante AC; les angles CBE′ et BCD′ sont égaux comme alternes-internes par rapport aux deux mêmes parallèles et à la sécante BC; mais les angles KCD′ et BCD′ sont égaux par hypothèse; donc les angles CE′B et CBE′ sont égaux. Le triangle BCE′ est isocèle, et les côtés CB, CE′, opposés aux angles égaux, sont égaux.

Dans le cas particulier où les côtés CA, CB du triangle ABC sont égaux, la bissectrice CD de l'angle intérieur ACB passe par le milieu du côté AB et est perpendiculaire à AB; la bissectrice CD′ de l'angle extérieur BCK est parallèle à AB; le point D est au milieu de AB, le point D′ est rejeté à l'infini.

200. RÉCIPROQUEMENT. *Si sur le côté AB d'un triangle ABC on prend les deux points D et D′ tels que l'on ait*

$$\frac{\text{DA}}{\text{DB}} = \frac{\text{D}'\text{A}}{\text{D}'\text{B}} = \frac{\text{CA}}{\text{CB}},$$

les droites CD, CD′ sont, l'une la bissectrice de l'angle intérieur C du triangle ABC, l'autre la bissectrice de l'angle extérieur en C de ce triangle.

En effet, supposons que D soit celui des deux points D et D′ qui soit situé entre les points A et B (*fig.* 171); il n'existe (194) entre A et B qu'un seul point tel que le rapport de ses distances

aux points A et B soit égal à un rapport donné $\dfrac{\text{CA}}{\text{CB}}$; or le

pied de la bissectrice de l'angle intérieur ACB jouit de cette propriété (199); AD est donc cette bissectrice. — Même raisonnement pour le point D′, situé sur le prolongement de AB.

§ II. — TRIANGLES SEMBLABLES.

201. Définitions. Lorsque deux triangles, ABC, A'B'C', sont tels que les angles,

$$A, \quad B, \quad C,$$

du premier sont respectivement égaux aux angles,

$$A', \quad B', \quad C',$$

du second, on dit que les deux triangles ont leurs angles égaux *chacun à chacun*, et on donne le nom d'*homologues* à deux angles égaux qui se correspondent dans ces deux triangles. Les angles A et A' sont homologues, ainsi que les angles B et B', et les angles C et C'.

Dans ces conditions, on appelle aussi *homologues* deux côtés, l'un d'un triangle, l'autre de l'autre, qui sont adjacents à deux angles égaux chacun à chacun. Les côtés BC et B'C' sont homologues, ainsi que les côtés CA et C'A', et les côtés AB et A'B'.

Dans deux triangles, qui ont les angles égaux chacun à chacun, on peut aussi reconnaître qu'un côté AB du premier est *homologue* à un côté A'B' du second à ce fait que ces côtés sont opposés à des angles égaux C et C'. Mais, il ne suffirait pas que les deux angles C et C' fussent égaux pour qu'on donnât le nom d'homologues aux côtés AB et A'B' opposés à ces angles.

On dit que deux triangles sont *semblables* quand ils ont les angles égaux chacun à chacun et les côtés homologues proportionnels.

Le rapport de deux côtés homologues est appelé *rapport de similitude* des deux triangles.

Le fait que deux triangles peuvent remplir les conditions nécessaires pour être *semblables* n'est pas évident *a priori*. Le théorème suivant montre qu'il y a une infinité de triangles semblables à un triangle donné, et fait connaître un moyen de les former tous.

Théorème.

202. *Toute droite DE. parallèle à l'un des côtés BC d'un* *triangle ABC, forme avec les deux autres côtés du triangle un nouveau triangle ADE semblable au premier.*

Supposons d'abord les deux droites BC et DE d'un même côté du sommet A (*fig.* 175 et *fig.* 175 *bis*).

On voit que dans ces triangles les angles sont égaux chacun à chacun ; car l'angle A est commun, les angles D et B sont égaux comme correspondants ; il en est de même pour les angles E et C.

Je dis de plus que les côtés homologues sont proportionnels. Du parallélisme des droites DE et BC, il résulte que le rapport $\dfrac{AD}{AB}$ est égal au rapport $\dfrac{AE}{AC}$; si on mène la parallèle EF au côté AB,

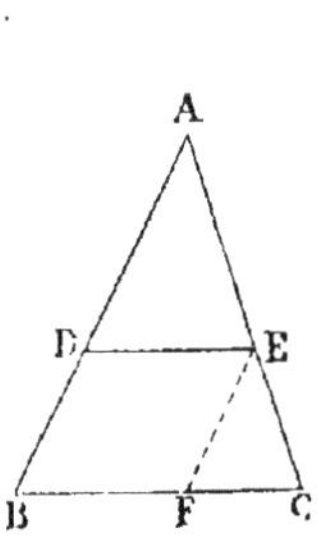

Fig. 175.

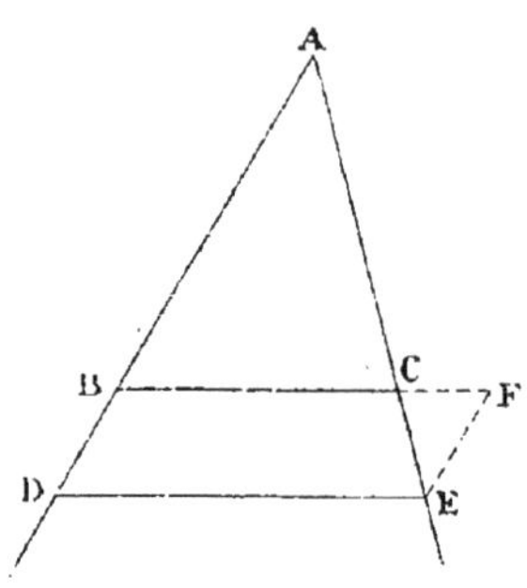

Fig. 175 *bis*.

on voit encore que le rapport $\dfrac{AE}{AC}$ est égal au rapport $\dfrac{BF}{BC}$; on a donc les trois rapports égaux

$$\frac{AD}{AB} = \frac{AE}{AC} = \frac{BF}{BC}.$$

Mais dans le parallélogramme BDEF, les côtés opposés DE et BF sont égaux ; on a donc, en remplaçant BF par DE,

$$\frac{AD}{AB} = \frac{AE}{AC} = \frac{DE}{BC}.$$

Les triangles ADE et ABC, qui ont les angles égaux chacun à

chacun et les côtés homologues proportionnels, sont semblables.

La démonstration s'applique quelle que soit la position de la droite DE; seulement, dans le cas où la droite DE rencontre les côtés AB, AC, du triangle sur leurs prolongements au delà du sommet A (*fig.* 174), les angles en A sont égaux comme opposés par le sommet, les angles B et D, les angles E et C, sont respectivement égaux comme alternes-internes.

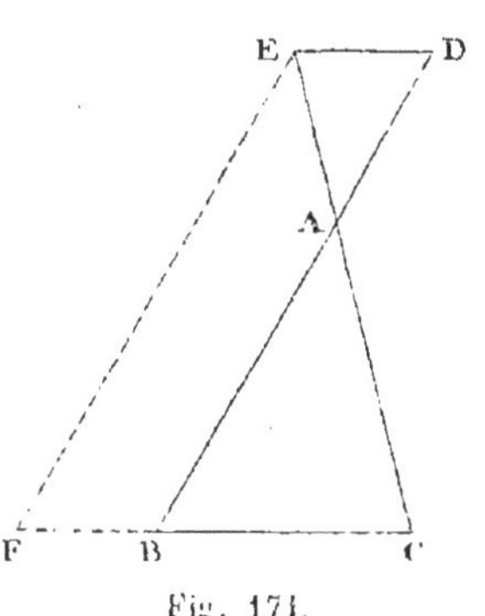

Fig. 174.

203. RÉCIPROQUEMENT. *Deux triangles ABC et A'B'C' étant semblables, si on déplace le triangle A'B'C' de façon à placer l'angle A' sur l'angle homologue A du triangle ABC ou sur l'angle opposé par le sommet, chacun des côtés de l'angle A' étant amené sur le côté homologue du triangle ABC, et si le côté B'C' vient se placer en $B'_1 C'_1$ dans l'angle A du triangle ABC, ou en $B'_2 C'_2$ dans l'angle opposé par le sommet à l'angle A du triangle, chacune des droites $B'_1 C'_1$ et $B'_2 C'_2$ est parallèle à BC (*fig.* 175).*

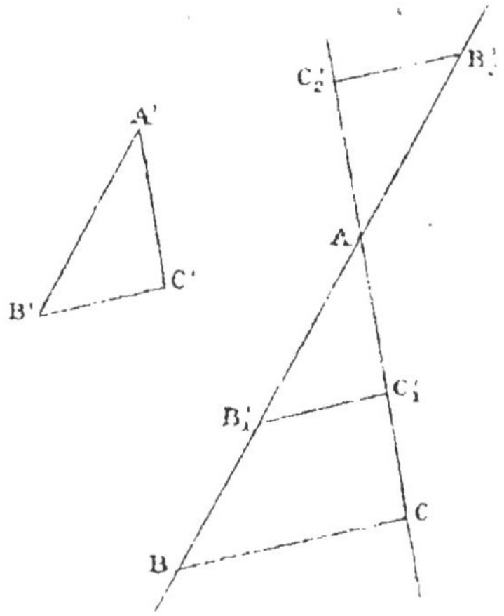

Fig. 175.

On a en effet, par hypothèse,

$$\frac{A'B'}{AB} = \frac{A'C'}{AC};$$

or, comme on a

$$A'B' = AB'_1 = AB'_2$$
$$A'C' = AC'_1 = AC'_2,$$

on en déduit les égalités

$$\frac{AB'_1}{AB} = \frac{AC'_1}{AC} \quad \text{et} \quad \frac{AB'_2}{AB} = \frac{AC'_2}{AC},$$

qui démontrent que les droites $B'_1C'_1$ et $B'_2C'_2$ sont parallèles à BC.

204. De ce théorème et de sa réciproque il résulte que pour obtenir en grandeur, sinon en position dans le plan, tous les triangles semblables à un triangle donné ABC, il suffit de mener, dans le plan du triangle, une parallèle à l'un de ses côtés, au côté BC par exemple, et de faire mouvoir cette droite de façon que son point de rencontre avec la droite AB, d'abord en A, parcoure, soit toute la demi-droite indéfinie AB dans le sens AB, soit toute la demi-droite opposée AB'_2 dans le sens AB'_2.

Si la droite parallèle à BC se meut successivement dans les deux sens, chaque triangle semblable au triangle ABC sera formé deux fois.

205. On appelle *cas de similitude* de deux triangles certains cas dans lesquels on peut affirmer que deux triangles sont semblables.

Il y a quatre cas de similitude; les trois premiers correspondent, comme nous le verrons, aux trois cas d'égalité de deux triangles.

Théorème.

(Premier cas de similitude des triangles.)

206. *Deux triangles qui ont deux angles égaux chacun à chacun sont semblables.*

Soient les triangles ABC et A'B'C', dans lesquels $A = A'$ et $B = B'$ (*fig.* 176). Les angles C et C' sont égaux, comme suppléments d'angles égaux (91). Je prends sur le côté AB, homologue de A'B', la longueur AD égale à A'B'; et, par le point D, je mène la parallèle DE au côté BC. Le triangle ADE ainsi formé est semblable au triangle ABC. Si je fais voir que le triangle A'B'C' est égal à ce triangle ADE, j'aurai démontré

le théorème énoncé. Or les triangles A'B'C' et ADE sont égaux,
comme ayant un côté égal adjacent à deux angles égaux chacun à chacun (premier cas d'égalité), savoir : A'B' = AD par construction, A' = A par hypothèse, et B' = D, parce que les angles B' et B sont égaux par hypothèse, et que les angles B et D sont égaux comme correspondants.

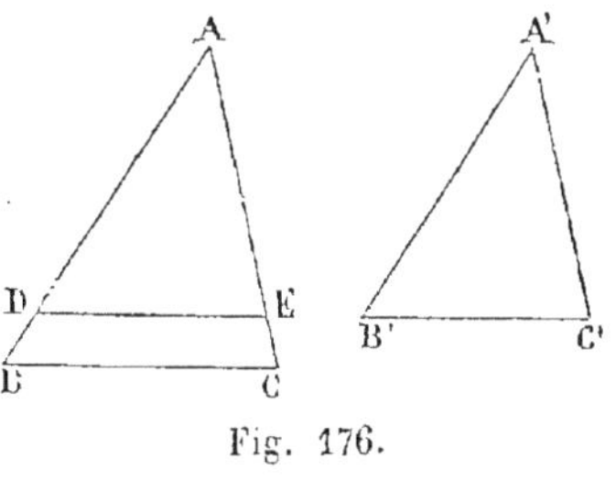

Fig. 176.

207. Corollaire. *Deux triangles rectangles qui ont un angle aigu égal sont semblables.*

Théorème.

(Deuxième cas de similitude des triangles.)

208. *Deux triangles qui ont un angle égal compris entre deux côtés proportionnels sont semblables.*

Soit dans les triangles ABC et A'B'C' (*fig.* 177) :

$$A' = A, \quad \text{et} \quad \frac{A'B'}{AB} = \frac{A'C'}{AC}.$$

Je dis que ces triangles sont semblables. Pour le démontrer, je prends sur AB, homologue de A'B', la longueur AD égale à A'B', et par le point D je mène la parallèle DE à BC. Le triangle ADE ainsi formé est semblable au triangle ABC. Si je fais voir que le triangle A'B'C' est égal au triangle ADE, j'aurai démontré le théorème énoncé.

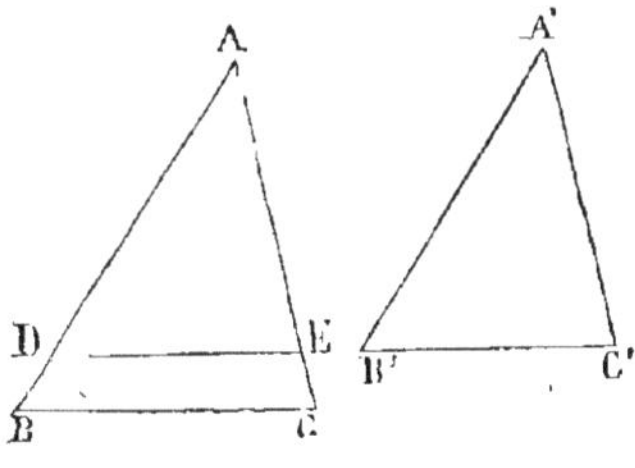

Fig. 177.

Or les triangles ADE et ABC étant semblables, on a :

$$\frac{AD}{AB} = \frac{AE}{AC};$$

on a aussi par hypothèse

$$\frac{A'B'}{AB} = \frac{A'C'}{AC};$$

et, comme d'ailleurs AD est égal à A'B' par construction, il en résulte que AE est égal à A'C'. Les deux triangles ADE et A'B'C' ayant un angle égal, A = A', compris entre deux côtés égaux chacun à chacun, AD = A'B' et AE = A'C', sont deux triangles égaux. (Deuxième cas d'égalité.)

Théorème.

(Troisième cas de similitude des triangles.)

209. *Deux triangles qui ont leurs trois côtés proportionnels sont semblables.*

Soit dans les triangles ABC et A'B'C' (*fig.* 178) :

$$\frac{A'B'}{AB} = \frac{A'C'}{AC} = \frac{B'C'}{BC};$$

je dis que ces triangles sont semblables. Pour le démontrer, je prends sur AB une longueur AD égale à A'B', et je mène DE parallèle à BC. Le triangle ADE est semblable au triangle ABC; si je fais voir que le triangle A'B'C' est égal au triangle ADE, j'aurai démontré le théorème énoncé. Or ces deux triangles sont égaux, comme ayant les trois côtés égaux

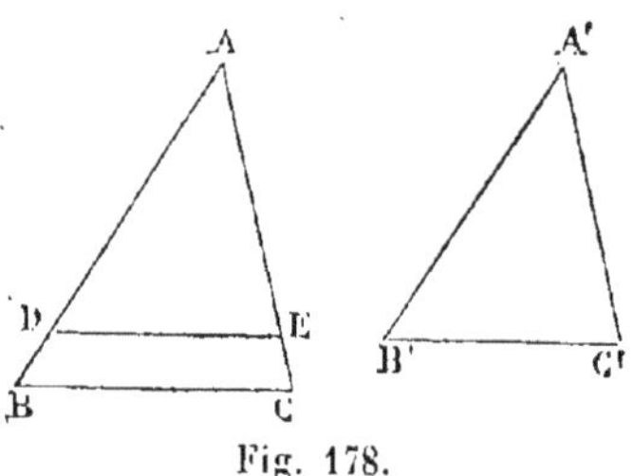

Fig. 178.

chacun à chacun; on a en effet, par hypothèse :

$$\frac{A'B'}{AB} = \frac{A'C'}{AC} = \frac{B'C'}{BC};$$

à cause de la similitude des triangles ADE, ABC, on a aussi :

$$\frac{AD}{AB} = \frac{AE}{AC} = \frac{DE}{BC};$$

comme d'ailleurs A'B' = AD par construction, les seconds rapports sont égaux aux premiers, et comme les dénominateurs sont respectivement les mêmes, les numérateurs correspondants sont égaux, et on a :

$$A'B' = AD, \quad A'C' = AE, \quad \text{et} \quad B'C' = DE.$$

Les deux triangles ADE et A'B'C' sont donc égaux comme ayant les trois côtés égaux chacun à chacun. (Troisième cas d'égalité.)

Théorème.

(Quatrième cas de similitude des triangles.)

210. *Deux triangles, ABC, A'B'C', qui ont les côtés respectivement, ou parallèles, ou perpendiculaires, sont semblables.*

Supposons d'abord que les angles A et A', B et B', C et C' aient leurs côtés respectivement parallèles (*fig.* 179). On sait que ces angles sont deux à deux égaux, ou supplémentaires (87).

Or il est facile de reconnaître qu'ils sont nécessairement égaux deux à deux. D'abord ils ne peuvent être en même temps supplémentaires ni dans les trois groupes, ni dans deux de ces groupes ; car, dans le premier cas, la somme des six angles de ces

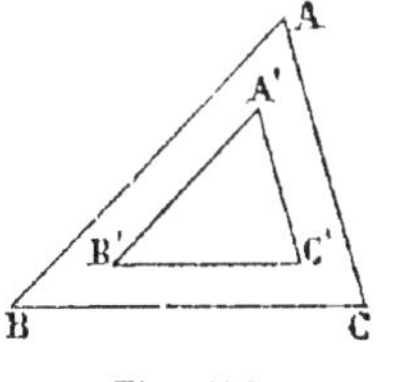

Fig. 179.

triangles ferait six angles droits, tandis que l'on sait qu'elle équivaut toujours à quatre angles droits ; dans le second cas, la somme de quatre des six angles des triangles vaudrait quatre droits, et serait ainsi égale à la somme des six angles, ce qui est évidemment impossible. Donc les angles seront égaux au moins dans deux des trois groupes ; mais alors, ils seront aussi nécessairement égaux dans le troisième groupe (94). Donc les triangles ont les angles égaux chacun à chacun, et par conséquent sont semblables. Les côtés parallèles sont homologues.

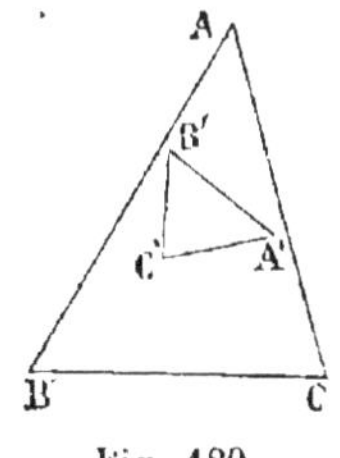

Fig. 180.

On démontre de même la similitude de deux triangles dont les côtés sont respectivement perpendiculaires. Dans ces triangles, deux côtés perpendiculaires sont homologues (*fig.* 180).

211. REMARQUE I. Les conditions comprises dans les trois premiers cas de similitude sont *nécessaires et suffisantes* ; les conditions énoncées dans ce dernier théorème sont *suffisantes* mais non *nécessaires*.

212. Remarque II. Des théorèmes précédents, il résulte que les six éléments d'un triangle ABC et les six éléments d'un triangle A′B′C′ satisferont aux *cinq* relations

$$A' = A, \quad B' = B, \quad C' = C,$$

$$\frac{B'C'}{BC} = \frac{A'C'}{AC} = \frac{A'B'}{AB},$$

dès qu'ils satisfont à deux de ces relations formant un des trois groupes compris dans les trois premiers cas de similitude, ou encore, dès que les côtés de l'un de ces triangles sont ou parallèles ou perpendiculaires aux côtés de l'autre.

213. Dans l'étude des figures, on se servira souvent de la similitude de deux triangles pour démontrer soit l'égalité de deux angles, soit l'égalité du rapport de deux portions de droites au rapport de deux autres portions de droites.

§ III. — POLYGONES SEMBLABLES.

214. Sommets consécutifs, angles consécutifs. Avant de définir ce qu'on entend par deux polygones semblables, nous fixerons le sens de certaines expressions dont nous ferons usage.

On dit que deux sommets d'un polygone sont *consécutifs*, quand la portion de droite qui les joint est un côté du polygone; on dit aussi que deux *angles* d'un polygone sont *consécutifs* quand les sommets de ces angles sont deux *sommets consécutifs* du polygone.

Quand le nombre des côtés d'un polygone est égal à trois, c'est-à-dire quand le polygone est un triangle, deux sommets quelconques du polygone sont deux *sommets consécutifs*, deux angles quelconques du polygone sont deux *angles consécutifs*; mais il n'en est pas de même quand le nombre des côtés surpasse trois.

Pour abréger l'écriture, on désignera par une même lettre un sommet du polygone et l'angle du polygone qui a ce point pour sommet. Désignons par les lettres,

$$A, \ B, \ C, \ \ldots \ldots \ L,$$

les sommets d'un polygone, et supposons que deux sommets désignés par deux lettres placées à la suite l'une de l'autre, et aussi les deux sommets désignés par la dernière et par la première lettre, soient des sommets *consécutifs*.

L'ensemble des sommets, ainsi rangés, forme ce que nous appellerons une *suite de sommets consécutifs*. L'ensemble des angles du polygone désignés par les mêmes lettres, ainsi rangés, formera une *suite d'angles consécutifs*.

215. Polygones qui ont leurs angles égaux chacun à chacun. On dit que deux polygones, qui ont le même nombre de sommets, ont leurs *angles égaux chacun à chacun*, lorsque à une suite

$$(1) \qquad\qquad A, \ B, \ C, \ \ldots \ldots \ L,$$

d'*angles consécutifs* comprenant tous les angles de l'un des polygones, on peut faire correspondre une suite

$$(2) \qquad\qquad A', \ B', \ C', \ \ldots \ldots \ L',$$

d'*angles consécutifs*, comprenant tous les angles de l'autre polygone, et telle que deux angles, l'un du premier, l'autre du second polygone, occupant le même rang dans les deux suites, soient égaux quel que soit ce rang.

Lorsque deux triangles sont tels qu'à chaque angle de l'un correspond un angle égal de l'autre, ces deux triangles ont leurs angles égaux chacun à chacun. Il n'en est pas de même pour deux polygones d'un même nombre de côtés quand ce nombre surpasse trois; ces polygones peuvent être tels qu'à chaque angle de l'un corresponde un angle égal de l'autre sans que, pour cela, les polygones aient *leurs angles égaux chacun à chacun*.

216. Éléments homologues dans deux polygones qui ont leurs angles égaux chacun à chacun. Quand deux polygones ont leurs angles égaux chacun à chacun, on donne le nom d'*homologues* à deux sommets, à deux angles, qui occupent le même rang dans les deux suites; et on appelle aussi *homologues* deux côtés, l'un d'un polygone, l'autre de l'autre, dont les extrémités sont des sommets homologues des deux polygones.

Ainsi soient (1) et (2), deux suites d'angles consécutifs

$$(1) \qquad A, \quad B, \quad C, \quad \dots \quad L,$$
$$(2) \qquad A', \quad B', \quad C', \quad \dots \quad L',$$

comprenant, la première tous les angles du premier polygone, la seconde tous les angles du second, et telles que deux angles, qui occupent le même rang dans les deux suites, soient égaux quel que soit ce rang; les sommets et les angles représentés par les lettres de la suite (1) sont respectivement *homologues* aux sommets et aux angles représentés par les lettres qui occupent le même rang dans la suite (2). Le sommet et l'angle A sont homologues au sommet et à l'angle A', le sommet et l'angle B sont homologues au sommet et à l'angle B', et ainsi de suite.

Les côtés

$$AB, \quad BC, \quad CD, \quad \dots, \quad KL, \quad LA,$$

du premier polygone sont respectivement *homologues* aux côtés

$$A'B', \quad B'C', \quad C'D', \quad \dots, \quad K'L', \quad L'A',$$

du second polygone : AB homologue à A'B', BC homologue à B'C', et ainsi de suite.

247. Définition de deux polygones semblables. On dit que deux polygones sont semblables quand *ils ont leurs angles égaux chacun à chacun et leurs côtés homologues proportionnels.*

Le rapport de deux côtés homologues est appelé le rapport de *similitude* des deux polygones.

Soient par exemple,

$$A, \quad B, \quad C, \quad \dots L,$$

une suite d'angles consécutifs comprenant tous les angles d'un polygone, et

$$A', \quad B', \quad C', \quad \dots L',$$

une suite d'angles consécutifs comprenant tous les angles d'un autre polygone. On dira que ces deux polygones sont semblables si l'on a pu former ces deux suites de telle façon que les angles et les côtés satisfassent aux conditions suivantes :

$$A = A', \quad B = B', \quad C = C', \quad \ldots\ldots, \quad L = L',$$

et

$$\frac{AB}{A'B'} = \frac{BC}{B'C'} = \frac{CD}{C'D'} = \ldots\ldots = \frac{LA}{L'A'}.$$

Le fait que deux polygones peuvent remplir les conditions nécessaires pour être semblables n'est pas évident *a priori*. Le théorème 218 montre qu'il existe une infinité de polygones semblables à un polygone quelconque donné, et le problème 225 fait connaître un moyen de les former tous.

<h3 style="text-align:center">Théorème.</h3>

218. *Deux polygones composés d'un même nombre de triangles semblables chacun à chacun, et disposés de la même façon, sont semblables.*

Soient ABCDEF, A'B'C'D'E'F', deux polygones formés le premier des triangles ABC, ACD, ..., AEF, le second des triangles A'B'C', A'C'D' ..., A'E'F' respectivement semblables et disposés de la même façon (*fig.* 181).
On voit d'abord que ces deux polygones ont les angles égaux chacun à chacun, soit directement, soit comme sommes d'angles égaux chacun à chacun. Ils ont aussi les côtés

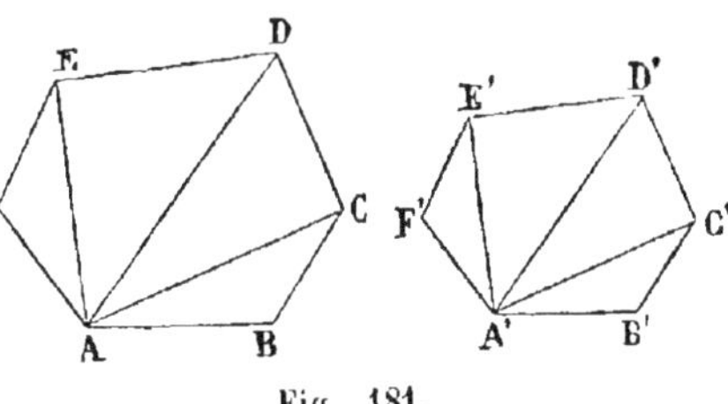

Fig. 181.

proportionnels; car, prenons d'abord le triangle ABC, dont les côtés AB et BC sont des côtés du polygone; ce triangle étant semblable au triangle A'B'C', on a

$$\frac{AB}{A'B'} = \frac{BC}{B'C'},$$

et ces rapports sont égaux au rapport $\dfrac{AC}{A'C'}$; les triangles suivants ACD et A'C'D' étant encore semblables, ce dernier rapport est aussi égal au rapport $\dfrac{CD}{C'D'}$, et on a

$$\frac{AB}{A'B'} = \frac{BC}{B'C'} = \frac{CD}{C'D'}.$$

En continuant ainsi de proche en proche, on voit que les côtés homologues des deux polygones sont proportionnels.

Théorème.

219. Réciproquement. *Deux polygones semblables peuvent être décomposés en un même nombre de triangles semblables chacun à chacun, et disposés de la même façon.*

Soient les deux polygones semblables, ABCDEF, A'B'C'D'E'F'
(*fig.* 182). Menons du sommet A les diagonales, AC, AD et AE aux autres sommets du premier polygone ; de même, du sommet A' homologue de A, menons les diagonales aux autres sommets du second

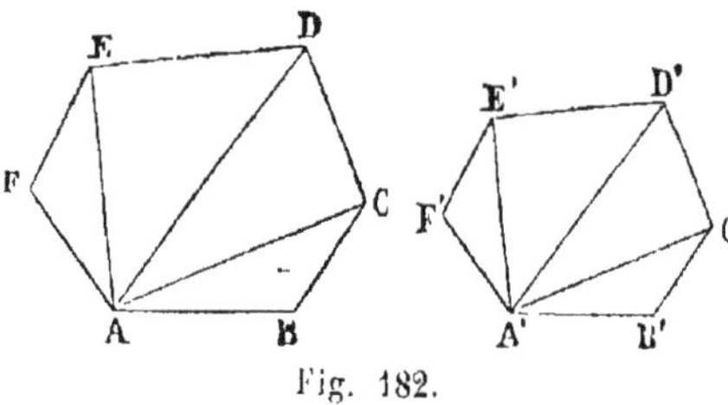

Fig. 182.

polygone. Je dis que ces deux polygones sont ainsi décomposés en triangles semblables chacun à chacun et disposés dans le même ordre. En effet, on voit d'abord que les triangles ABC, A'B'C' sont semblables, comme ayant un angle égal compris entre deux côtés proportionnels, savoir :

$$B = B' \quad \text{et} \quad \frac{AB}{A'B'} = \frac{BC}{B'C'}.$$

On en conclut que l'angle BCA est égal à l'angle B'C'A', et que le rapport $\dfrac{AC}{A'C'}$ est égal à $\dfrac{AB}{A'B'}$. Les triangles suivants ACD et A'C'D' sont aussi semblables, comme ayant un angle égal compris entre deux côtés proportionnels ; car les angles ACD et A'C'D' sont égaux comme excès des angles égaux BCD et B'C'D' sur les angles égaux BCA et B'C'A', et le rapport $\dfrac{CD}{C'D'}$, égal par hypothèse au rapport $\dfrac{AB}{A'B'}$, est, par suite, égal au rapport $\dfrac{AC}{A'C'}$. En continuant le même raisonnement de proche en proche, on voit que les polygones sont décomposés en triangles semblables chacun à chacun, et disposés dans le même ordre.

220. **Corollaire I.** *Le rapport de similitude de deux polygones semblables est égal au rapport des diagonales qui unissent des sommets respectivement homologues.*

221. **Corollaire II.** *Le rapport de similitude de deux polygones semblables est égal au rapport des périmètres de ces polygones.*

En effet, on a, par hypothèse,

$$\frac{AB}{A'B'} = \frac{BC}{B'C'} = \frac{CD}{C'D'} = \ldots = \frac{FA}{F'A'},$$

et, d'après un théorème d'arithmétique, chacun de ces rapports est égal au rapport $\dfrac{AB + BC + CD + \ldots + FA}{A'B' + B'C' + C'D' + \ldots + F'A'}$, c'est-à-dire au rapport des périmètres des deux polygones.

222. **Remarque.** D'après les deux théorèmes précédents, pour que deux polygones soient semblables, *il faut et il suffit* qu'ils puissent être décomposés en un même nombre de triangles semblables chacun à chacun et disposés de la même façon. Si chaque polygone a n côtés, on peut décomposer chacun en $n - 2$ triangles. La similitude de deux triangles correspondants exige deux conditions ; le nombre total des conditions *nécessaires et suffisantes* pour entraîner la similitude de deux polygones de n côtés est donc $2(n - 2)$.

Problème.

223. *Construire un polygone semblable à un polygone donné ABCDEF, et tel que le côté homologue au côté AB du polygone donné ait une longueur donnée l (fig. 185).*

Je joins le sommet A du polygone donné aux autres sommets de ce polygone (*fig.* 183); je prends une longueur A'B' égale

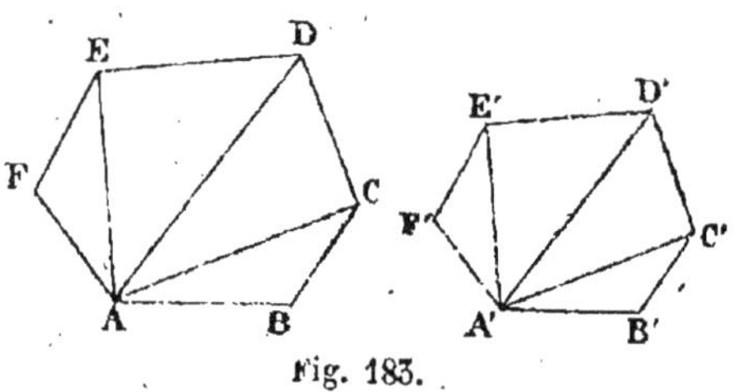

Fig. 183.

à *l*, puis je construis le triangle A'B'C' semblable au triangle ABC, en faisant l'angle B'A'C' égal à l'angle BAC et l'angle A'B'C' égal à l'angle ABC. Je construis de même le triangle A'C'D' semblable au triangle ACD, et disposé par rapport à A'B'C' comme ACD est disposé par rapport à ABC. En continuant ainsi, je forme le polygone A'B'C'D'E'F' composé de triangles respectivement semblables aux triangles qui composent le polygone donné et disposés de la même façon. Du théorème 218 il résulte que le polygone ainsi formé est semblable au polygone donné; du théorème 219 il résulte que ce polygone est le seul polygone semblable au polygone donné et tel que le côté homologue au côté AB ait une longueur égale à *l*. En faisant croître la longueur donnée *l* de zéro à l'infini, on obtiendra tous les polygones semblables au polygone donné.

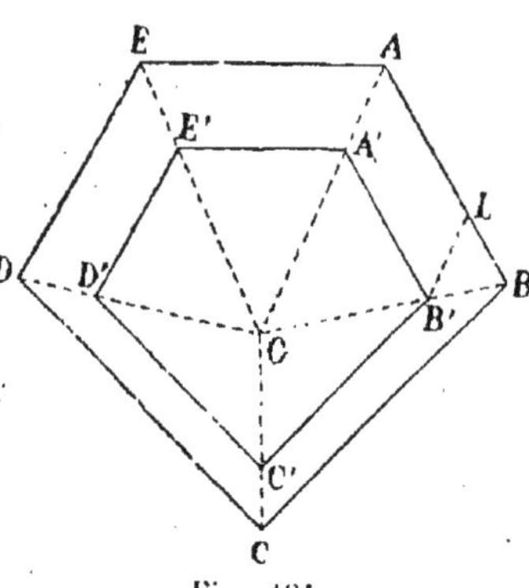

Fig. 184.

224. On peut encore opérer comme il suit : on prend, dans le plan du polygone, un point quelconque O (*fig.* 184), et on joint ce point à tous les sommets du polygone; puis, dans l'angle AOB, on inscrit une droite A'B' parallèle à AB et de longueur *l*. A cet effet, on prend sur AB la longueur AL égale à *l*, on mène par L une parallèle à OA, et, par le point B' où cette droite rencontre OB, on mène, dans l'angle AOB, la droite B'A' parallèle à BA. Cela fait, on mène dans l'angle BOC la droite B'C' parallèle à BC, puis, dans l'angle COD, la droite C'D' parallèle à CD, et ainsi de suite. La parallèle à EA menée dans

l'angle EOA, par le point E', passe par le point A', et le polygone A'B'C'D'E' ainsi formé est le polygone demandé.

En effet, les deux polygones sont composés de triangles semblables chacun à chacun et disposés de la même façon. Le point O peut d'ailleurs être pris soit à l'intérieur (*fig.* 184), soit à l'extérieur du polygone donné (*fig.* 185).

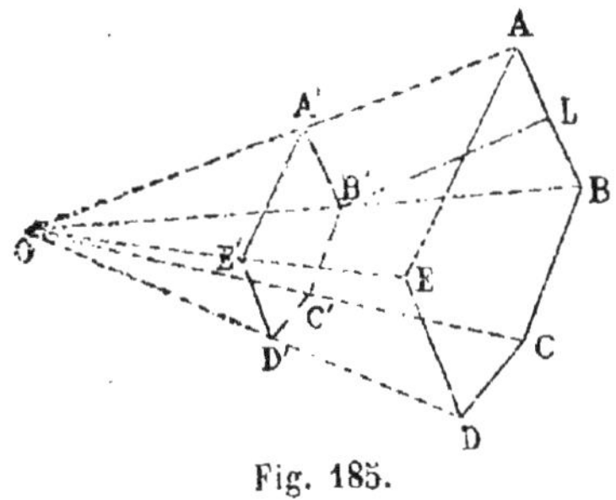

Fig. 185.

§ IV. — RELATIONS MÉTRIQUES ENTRE LES ÉLÉMENTS D'UN TRIANGLE.

225. Définitions. On appelle *projection* d'un point sur une droite le pied de la perpendiculaire abaissée de ce point sur la droite. On appelle *projection* d'une portion de droite AB sur une droite indéfinie RS la portion A'B' de la droite RS comprise

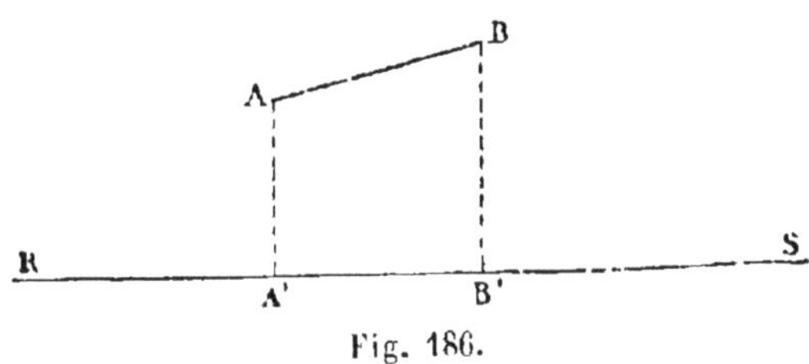

Fig. 186.

entre les projections A' et B' des points A et B sur la droite RS (*fig.* 186).

On dit qu'un nombre a est *moyen proportionnel* entre deux nombres b et c lorsque le rapport de b à a est égal au rapport de a à c, c'est-à-dire lorsque l'on a

$$\frac{b}{a} = \frac{a}{c}.$$

Cette relation équivaut à la relation

$$a^2 = bc.$$

On peut donc dire aussi qu'un nombre a est *moyen proportionnel* entre deux autres b et c quand le carré de a est égal au produit des nombres b et c.

Une *relation métrique* entre certaines longueurs est une relation entre les nombres que l'on obtient en mesurant ces longueurs avec une même longueur prise pour unité. La longueur prise pour unité peut être choisie arbitrairement, la relation métrique subsiste quelle que soit cette unité.

Pour abréger le discours dans l'énoncé d'une relation métrique entre des longueurs, on dit *côté* d'un triangle au lieu de *nombre* qui mesure ce côté, *carré d'un côté* au lieu de *carré du nombre* qui mesure ce côté, *produit de deux côtés* au lieu de *produit des nombres* qui mesurent ces côtés.

Théorème.

226. *Si du sommet de l'angle droit d'un triangle rectangle on abaisse une perpendiculaire sur l'hypoténuse :* 1° *chaque côté de l'angle droit est moyen proportionnel entre l'hypoténuse entière et sa projection sur l'hypoténuse;* 2° *la perpendiculaire abaissée du sommet de l'angle droit sur l'hypoténuse est moyenne proportionnelle entre les deux segments de l'hypoténuse.*

Soit un triangle rectangle ABC (*fig.* 187); je remarque d'abord que la perpendiculaire AD, abaissée du sommet A de l'angle droit sur l'hypoténuse, détermine deux triangles rectangles ADB et ADC semblables au triangle ABC; car chacun de ces triangles a

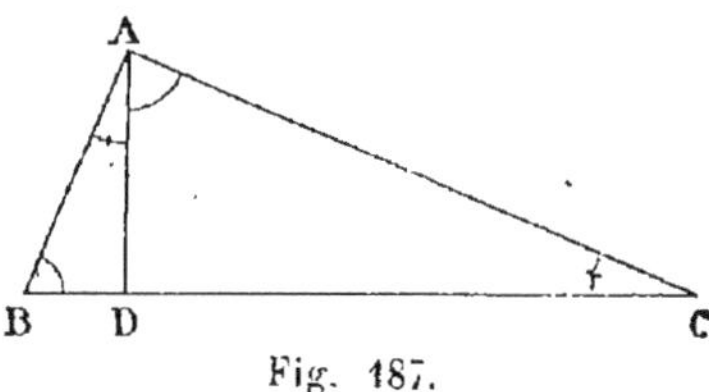

Fig. 187.

avec le triangle rectangle ABC un angle aigu commun.

1° Les triangles ABC et ABD ont les côtés homologues proportionnels; pour reconnaître les côtés homologues, je remarque que, l'angle aigu B étant commun aux deux triangles, le second angle aigu C du triangle ABC est égal au second angle aigu BAD du triangle ABD. L'hypoténuse BC du triangle ABC est homologue à l'hypoténuse AB du triangle ABD; le côté AB du triangle ABC, opposé à l'angle C, est homologue au côté BD du triangle ABD, opposé à l'angle BAD. Donc on a

$$\frac{BC}{AB} = \frac{AB}{BD},$$

et le côté de l'angle droit AB est moyen proportionnel entre l'hypoténuse entière BC et la projection BD de ce côté sur l'hypoténuse.

On aurait de même, en comparant les triangles semblables ABC et ACD :

$$\frac{BC}{AC} = \frac{AC}{CD},$$

c'est-à-dire que le côté AC est moyen proportionnel entre BC et CD.

2° Les triangles ABD et ACD, tous deux semblables au triangle ABC, sont semblables; leurs côtés homologues sont proportionnels. On en déduit, en opérant comme précédemment pour reconnaître les côtés homologues :

$$\frac{BD}{AD} = \frac{AD}{CD}.$$

Donc la perpendiculaire AD est moyenne proportionnelle entre les deux segments de l'hypoténuse.

227. REMARQUE. Si l'on mesure les longueurs, AB, AC, BC, etc. avec une même unité de longueur, et si on désigne par AB, AC, BC, etc., les nombres ainsi obtenus, on aura entre ces nombres les relations :

$$(1) \qquad \frac{BC}{AB} = \frac{AB}{BD} \qquad \text{ou} \qquad \overline{AB}^2 = BC \times BD$$

$$(2) \qquad \frac{BC}{AC} = \frac{AC}{CD} \qquad \text{ou} \qquad \overline{AC}^2 = BC \times CD$$

$$(3) \qquad \frac{BD}{AD} = \frac{AD}{CD} \qquad \text{ou} \qquad \overline{AD}^2 = BD \times CD.$$

228. COROLLAIRE. *Le rapport des carrés des deux côtés de* *l'angle droit d'un triangle rectangle est égal au rapport des projections de ces côtés sur l'hypoténuse.*

En effet, en divisant membre à membre les égalités (1) et (2), on a

$$\frac{\overline{AB}^2}{\overline{AC}^2} = \frac{BD}{CD}.$$

Théorème.

229. *Dans un triangle rectangle, le carré de l'hypoténuse est égal à la somme des carrés des deux côtés de l'angle droit.*

Soit le triangle rectangle ABC (*fig.* 188); menons la perpendiculaire AD du sommet A de l'angle droit sur l'hypoténuse; nous aurons (227) :

$$\overline{AB}^2 = BC \times BD$$
$$\overline{AC}^2 = BC \times CD,$$

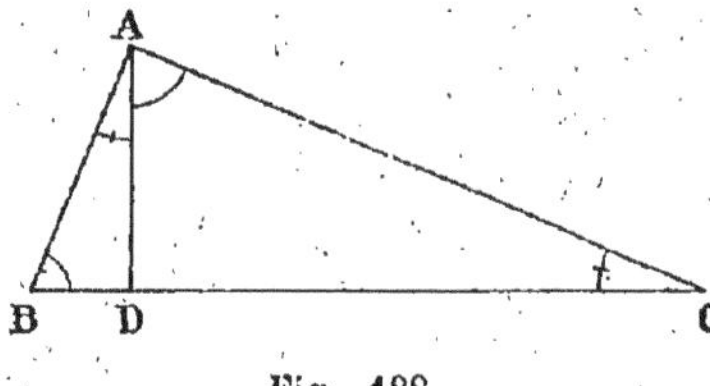

Fig. 188.

et, en additionnant membre à membre,

$$\overline{AB}^2 + \overline{AC}^2 = BC\,(BD + CD) = \overline{BC}^2.$$

230. Corollaire I. *Le carré d'un côté de l'angle droit d'un triangle rectangle est égal au carré de l'hypoténuse moins le carré de l'autre côté de l'angle droit.*

En effet, de la relation

$$\overline{BC}^2 = \overline{AB}^2 + \overline{AC}^2,$$

on déduit :

$$\overline{AB}^2 = \overline{BC}^2 - \overline{AC}^2 \qquad \text{et} \qquad \overline{AC}^2 = \overline{BC}^2 - \overline{AB}^2.$$

231. Corollaire II. *Le rapport de la diagonale d'un carré au côté de ce carré est le nombre incommensurable $\sqrt{2}$.*

Soit, en effet, le carré ABCD (*fig.* 189). Le triangle ABC étant rectangle en B, on a :

$$\overline{AC}^2 = \overline{AB}^2 + \overline{BC}^2 = 2\,\overline{AB}^2$$

d'où

$$\frac{AC}{AB} = \sqrt{2}.$$

232. REMARQUE. Désignons par a l'hypoténuse d'un triangle rectangle, par b et par c les côtés de l'angle droit, par b' et par c' les projections de ces côtés sur l'hypoténuse, et par h la perpendiculaire abaissée du sommet de l'angle droit sur l'hypoténuse; d'après les deux théorèmes précédents, ces six grandeurs sont liées entre elles par les quatre relations

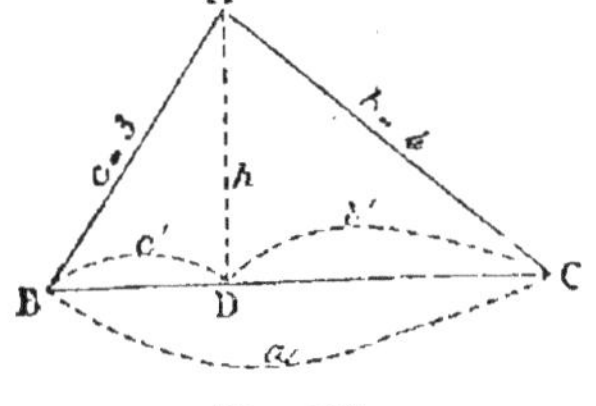

Fig. 189.

$$b^2 = ab', \quad c^2 = ac', \quad h^2 = b'c', \quad a^2 = b^2 + c^2,$$

qui permettent de calculer quatre de ces six grandeurs quand on connaît les deux autres.

APPLICATIONS NUMÉRIQUES. 1. *On donne, dans un triangle rectangle, les deux côtés de l'angle droit, $b = 4^m$, $c = 3^m$, calculer l'hypoténuse a, les projections b' et c' des côtés de l'angle droit sur l'hypoténuse, et la hauteur h (fig. 190).*

On a

$$a^2 = b^2 + c^2 = 16 + 9 = 25,$$

Fig. 190.

d'où

$$a = 5$$

On a encore

$$b^2 = ab', \qquad c^2 = ac',$$

d'où

$$b' = \frac{b^2}{a} = \frac{16}{5} = 3,2$$

$$c' = \frac{c^2}{a} = \frac{9}{5} = 1,8;$$

enfin,

$$h^2 = b'c' = 3,2 \times 1,8 = 5,76.$$

d'où

$$h = \sqrt{5,76} = 2,4.$$

L'unité de longueur étant ici le mètre, on a :

$$a = 5^m, \quad b' = 3^m,2, \quad c' = 1^m,8, \quad \text{et} \quad h = 2^m,4.$$

Comme vérification, on a :

$$b' + c' = 3^m,2 + 1^m,8 = 5^m = a.$$

II. *On donne dans un triangle rectangle l'hypoténuse* $a = 7^m$, *un côté de l'angle droit* $b = 4^m$; *calculer l'autre côté* c *de l'angle droit, les projections* b' *et* c' *des côtés de l'angle droit sur l'hypoténuse et la hauteur* h.

On a :

$$c^2 = a^2 - b^2 = 49 - 16 = 33,$$

d'où

$$c = \sqrt{33} = 5,744$$

à 1/2 millième près.

Ayant b et c, le problème est ramené au problème précédent. On aura :

$$b' = \frac{b^2}{a} = \frac{16}{7} = 2,286$$

$$c' = \frac{c^2}{a} = \frac{33}{7} = 4,714$$

à un 1/2 millième près.

Enfin on a, pour déterminer h,

$$h^2 = b'c' = 2,286 \times 4,714 = 10,776204 ;$$

d'où

$$h = \sqrt{10,776204} = 3,282.$$

Le mètre étant l'unité, on a donc, à 1 millimètre près,

$$c = 5^m,744, \quad b' = 2^m,286, \quad c' = 4^m,714$$
$$\text{et} \quad h = 3^m,282.$$

Comme vérification, on a :

$$b' + c' = 2^m,286 + 4^m,714 = 7^m = a.$$

III. *On donne, dans un triangle rectangle, les projections des côtés de l'angle droit sur l'hypoténuse, $b' = 4^m$, $c' = 5^m$, calculer les autres éléments du triangle.*

L'hypoténuse a est la somme des projections des deux côtés

$$a = b' + c' = 9^m.$$

Des relations

$$b^2 = ab', \qquad c^2 = ac'.$$

on déduit

$$b^2 = 9 \times 4 = 36, \qquad c^2 = 9 \times 5 = 45,$$

d'où

$$b = \sqrt{36} = 6^m, \quad c = \sqrt{45} = 6^m,708.$$

Enfin on a

$$h^2 = b'c' = 4 \times 5 = 20,$$

d'où

$$h = \sqrt{20} = 4,472.$$

Théorème.

253. *Dans un triangle, le carré d'un côté opposé à un angle aigu est égal à la somme des carrés des deux autres côtés, moins deux fois le produit de l'un de ces côtés par la projection de l'autre sur lui.*

Si, dans le triangle ABC, l'angle A est aigu (*fig.* 191), je dis que le carré du côté BC, opposé à l'angle aigu A, est égal à la somme des carrés des deux autres côtés AB et AC, moins deux fois le produit de l'un de ces deux côtés, AB par exemple, par la projection AD de l'autre sur lui.

En effet, dans le triangle rectangle BDC, on a

$$\overline{BC}^2 = \overline{BD}^2 + \overline{DC}^2;$$

or

$$BD = AB - AD$$

ou

$$BD = AD - AB,$$

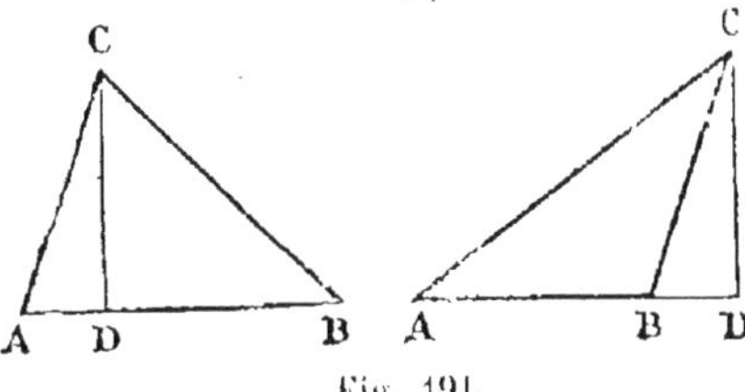

Fig. 191.

suivant que l'angle B du triangle est aigu ou obtus; dans tous les cas on aura :

$$\overline{BD}^2 = \overline{AB}^2 - 2AB \times AD + \overline{AD}^2;$$

donc

$$\overline{BC}^2 = \overline{AB}^2 - 2AB \times AD + \overline{AD}^2 + \overline{DC}^2,$$

et, comme $\overline{AD}^2 + \overline{DC}^2$ est égal à $\overline{AC}^2$, on a enfin

$$\overline{BC}^2 = \overline{AB}^2 + \overline{AC}^2 - 2AB \times AD.$$

Théorème.

234. *Dans un triangle, le carré d'un côté opposé à un angle obtus est égal à la somme des carrés des deux autres côtés, plus deux fois le produit de l'un de ces côtés par la projection de l'autre sur lui.*

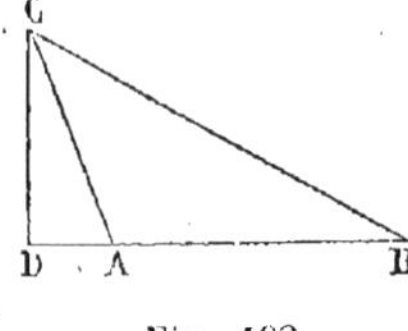
Fig. 192.

Soit ABC un triangle dans lequel l'angle A est supposé obtus; je dis que, dans ce triangle (*fig.* 192), le carré du côté BC, opposé à l'angle obtus A, est égal à la somme des carrés des deux autres côtés AB et AC, plus deux fois le produit de l'un de ces deux côtés, AB par exemple, par la projection AD de l'autre côté AC sur AB.

En effet, dans le triangle rectangle BDC, on a :

$$\overline{BC}^2 = \overline{BD}^2 + \overline{DC}^2;$$

or,

$$BD = AB + AD$$

et

$$BD^2 = \overline{AB}^2 + 2AB \times AD + \overline{AD}^2;$$

donc

$$\overline{BC}^2 = \overline{AB}^2 + 2AB \times AD + \overline{AD}^2 + \overline{DC}^2,$$

et, comme $\overline{AD}^2 + \overline{DC}^2$ est égal à $\overline{AC}^2$, on a enfin

$$\overline{BC}^2 = \overline{AB}^2 + \overline{AC}^2 + 2AB \times AD.$$

235. **Remarque.** Les théorèmes des n⁰ˢ 229, 233, 234, don-
nent des propriétés spéciales pour les côtés opposés à un angle,
soit droit, soit aigu, soit obtus, d'un triangle. Il en résulte que
les réciproques sont vraies; donc selon que le carré d'un côté
d'un triangle est supérieur, ou inférieur, ou égal à la somme
des carrés des deux autres, l'angle opposé est obtus, ou aigu,
ou droit.

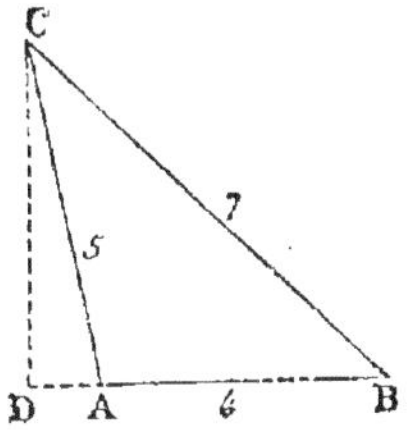

Application. Les théorèmes qui précèdent
permettent, connaissant les trois côtés d'un
triangle, de calculer les projections de deux
de ces côtés sur le troisième, et la hauteur
qui correspond à ce troisième côté.

Soient par exemple, AB $= 4^m$, AC $= 5^m$,
BC $= 7^m$, les trois côtés d'un triangle ABC;
proposons-nous de calculer les projections
BD et AD des côtés BC et AC sur AB, et la hauteur CD qui
correspond au côté AB. (*fig.* 193).

Fig. 193.

On remarque d'abord que le plus grand des trois côtés, le
côté BC $= 7^m$, étant tel que son carré 49 surpasse la somme
des carrés des deux autres, $16 + 25$, ou 41, l'angle A opposé
au côté BC est obtus. Les deux autres angles du triangle sont
aigus.

On a donc

$$\overline{AC}^2 = \overline{BC}^2 + \overline{AB}^2 - 2AB \times BD$$

$$\overline{BC}^2 = \overline{AC}^2 + \overline{AB}^2 + 2AB \times AD,$$

d'où

$$BD = \frac{\overline{BC}^2 + \overline{AB}^2 - \overline{AC}^2}{2AB} = \frac{49 + 16 - 25}{8} = 5^m.$$

$$AD = \frac{\overline{BC}^2 - \overline{AC}^2 - \overline{AB}^2}{2AB} = \frac{49 - 16 - 25}{8} = 1^m.$$

Pour calculer la hauteur CD, on a, dans le triangle rectangle
ADC,

$$\overline{CD}^2 = \overline{AC}^2 - \overline{AD}^2 = 25 - 1 = 24,$$

d'où

$$CD = \sqrt{24} = 4^m,898$$

à 1 millimètre près.

On aurait pu calculer aussi CD en considérant CD comme côté du triangle rectangle CDB; on aurait

$$\overline{CD}^2 = \overline{CB}^2 - \overline{BD}^2 = 49 - 25 = 24.$$

§ V. — SÉCANTES D'UN CERCLE ISSUES D'UN MÊME POINT.

Théorème.

256. *Si par un point pris dans le plan d'un cercle on mène des sécantes, le produit des distances de ce point aux deux points d'intersection de chaque sécante avec la circonférence est constant, quelle que soit la direction de la sécante.*

Considérons d'abord le cas où le point donné O est dans l'intérieur du cercle (*fig.* 194); si nous menons par ce point deux sécantes quelconques AOB et A'OB', nous aurons toujours

$$OA \times OB = OA' \times OB'.$$

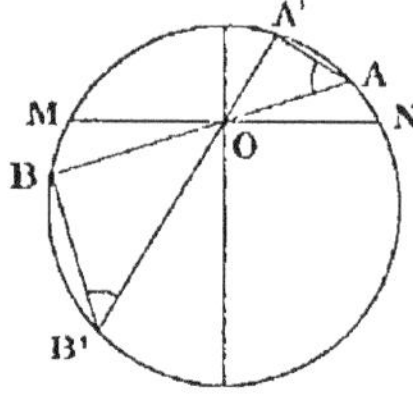

Fig. 194.

En effet, menons les cordes AA' et BB'; les triangles AOA' et BOB' sont semblables, car ils ont deux angles égaux chacun à chacun, savoir : les angles en O égaux comme opposés par le sommet, et les angles OAA' et OB'B égaux comme étant inscrits dans le même segment A'AB'B; dans ces triangles semblables les côtés homologues sont proportionnels, et on a

$$\frac{OA}{OB'} = \frac{OA'}{OB}$$

ou

$$OA \times OB = OA' \times OB'.$$

Si donc nous faisons tourner la sécante A'B' autour du point O, les longueurs OA' et OB' varient, mais leur produit reste constant. En particulier, si la sécante se place sur la droite MN perpendiculaire au diamètre passant par le point O, les deux longueurs OM et ON sont égales (124), et le produit constant est égal à $\overline{OM}^2$.

Considérons le cas où le point O est en dehors du cercle (*fig.* 195); menons par le point O deux sécantes quelconques OAB et OA'B', nous aurons encore

$$OA \times OB = OA' \times OB'.$$

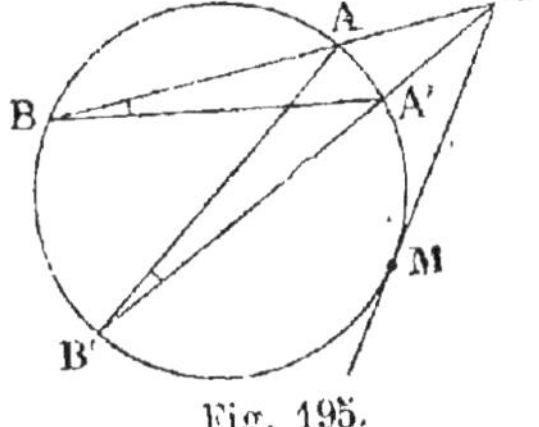

Fig. 195.

En effet, menons les cordes AB' et BA'. Les triangles AOB' et OA'B sont semblables parce qu'ils ont deux angles égaux chacun à chacun, savoir : l'angle O commun, et les angles OB'A et OBA' égaux comme étant inscrits dans le même segment ABB'A'; ces triangles semblables ont leurs côtés homologues proportionnels, et on a

$$\frac{OA}{OA'} = \frac{OB'}{OB},$$

d'où

$$OA \times OB = OA' \times OB'.$$

Si nous faisons tourner la sécante A'B' autour du point O, les distances OA' et OB' varient, mais leur produit reste constant. En particulier, si la sécante devient la tangente OM, les deux distances deviennent égales à OM, et le produit constant est égal à $\overline{OM}^2$; donc :

237. Corollaire. *Si d'un point extérieur à un cercle on mène une tangente et une sécante, la tangente est moyenne proportionnelle entre la sécante entière et sa partie extérieure.*

238. Remarque. Si l'on prend au hasard quatre points, A, B, C, D, sur une circonférence, les droites AB et CD se rencontrent généralement; si leur point de concours O est entre A et B, il est aussi entre C et D (*fig.* 196); s'il est sur le prolongement de AB, il est aussi sur le prolongement de CD (*fig.* 197); dans les deux cas le produit OA $\times$ OB est égal au produit OC $\times$ OD.

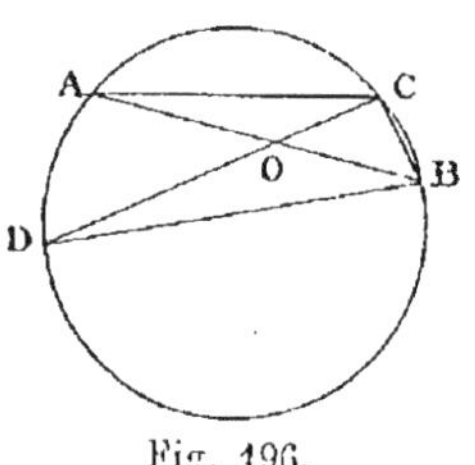
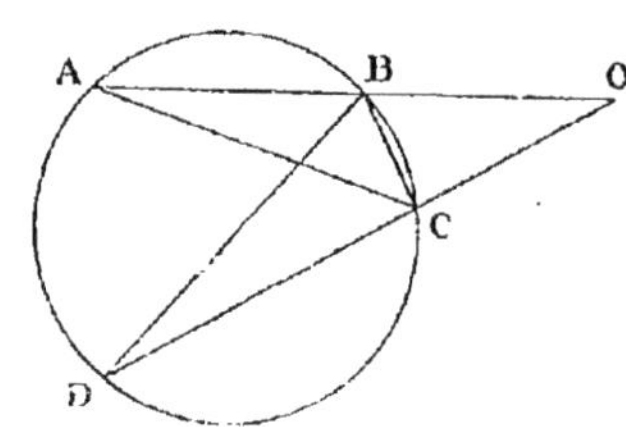

Fig. 196.   Fig. 197.

239. RÉCIPROQUEMENT. *Soient dans un plan quatre points, A, B, C, D, tels que le point de rencontre O des droites AB et CD soit à la fois entre A et B et entre C et D, ou sur le prolongement de AB et sur le prolongement de CD (fig. 196 et 197); si l'on a*

$$OA \times OB = OC \times OD,$$

les quatre points, A, B, C, D, sont sur une même circonférence.

En effet l'égalité OA $\times$ OB $=$ OC $\times$ OD peut être écrite

$$\frac{OA}{OD} = \frac{OC}{OB}$$

et les triangles AOC et DOB sont semblables comme ayant un angle égal, AOC$=$DOB, compris entre deux côtés proportionnels; dans ces triangles semblables, les angles BAC et BDC, opposés aux côtés homologues OC et OB, sont égaux. D'ailleurs les sommets A et D sont situés d'un même côté par rapport à la droite BC; si donc on décrit sur BC l'arc capable de l'angle BAC, arc qui contient le point A, cet arc contient le point D, et par conséquent les quatre points donnés sont sur une même circonférence.

§ VI. — PROBLÈMES SUR LES LIGNES PROPORTIONNELLES.

Problème.

240. *Partager une longueur donnée en parties proportionnelles à des longueurs données.*

Soit à partager une longueur AB (*fig.* 198) en quatre parties proportionnelles aux longueurs, a, b, c et d. On mène par le point A une droite quelconque AK, sur laquelle on prend à la suite les unes des autres avec un compas les longueurs $AC = a$, $CD = b$, $DE = c$, et $EF = d$; on joint les points B et F, et on mène les droites, CM, DN, EP, parallèles à BF. La droite AB est ainsi partagée par les points, M, N, P, en parties proportionnelles aux longueurs données, a, b, c, d.

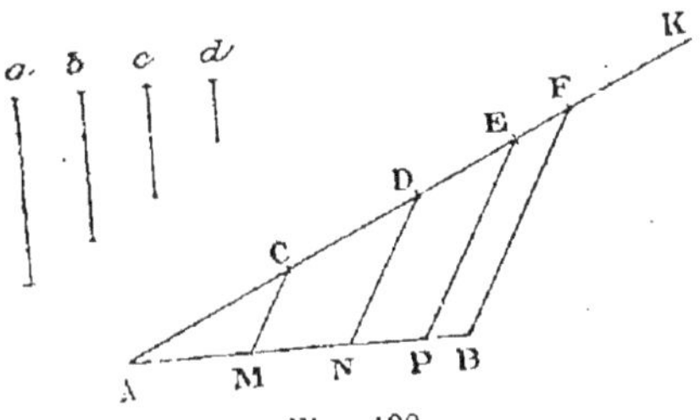

Fig. 198.

En effet, dans le triangle ADN, la droite CM étant parallèle au côté DN, on a

$$\frac{AM}{AC} = \frac{MN}{CD} = \frac{AN}{AD};$$

de même, dans le triangle APE, les droites ND et BF étant parallèles au côté PE, on a

$$\frac{AN}{AD} = \frac{NP}{DE} = \frac{PB}{EF},$$

d'où

$$\frac{AM}{a} = \frac{MN}{b} = \frac{NP}{c} = \frac{PB}{d}.$$

241. REMARQUE. Si les longueurs données, a, b, c, d, étaient égales, la longueur AB serait partagée par les points, M, N, P, en quatre parties égales; il résulte de là un procédé très simple

pour partager une longueur donnée en un nombre quelconque de parties égales.

Problème.

242. *Construire une quatrième proportionnelle à trois longueurs données, a, b, c.*

On dit qu'une longueur x est quatrième proportionnelle aux trois longueurs, a, b, c, lorsque x est le quatrième terme d'une proportion dont a, b, c, sont les trois premiers termes, c'est-à-dire lorsqu'on a

$$\frac{a}{b} = \frac{c}{x}.$$

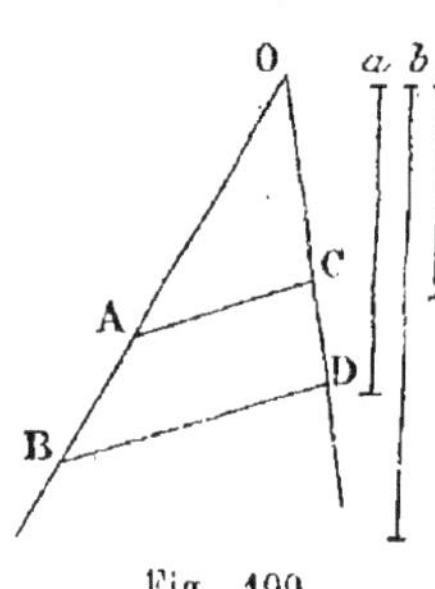

Fig. 199.

Par un point O je mène deux droites quelconques (*fig.* 199); je prends sur l'une $OA = a$ et $OB = b$, sur l'autre $OC = c$, et je joins les points A et C. Je mène BD parallèle à AC; OD est la longueur demandée.

On a, en effet,

$$\frac{OA}{OB} = \frac{OC}{OD}, \quad \text{ou} \quad \frac{a}{b} = \frac{c}{OD}.$$

Problème.

243. *Construire une moyenne proportionnelle entre deux longueurs données a et b.*

1re SOLUTION. Sur une droite indéfinie je prends AB $= a$, et à la suite BC $= b$ (*fig.* 200);

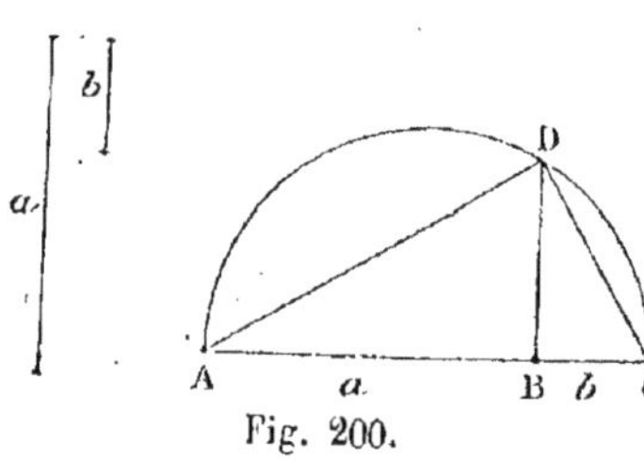

Fig. 200.

sur AC comme diamètre je décris une demi-circonférence; j'élève au point B la perpendiculaire BD à AC. Soit D le point où cette droite rencontre la demi-circonférence; la longueur BD est la longueur demandée.

En effet, si l'on joint le point D au point A et au point C, on forme un triangle rectangle ADC dans lequel la perpendiculaire DB, abaissée du sommet de l'angle droit sur l'hypoténuse, est moyenne proportionnelle entre les deux segments de l'hypoténuse (226).

2e SOLUTION. Soit $AB = a$ la plus grande des deux longueurs données (*fig.* 201); je prends sur AB de A vers B, une longueur AC égale à b, et sur AB comme diamètre je

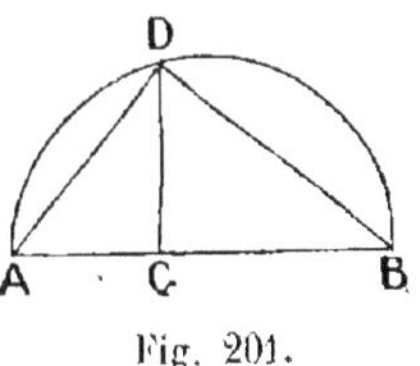

Fig. 201.

décris une demi-circonférence; j'élève au point C la perpendiculaire CD à AB. Soit D le point où cette ligne rencontre la demi-circonférence; la longueur AD est la longueur demandée.

En effet, dans le triangle rectangle ADB, le côté AD est moyen proportionnel entre l'hypoténuse entière et la projection du côté AD sur l'hypoténuse (226).

3e SOLUTION. Soit encore $AB = a$ la plus grande des deux longueurs données; je prends sur la droite BA, de B vers A, la longueur BC égale à b (*fig.* 202); par les points A et C je fais passer une circonférence quelconque, et je mène du point B la tangente BD à cette circonférence; la longueur BD est la longueur demandée.

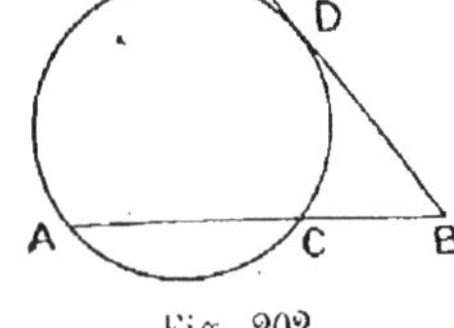

Fig. 202.

On sait en effet que, si d'un point on mène une tangente et une sécante à une circonférence, la tangente est moyenne proportionnelle entre la sécante entière et sa partie extérieure (237).

§ VII. — POLYGONES RÉGULIERS; LEUR INSCRIPTION DANS UN CERCLE.

244. DÉFINITIONS. On appelle *polygone régulier* un polygone qui a tous ses angles égaux et tous ses côtés égaux. Le triangle équilatéral est un polygone régulier de trois côtés; le carré est un polygone régulier de quatre côtés.

On dit d'un polygone qu'il est *inscrit* dans un cercle quand tous ses sommets sont situés sur la circonférence du cercle, qu'il est *circonscrit* à un cercle quand tous ses côtés sont tangents à la circonférence de ce cercle. Réciproquement, on dit d'un cercle qu'il est *inscrit* dans un polygone quand sa circonférence est tangente à tous les côtés du polygone, et qu'il est *circonscrit* à un polygone quand sa circonférence passe par tous les sommets du polygone.

Il n'est pas évident, *a priori*, qu'il existe des polygones réguliers ; le théorème suivant prouve leur existence.

Théorème.

245. *Si une circonférence est partagée en un certain nombre de parties égales par les points, A, B, C,... (fig. 203), les cordes qui unissent les points de division consécutifs forment un polygone régulier inscrit, et les tangentes à la circonférence aux points de division forment un polygone régulier circonscrit.*

Le polygone inscrit ABCD... est régulier ; car les côtés de ce polygone sont égaux parce qu'ils sous-tendent des arcs égaux, et les angles sont égaux parce qu'ils sont inscrits dans des arcs égaux.

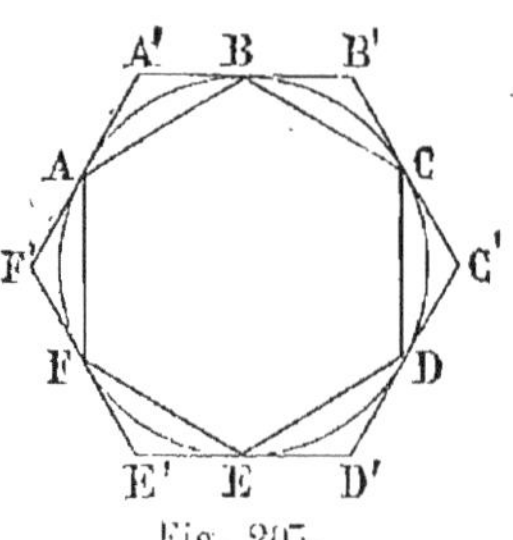

Fig. 205.

Le polygone circonscrit A'B'C'D'... est aussi régulier ; en effet, la corde AB fait avec les tangentes AA' et BA' des angles BAA' et ABA' qui sont égaux, parce qu'ils ont tous deux même mesure que la moitié de l'arc AB ; de même la corde BC fait avec les tangentes BB' et CB' des angles égaux entre eux, et égaux aux précédents ; et ainsi de suite. Il en résulte que les triangles A'AB, B'BC, C'CD,... sont des triangles isocèles, qui ont des bases égales et les angles à la base égaux entre eux ; par conséquent, ces triangles sont égaux. On en conclut l'égalité des angles, A', B', C',... du polygone, et l'égalité des segments, AA', A'B, BB', B'C, CC',... et, par suite, l'égalité des côtés du polygone, puisque chacun d'eux comprend deux de ces segments.

Le polygone A'B'C'... ayant ses angles égaux et ses côtés égaux, est un polygone régulier.

Comme on peut toujours concevoir une circonférence partagée

en un nombre quelconque n de parties égales, ce théorème prouve qu'il y a des polygones réguliers convexes d'un nombre quelconque de côtés.

Théorème.

246. *On peut toujours mener un cercle circonscrit à un polygone régulier et un cercle inscrit dans le même polygone.*

Je remarque d'abord que si, par trois sommets consécutifs, A, B, C, d'un polygone régulier ABCDEFGH (*fig.* 204), on fait passer une circonférence, cette circonférence passe nécessairement par le sommet suivant D. En effet, soit O le centre de la circonférence qui passe par les sommets, A, B, C, et soit I le milieu du côté BC ; la droite OI est perpendiculaire sur BC, et si je fais tourner autour de OI la partie IBA de la figure, pour la rabattre sur la partie ICD, la droite IB coïncide avec IC, l'angle IBA coïncide avec l'angle égal ICD, et, comme BA est égal à CD, le point A se confond avec le point D ; d'ailleurs le point O étant resté fixe, la droite OA coïncide avec OD, et est égale à OD.

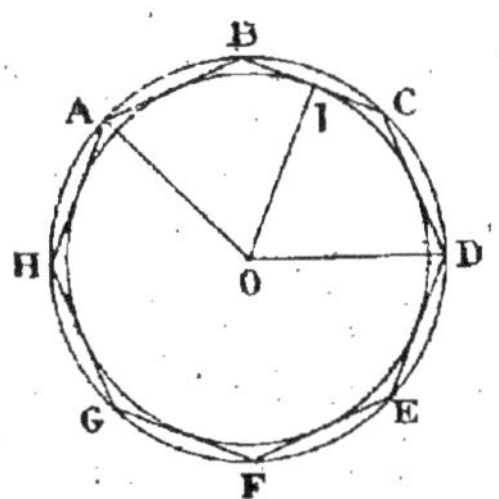

Fig. 204.

Donc la circonférence, qui passe par trois sommets consécutifs A, B, C du polygone, passe par le sommet suivant. Ainsi, si je trace la circonférence passant par les trois sommets A, B, C, cette circonférence passe par le sommet D ; passant par les trois sommets consécutifs B, C, D, cette circonférence passe encore par le sommet suivant E, et ainsi de suite ; donc elle passe par tous les sommets du polygone.

Les côtés du polygone ABCDEFGH sont des cordes égales du cercle OA, et par suite sont tous également éloignés du centre ; donc si du point O comme centre, avec OI pour rayon, je décris un cercle, tous les côtés du polygone sont tangents à ce cercle, et le polygone est circonscrit au cercle OI.

247. Le centre commun O du cercle inscrit et du cercle circonscrit à un polygone régulier est aussi appelé *centre* du poly-

gone; le rayon du cercle circonscrit est appelé *rayon* du polygone, et le rayon du cercle inscrit est appelé *apothème* du polygone.

On appelle *angle au centre* d'un polygone régulier, l'angle AOB formé par deux droites allant du centre à deux sommets consécutifs du polygone. Dans un polygone régulier convexe de n côtés, si l'on joint le centre à tous les sommets du polygone, on forme n triangles isocèles égaux dont la somme des angles au sommet O vaut $360°$; l'angle au sommet de chaque triangle, c'est-à-dire l'angle au centre du polygone, est donc égal à $\dfrac{360°}{n}$.

Quant aux angles mêmes du polygone, leur somme valant autant de fois $180°$ que le polygone a de côtés moins deux, c'est-à-dire $180° \times (n-2)$, chacun de ces angles vaut $180° \times \dfrac{n-2}{n}$, ou $180° - \dfrac{360°}{n}$; l'angle au centre est le supplément de l'angle du polygone.

Théorème.

248. *Deux polygones réguliers convexes d'un même nombre de côtés sont semblables, et les périmètres de ces polygones sont proportionnels aux rayons des cercles circonscrits et aux rayons des cercles inscrits.*

Soient, ABCD…, A′B′C′D′…, (*fig.* 205) deux polygones réguliers convexes de n côtés. Chacun des angles d'un polygone régulier convexe de n côtés valant $180° \times \dfrac{n-2}{n}$, les deux polygones ont tous leurs angles égaux; d'ailleurs les rapports,

$$\frac{AB}{A′B′}, \quad \frac{BC}{B′C′}, \quad \frac{CD}{C′D′}, \cdots \cdots$$

sont identiques; donc ces polygones sont semblables.

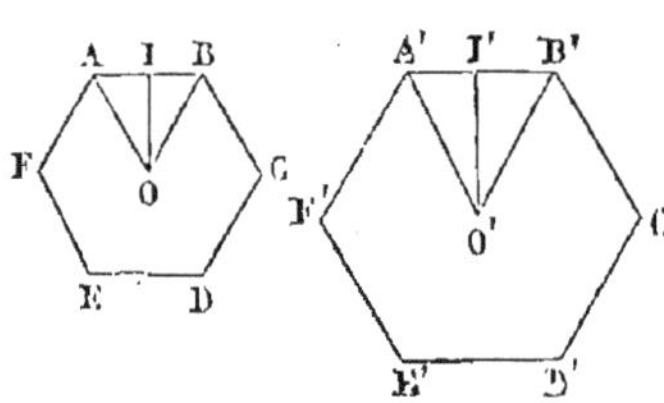

Fig. 205.

Soient O et O′ les centres des deux polygones, les triangles AOB et A′O′B′, qui ont un angle égal compris entre deux côtés proportionnels, sont semblables, et le rapport de AB à A′B′ est égal au rapport de OA à O′A′. Or le rapport des périmètres des deux polygones est égal au rapport de deux côtés homologues AB, A′B′; il est donc aussi égal au rapport des rayons OA et O′A′ des cercles circonscrits.

Si nous menons OI perpendiculaire à AB, et O′I′ perpendiculaire à A′B′, les triangles rectangles OAI, O′A′I′, qui ont un angle aigu égal, sont semblables, et le rapport de OA à O′A′ est égal au rapport de OI à O′I′; donc le rapport des périmètres des deux polygones est aussi égal au rapport des rayons des cercles inscrits.

Problème.

249. *Inscrire un carré dans un cercle.*

On prend deux diamètres rectangulaires AC et BD (*fig.* 206), et on joint leurs extrémités; le quadrilatère ABCD, ainsi formé, est un carré, car les sommets partagent la circonférence en quatre parties égales.

250. Corollaire I. Soit R le rayon du cercle; dans le triangle rectangle AOB, on a :

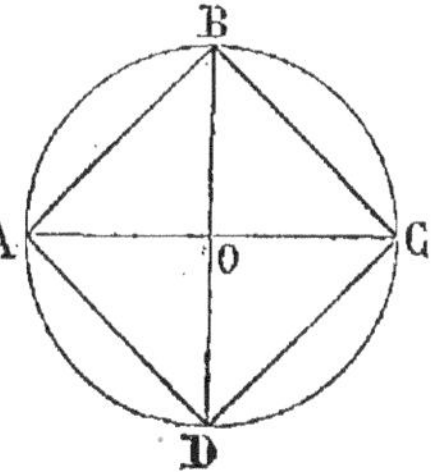
Fig. 206.

$$\overline{AB}^2 = \overline{OA}^2 + \overline{OB}^2 = 2R^2;$$

donc le côté AB du carré inscrit est égal à $R\sqrt{2}$.

251. Corollaire II. Ayant inscrit un carré, pour inscrire un octogone régulier, il suffit de partager en deux parties égales l'arc sous-tendu par chaque côté du carré. On passe de même de l'octogone régulier au polygone régulier de 16 côtés, de celui-ci au polygone régulier de 32 côtés, et ainsi de suite. De sorte que, sachant inscrire un carré, on sait inscrire un polygone régulier de 8, de 16, de 32, et en général d'un nombre de côtés égal à 2^n.

Problème.

252. *Inscrire dans un cercle un hexagone régulier.*

Supposons le problème résolu, et soit AB (*fig.* 207) le côté d'un hexagone régulier inscrit dans le cercle OA. L'angle AOB

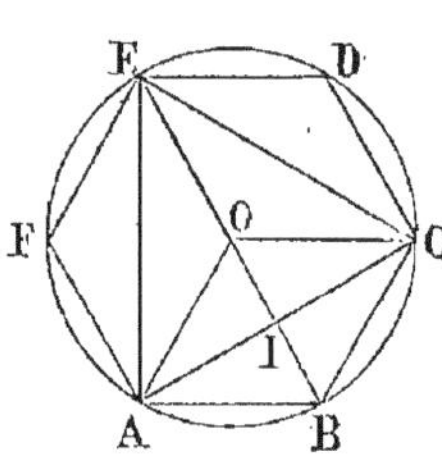

Fig. 207.

étant le sixième de 360°, est égal à 60°; chacun des angles égaux OAB et OBA est la moitié du supplément de 60°, c'est-à-dire la moitié de 120°, ou 60°; donc le triangle AOB est équiangle et par suite équilatéral, et le côté de l'hexagone régulier inscrit dans un cercle est égal au rayon du cercle.

Il suffit donc, pour inscrire dans un cercle un hexagone régulier, de prendre six cordes consécutives égales au rayon.

253. Corollaire I. En joignant de deux en deux les sommets de l'hexagone régulier, on obtient le triangle équilatéral inscrit ACE. Mais, le quadrilatère ABCO, dont les quatre côtés sont égaux, étant un losange, les diagonales, AC, OB, se coupent en parties égales, et à angle droit. De là résulte un autre moyen pour inscrire un triangle équilatéral dans un cercle : on prend un rayon OB, et on mène une corde AC perpendiculaire au milieu du rayon OB. Les points A et C sont deux sommets d'un triangle équilatéral inscrit dans le cercle; le troisième sommet est le point E diamétralement opposé au point B.

254. Si on appelle R le rayon du cercle donné, on a, dans le triangle rectangle AOI,

$$\overline{AI}^2 = \overline{OA}^2 - \overline{OI}^2 = R^2 - \frac{R^2}{4} = \frac{5R^2}{4}$$

d'où

$$AI = \frac{R\sqrt{3}}{2}, \quad \text{et} \quad AC = R\sqrt{3}.$$

255. Corollaire II. Sachant inscrire l'hexagone régulier, on sait inscrire des polygones réguliers de 12, de 24, de 48 côtés, et en général d'un nombre de côtés égal à 3×2^n.

EXERCICES SUR LE LIVRE III.

Théorèmes à démontrer.

1. Dans un triangle, la somme des carrés de deux côtés est égale à deux fois le carré de la moitié du troisième côté, plus deux fois le carré de la médiane qui correspond à ce troisième côté.

2. Dans un quadrilatère, la somme des carrés des quatre côtés est égale à la somme des carrés des diagonales, plus quatre fois le carré de la distance des milieux de ces diagonales.

3. La somme des carrés des quatre côtés d'un parallélogramme est égale à la somme des carrés des diagonales. — Réciproque.

4. Dans un triangle, la différence des carrés de deux côtés est égale à deux fois le produit du troisième côté par la projection sur ce côté de la médiane qui lui correspond.

5. Le produit de deux côtés d'un triangle est égal au produit du diamètre du cercle circonscrit au triangle par la hauteur qui correspond au troisième côté.

6. Si par un point quelconque on mène à un cercle deux sécantes rectangulaires, la somme des carrés des segments de ces sécantes compris entre le point donné et les points de rencontre des sécantes avec le cercle est constante.

7. Soient AR et BS les tangentes aux extrémités A et B d'un diamètre d'un cercle, P et Q les points où une tangente quelconque à ce même cercle rencontre les droites AR et BS; démontrer que le produit $AP \times BQ$ est constant.

8. Soit O le milieu d'une portion de droite AB, et soient C et D deux points de la droite indéfinie AB tels que l'on ait

$$\frac{AC}{BC} = \frac{AD}{BD};$$

démontrer que

$$\overline{OA}^2 = OC \times OD;$$

si O′ est le milieu de CD, on a de même

$$\overline{O'C}^2 = O'A \times O'B.$$

9. Le produit de deux côtés d'un triangle est égal au carré de la bissectrice de l'angle compris entre ces côtés augmenté du produit des deux segments que cette bissectrice détermine sur le troisième côté.

10. On donne deux droites parallèles, RS, R′S′; on joint un point O à divers points A, B, C, D....., de la droite RS; les droites OA, OB,

OC, OD......, rencontrent la droite R'S' en des points A', B', C', D'..
démontrer que l'on a

$$\frac{AB}{A'B'} = \frac{BC}{B'C'} = \frac{CD}{C'D'}\cdots\cdots$$

11. Réciproquement, soient sur une droite RS, les points A, B, C, D. .,
et sur une droite R'S', parallèle à RS, les points A', B', C', D'..., disposés tous dans le même ordre que les points pris sur RS, ou tous
dans l'ordre inverse, et tels que l'on ait

$$\frac{AB}{A'B'} = \frac{BC}{B'C'} = \frac{CD}{C'D'}, \text{ etc.,}$$

les droites AA', BB', CC', DD', etc., concourent en un même point.

12. Étant donnés deux polygones semblables, on peut toujours les
placer dans un plan de façon que les côtés homologues soient parallèles. Quand cette condition est remplie, les droites qui joignent deux
à deux les sommets homologues des deux polygones concourent en un
même point.

13. Soient O et O' les centres de deux cercles, OA et O'A' deux rayons
parallèles et de même sens, OA et O'A'$_1$ deux rayons parallèles et de
sens opposés. Démontrer que les droites AA' et AA'$_1$ rencontrent la
droite OO' en des points D et D$_1$ dont la position est la même, quelle
que soit la direction du rayon OA.

Si les cercles ont des tangentes communes extérieures, ces tangentes passent par le point D; s'ils ont des tangentes communes intérieures, ces tangentes passent par le point D$_1$.

Si un cercle O'' est tangent aux cercles O et O', la droite qui passe
par les points de contact du cercle O'' avec le cercle O et avec le
cercle O', passe aussi par le point D ou par le point D$_1$. — Distinguer
les deux cas l'un de l'autre.

14. Soient données deux points A et B et un cercle O; par les points
A et B on fait passer un cercle de rayon arbitraire coupant le cercle O
aux points P et Q; démontrer que la position du point de rencontre
de la droite PQ et de la droite AB est indépendante de la grandeur du
rayon du cercle mené par les points A et B.

Problèmes à résoudre.

15. Mener un cercle passant par deux points donnés et tangent à
une droite donnée.

16. Mener un cercle passant par deux points donnés et tangent à
un cercle donné.

17. Mener un cercle tangent à deux droites données et à un cercle donné.

18. Trouver sur une droite donnée un point équidistant d'un point donné et d'une droite donnée.

19. Trouver sur une droite donnée un point tel que la somme ou la différence de ses distances à deux points donnés soit égale à une longueur donnée.

20. Construire un triangle, connaissant deux angles et la somme ou la différence de deux côtés.

21. Construire un triangle isocèle, connaissant l'angle au sommet et la somme de la base et de la hauteur.

22. Construire un triangle isocèle, connaissant le rayon du cercle circonscrit et la somme de la base et de la hauteur.

23. Construire un trapèze, connaissant les longueurs des deux côtés non parallèles et des deux diagonales.

24. Soient deux droites, OR, OS, un point A sur OR, un point B sur OS; on mène une parallèle à AB qui rencontre OR en A′ et OS en B′; on demande le lieu décrit par le point de concours des droites AB′, BA′, quand la droite A′B′ se déplace parallèlement à AB.

25. Soient, A, B, C, trois points en ligne droite; on demande le lieu des points de contact des tangentes menées par le point A aux cercles passant par les points B et C.

26. Lieu des points dont le rapport des distances à deux points fixes est égal à un rapport donné.

27. Lieu des points dont le rapport des distances à deux droites fixes est égal à un rapport donné.

28. Lieu des points tels que la somme des carrés des distances de chacun d'eux à deux points fixes soit constante, et égale au carré d'une longueur donnée.

29. Lieu des points tels que la différence des carrés des distances de chacun d'eux à deux points fixes soit constante et égale au carré d'une longueur donnée.

30. Lieu des points d'où deux cercles donnés sont vus sous des angles égaux.

31. Tracer un cercle tel que les tangentes issues de trois points donnés aient des longueurs données.

32. Lieu d'un point P tel que la droite MN, qui passe par les pieds M et N des perpendiculaires abaissées de ce point sur les côtés d'un angle donné AOB, soit parallèle à une direction donnée.

33. Lieu des points de contact des tangentes menées parallèlement à une direction donnée à tous les cercles qui sont tangents à une droite donnée, en un même point de cette droite.

34. Lieu des points de contact des tangentes menées parallèlement à une direction donnée à tous les cercles tangents à deux droites données.

35. Soient deux circonférences tangentes au point A; on mène dans l'une une corde AB, et dans l'autre une corde AC perpendiculaire à AB; on mène la droite BC, et on abaisse du point A une perpendiculaire AM sur BC; lieu du point M quand on fait tourner la corde AB autour du point A.

36. On donne une droite MN et un point A en dehors de cette droite; sur la droite MN on prend un point quelconque B, on mène la droite AB, et sur cette droite on prend un point C tel que le produit AB × AC soit égal au carré d'une longueur donnée; trouver le lieu décrit par le point C quand le point B décrit la droite MN.

37. On donne un point A sur la circonférence d'un cercle; on prend sur cette circonférence un point quelconque B, on mène la droite AB,

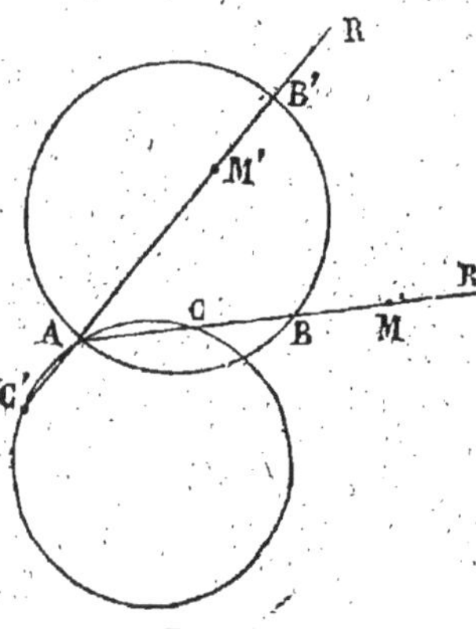

Fig. 208.

et on prend sur cette droite un point C tel que AB × AC soit égal au carré d'une longueur donnée; trouver le lieu décrit par le point C quand le point B parcourt la circonférence du cercle donné.

38. Un triangle rectangle, de forme invariable, se meut dans un plan de façon que les extrémités de l'hypoténuse glissent sur deux droites rectangulaires : lieu du troisième sommet du triangle.

39. On donne deux cercles qui se coupent au point A (*fig.* 208); par ce point on mène une sécante AR qui rencontre les deux cercles aux points B et C; si les deux segments AB et AC de la sécante sont dans le même sens, on prend sur la droite AR, dans le sens AB, une longueur AM égale à la somme des deux segments AB et AC; si les segments AB' et AC' sont de sens contraires, on prend sur la sécante AR, dans le sens du plus grand segment, une longueur AM' égale à la différence des segments AB' et AC'; trouver le lieu décrit par le point M ou par le point M' quand la sécante AR tourne autour du point A. — Même problème lorsqu'on donne un nombre quelconque de cercles se coupant au point A.

40. Soit un triangle isocèle ABC; lieu d'un point situé dans l'angle A opposé à la base BC du triangle, et tel que sa distance à la base BC

soit moyenne proportionnelle entre ses distances aux deux autres côtés du triangle.

41. On donne deux droites AA′ et BB′ perpendiculaires à la droite AB, et sur AB, entre les points A et B, un point fixe P (*fig.* 209). On prend sur AA′ un point quelconque C, et sur BB′ un point D tel que le produit AC × BD soit égal au produit PA × PB : lieu de la projection du point P sur la droite CD quand le point C parcourt la droite AA′. — Le lieu est indépendant de la position du point P sur AB.

42. On donne deux droites parallèles MN et PQ, et sur la première un point A (*fig.* 210). Par le point A on mène une sécante quelconque AB qui rencontre la droite PQ au point B; on mène la perpendiculaire BC à la sécante AB, et au point C, où elle rencontre la droite MN, on fait un angle ACD double de l'angle BAC; enfin on mène la perpendiculaire AI sur CD; lieu du point I. (Concours général.)

43. Par le point de contact A de deux circonférences données on mène, dans ces circonférences, deux cordes AB et AD qui soient dans un rapport donné, et des centres O et C on abaisse des perpendiculaires sur ces cordes : lieu du point de rencontre M de ces deux perpendiculaires. (Concours général.)

44. On donne une circonférence O et un point fixe A; on construit un rectangle ABDC qui a un sommet au point A, et deux sommets B et C sur la circonférence O : on demande le lieu du sommet D.

45. Soit ABCDEF un hexagone régulier (*fig.* 211); par le centre O de cet hexagone on mène une droite quelconque qui rencontre la diagonale AC en P et la diagonale AE en Q; on mène les droites BP et FQ : on demande le lieu décrit par le point de rencontre M de ces droites BP et FQ quand la droite PQ tourne autour du point O.

46. On donne deux cercles O et O′ et on mène deux cercles O″ et O‴ tangents entre eux, et tangents à la fois aux deux cercles donnés. On demande le lieu du point de contact des cercles O″ et O‴.

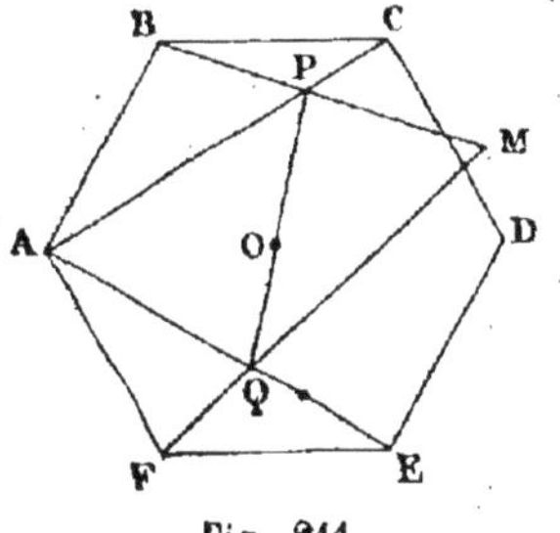
Fig. 209.

Fig. 210.

Fig. 211.

47. Soit ABC un triangle isocèle; par le sommet A du triangle on mène une droite quelconque AK, et sur cette droite on détermine le point M tel que la somme des distances BM et CM soit la plus petite possible. On demande la ligne décrite par le point M quand la droite AK tourne autour du point A.

48. Soit ABC (*fig.* 212) un triangle isocèle rectangle en A; on mène une droite DE perpendiculaire à l'hypoténuse BC, et l'on joint les sommets B et C aux points E et D où cette droite rencontre les côtés de l'angle droit. Les droites BE et CD ainsi construites se coupent au point M. On demande la ligne décrite par le point M quand la droite DE se déplace en restant perpendiculaire à BC.

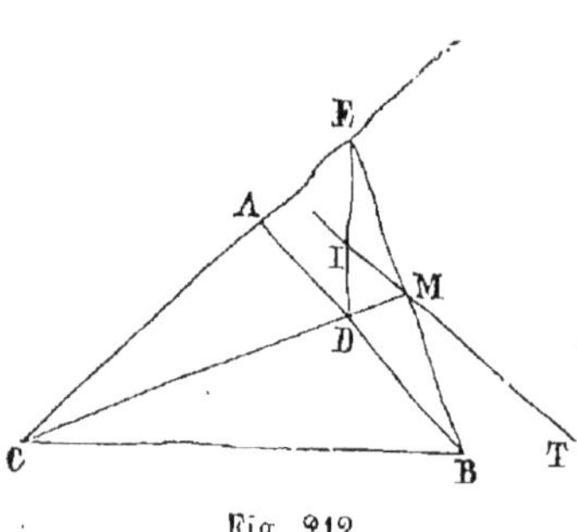

Fig. 212.

On mène la tangente MT au point M à la ligne décrite par le point M; cette tangente rencontre la droite DE en un point I. On demande le lieu du point I quand la droite DE se déplace.

49. On donne deux rectangles, et on demande le lieu des points tels que la somme des carrés des distances de chacun de ces points aux sommets du premier rectangle soit égale à la somme des carrés des distances du même point aux sommets du second.

50. Soit I le point de concours des hauteurs d'un triangle ABC; on prend les points, A', B', C', respectivement symétriques du point I par rapport aux droites, BC, CA, AB.

1° Démontrer que les deux triangles, ABC, A'B'C', sont inscrits dans un même cercle;

2° Évaluer les angles du triangle A'B'C' en supposant connus les angles du triangle ABC;

3° On désigne par M et N les points où la droite AB rencontre les droites B'C' et C'A', par P et Q les points où la droite BC rencontre les droites C'A' et A'B', enfin par R et S les points où la droite CA rencontre les droites A'B' et B'C' : démontrer que les trois droites, MQ, NR, PS, passent par un même point.

Dans chaque question on examinera le cas où les trois angles du triangle ABC sont aigus, et le cas où l'un de ces angles, A par exemple, est obtus.

51. On donne deux droites parallèles RR' et SS', et une droite perpendiculaire à ces parallèles qui rencontre RR' en A et SS' en B; sur AB, à partir du point A, on porte une longueur arbitraire AA', et sur

BS, à partir du point B, et du même côté par rapport à AB, on porte une longueur BB' telle que le produit des longueurs AA', BB' soit égal au carré de AB; on mène les droites AB' et BA' et on désigne par M leur point de rencontre; on mène par le point M une perpendiculaire à AB, et on désigne par P et par Q les points où elle rencontre les droites AB, A'B'. Enfin, on désigne par C le point de rencontre des droites, AB, A'B' :

1° Trouver le lieu décrit par le point M quand on fait varier la longueur AA';

2° Démontrer que le point M est le milieu de PQ;

3° Démontrer que la tangente au point M à la courbe que décrit ce point passe au point de concours C des droites, AB, A'B'.

52. Lieu du point de concours des tangentes menées à un cercle aux extrémités d'une corde qui tourne autour d'un point fixe.

53. Si un point se meut sur une droite, la corde des points de contact des tangentes menées de ce point à un cercle passe par un point fixe.

54. On donne une droite LL' et un cercle; d'un point M pris sur LL', on mène au cercle deux tangentes MP, MQ, et on forme le triangle MPQ. On fait mouvoir le point M sur la droite LL' et on demande :

1° Le lieu du centre du cercle inscrit dans le triangle MPQ;

2° Le lieu du centre du cercle circonscrit au triangle MPQ;

3° Le lieu du point de concours des hauteurs du triangle MPQ.

On remarquera *a priori* que tout point commun à deux de ces trois lieux appartient nécessairement au troisième, et on vérifiera ce fait directement.

55. On donne un cercle O, et sur ce cercle deux points, A, A'. On considère tous les couples de deux cercles, C, C', tangents entre eux et tangents au cercle O, le premier en A, le second en A', et on demande le lieu des points de contact des cercles C et C' d'un même couple, et le lieu du point de concours des tangentes extérieures communes aux deux cercles d'un même couple.

Prenant ensuite un point sur un de ces lieux, on déterminera, d'après la position de ce point sur le lieu, le mode de contact des cercles C et C' correspondants, et le mode de contact de chacun d'eux avec le cercle O.

56. Sur le côté BC d'un triangle ABC ou sur son prolongement, on prend un point arbitraire D; on fait passer deux circonférences, l'une par les points A, B et D, l'autre par les points A, C et D; soient O et O' les centres de ces deux circonférences; on propose :

1° De démontrer que le rapport des rayons de ces deux circonférences est indépendant de la position du point D sur le côté BC;

2° De déterminer la position que doit occuper le point D pour que les deux rayons aient la plus petite longueur possible;

3° De démontrer que le triangle AOO′ est semblable au triangle ABC;

4° De trouver le lieu décrit par le point M qui partage la droite OO′ dans le rapport de deux longueurs données m et n; on examinera le cas particulier où le point M est le pied de la perpendiculaire abaissée du point A sur OO′. (Concours général, Seconde, 1880.)

57. On donne un carré ABCD inscrit dans un cercle et un point I dans le plan de ce cercle; on mène les droites qui joignent ce point aux quatre sommets du carré; soient A′, B′, C′, D′ les seconds points de rencontre de ces droites avec le cercle; démontrer que l'on a, entre les côtés du quadrilatère A′B′C′D′, la relation

$$A'B' \times C'D' = B'C' \times A'D';$$

réciproquement, si l'on donne quatre points A′, B′, C′, D′ situés sur un cercle et tels que l'on ait la relation précédente, trouver dans le plan du cercle un point I tel que, si l'on mène les droites qui le joignent aux points A′, B′, C′, D′, les points A, B, C, D où ces droites rencontrent une seconde fois le cercle soient les sommets d'un carré. (Concours général, Philosophie, 1881.)

58. On donne sur une circonférence deux points fixes A et B que l'on joint à un point M quelconque de la circonférence, et du centre O on mène sur la corde MB une perpendiculaire OK qui, par sa rencontre avec la seconde corde MA, forme le triangle MKP; on propose de déterminer les lieux géométriques que décrivent le point de rencontre des médianes, le point de rencontre des bissectrices, le point de concours des hauteurs du triangle MKP, le centre du cercle circonscrit au triangle MKP, lorsque le point M se déplace sur la circonférence O. (Concours général, Troisième, 1885.)

59. On donne un cercle O et un point G intérieur à ce cercle :

1° Démontrer qu'il existe une infinité de triangles ABC inscrits dans le cercle et tels que les médianes de chacun d'eux se coupent au point G;

2° Trouver le lieu géométrique des milieux des côtés du triangle ABC;

3° Examiner si, pour toutes les positions du point G, on peut prendre un point quelconque de la circonférence du cercle O comme sommet d'un des triangles ABC; quand il en est autrement, déterminer l'arc du cercle O sur lequel sont alors situés les sommets du triangle ABC;

4° Démontrer que la somme des carrés des côtés du triangle ABC a une valeur constante. (Concours général, Philosophie, 1885.)

60. On donne trois points A, B, C en ligne droite, le point C sur le prolongement de AB; par les points A et B on fait passer une circonférence quelconque à laquelle on mène du point C deux tangentes qui la touchent aux points M et N; on demande le lieu du milieu de la corde MN quand on fait varier le rayon du cercle qui passe par les points A et B. (Concours général, Philosophie, 1887.)

61. Soit un quadrilatère ABCD rectangle au point B et dont les trois points A, B, C sont invariables; le quatrième sommet D est assujetti à la seule condition que l'angle BDC soit toujours égal à un angle donné de grandeur α; pour chacune des positions que peut occuper le point D dans le plan du quadrilatère on divise le côté correspondant AD dans un rapport déterminé $\frac{3}{7}$, par exemple, c'est-à-dire de telle sorte que l'on ait $\frac{AM}{MD} = \frac{3}{7}$, et sur AM on construit un triangle équilatéral; on propose de trouver le lieu du centre du cercle circonscrit à chacun des triangles équilatéraux ainsi obtenus et de le construire. (Concours général, Troisième, 1887.)

62. On considère le quadrilatère inscriptible convexe ABCM; les sommets A, B, C sont fixes, le sommet M est mobile :

1° Trouver le lieu géométrique du point de rencontre P des droites qui joignent les milieux des côtés opposés;

2° Déterminer les positions limites du point P, et calculer la longueur du chemin parcouru par ce point pour passer de l'une de ses positions à l'autre : on désignera par a, b, c les longueurs des côtés du triangle ABC et par α, β, γ ses angles; toutes ces quantités sont connues. (Concours général, Troisième, 1890.)

63. 1° Étant donné un triangle ABC, construire un point M tel que ses distances aux côtés soient proportionnelles aux nombres donnés α, β, γ; nombre des solutions; examen du cas où les nombres α, β, γ sont égaux entre eux, et du cas où ces nombres sont inversement proportionnels aux longueurs des côtés correspondants; 2° Si l'on suppose connus les points tels que M qui correspondent à un même triangle, construire les sommets de ce triangle; 3° Étant donné arbitrairement un point M dans le plan du triangle connu ABC, construire tous les points dont les distances aux côtés du triangle ABC sont proportionnelles aux distances du point donné M à ces mêmes côtés; discuter le nombre des solutions; 4° Étant donnés les longueurs a, b, c des côtés du triangle ABC et les nombres α, β, γ, établir la formule générale qui donne la distance au côté BC de l'un quelconque des points M qui satisfait au numéro 1. (Concours général, Troisième, 1891.)

64. On donne un triangle ABC; sur le côté BC on porte, de part et d'autre du point B, des longueurs BB′ et BB″ égales à une longueur donnée β, et de part et d'autre du point C, des longueurs CC′ et CC″ égales à une longueur donnée γ; en menant par B′ et B″ des parallèles au côté AB, par C′ et C″ des parallèles au côté AC, on forme un parallélogramme MNPQ; de même, en menant par B′ et B″ des parallèles au côté AC, et par C′ et C″ des parallèles au côté AB, on forme un deuxième parallélogramme M′N′P′Q′ :

1° Trouver les lieux géométriques des sommets du parallélogramme MNPQ, lorsque β et γ varient de manière que le rapport $\dfrac{\beta}{\gamma}$ reste égal à un nombre donné m;

2° Trouver, dans la même hypothèse, les lieux géométriques des sommets du parallélogramme M′N′P′Q′;

3° Pour quelle valeur de m le parallélogramme MNPQ est-il un losange? Résoudre la même question pour le parallélogramme M′N′P′Q′. (Concours général, Troisième, 1894.)

65. On donne deux circonférences qui se coupent aux points A et B; par le point B on mène une sécante quelconque qui rencontre, l'une des circonférences en C, l'autre en D; on joint ces points au point A et on détermine le centre M du cercle inscrit et les centres M_1, M_2, M_3 des cercles exinscrits au triangle CAD :

1° Lieu géométrique du centre M;

2° Lieu géométrique des centres M_1, M_2, M_3;

3° Lieu géométrique du point de rencontre des médianes du triangle CAD;

4° On suppose que l'on place la sécante mobile dans la position KBH pour laquelle l'aire du triangle est maximum; trouver cette position, et trouver le lieu géométrique du point d'intersection des droites CK et DH. (Concours général, Troisième moderne, 1894.)

66. Étant donnés un cercle C et une droite D dans son plan, trouver deux points A et B symétriques par rapport à la droite D, et tels que le rapport de leurs distances à un point M quelconque de la circonférence du cercle C soit indépendant de la position du point M sur cette circonférence; quelle doit être la distance de la droite D au centre du cercle C pour que le rapport $\dfrac{MA}{MB}$ ait une valeur donnée a. (Concours général, Troisième moderne, 1896.)

67. On donne un cercle C de centre O et de rayon R et un point M; par les deux points O et M on fait passer un cercle C′; la corde commune aux cercles C et C′ coupe OM en un point M′; 1° Démontrer que le point M′ est déterminé, quel que soit le cercle variable C′; 2° Trouver le lieu de M′ quand le point M se meut sur une droite donnée, ou sur un cercle donné. (Concours général, Troisième moderne, 1897.)

68. On donne deux cercles O, O' et deux points fixes A et B; montrer qu'il existe, en général, une infinité de cercles tels que la corde commune à l'un de ces cercles et au cercle O passe par le point A et que la corde commune au même cercle et au cercle O passe par B; trouver le lieu de leurs centres. (Concours général, Troisième moderne, 1895.)

69. Par le point de concours D des tangentes BD, CD au cercle circonscrit au triangle ABC, on mène la droite EDF parallèle à la tangente en A et qui rencontre en E le côté AC, en F le côté AB; prouver que D est le milieu du segment EF, et, en second lieu, que, G étant le milieu du côté BC, H le milieu de l'arc BC, la droite AH est la bissectrice de l'angle GAD. (École normale de Fontenay-aux-Roses, 1894.)

70. On considère un cercle de centre fixe C et de rayon variable R; trouve ler lieu des points communs aux cercles ayant pour centres deux points fixes A et B et coupant à angle droit le premier cercle, quand son rayon R varie. — On dit que deux cercles se coupent à angle droit quand leurs tangentes en un point commun sont perpendiculaires. (Fontenay-aux-Roses, 1898.)

71. Soit un triangle OAB, rectangle en B, dont les côtés OA et OB ont pour valeurs, $OA = a$, $OB = b$; on prolonge indéfiniment OB suivant BX et OX' et on mène au point A la perpendiculaire YAY' au côté OA; puis on porte sur XOX', à partir de O, deux segments de même sens, OM et ON ($OM > ON$); on construit le symétrique P de N par rapport à YAY', et on trace MP. On suppose que les deux points M et N se déplacent sur XOX' de manière que les segments OM et ON restent de même sens et satisfassent à la relation : $OM \times ON = \overline{OA}^2$.

1° Les triangles OAM, OAN sont semblables;

2° Les bissectrices de l'angle MAN et de son supplémentaire adjacent sont des droites fixes;

3° Démontrer que l'angle PAM est égal à l'angle AOM, et que les triangles PAM et AOM sont semblables; en déduire que PM reste tangente à un cercle fixe ayant A pour centre;

4° A chaque point M on peut faire correspondre un point M' tel que MP et M'P' soient parallèles; dans ce cas, si on désigne par x et x' les valeurs algébriques de OM et OM', le sens positif étant le sens de OB, établir la relation :

$$xx' - b(x + x') + a^2 = 0;$$

démontrer en outre que tous les segments tels que MM' sont vus sous un angle droit de deux points fixes du plan AOB, et de tous les points d'une circonférence fixe de l'espace. (Concours général, Rhétorique, 1900.)

LIVRE IV

MESURE DES AIRES — LONGUEUR D'UNE CIRCONFÉRENCE

§ I, Aire d'un polygone. — § II. Relations entre le carré construit sur le côté d'un triangle opposé à un angle droit, aigu, ou obtus, et les carrés construits sur les deux autres côtés. — § III. Rapport des aires de deux polygones semblables. — § IV. Problèmes de construction relatifs aux aires. — § V. Mesure de la circonférence. — § VI. Aire du cercle.

§ I. — AIRE D'UN POLYGONE.

256. DÉFINITIONS. On appelle *aire* ou *superficie*, l'étendue d'une portion limitée de surface.

On prend pour unité d'aire le carré construit sur l'unité de longueur. L'unité principale de longueur étant le *mètre*, l'unité principale de surface est le *mètre carré*.

On emploie aussi comme unités de longueur les multiples du mètre, *décamètre, hectomètre, kilomètre, myriamètre*, et les sous-multiples *décimètre, centimètre, millimètre;* à ces différentes unités de longueur correspondent pour unités d'aire le *décamètre carré*, l'*hectomètre carré*, le *kilomètre carré*, le *myriamètre carré*, et le *décimètre carré*, le *centimètre carré*, le *millimètre carré*.

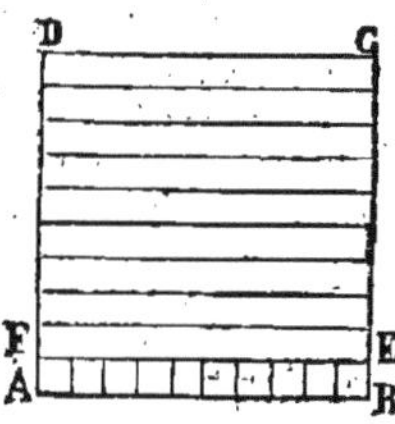

Fig. 213.

257. Le mètre carré contient 100 décimètres carrés. En effet, soit ABCD (*fig.* 213) un carré dont chaque côté est égal à 1 mètre, ou à 10 décimètres; partageons le côté AD en 10 décimètres, et par les points de division menons des perpendiculaires à AD. Le carré est ainsi décomposé en 10 rectangles égaux au rectangle ABEF. Partageons de même le côté AB en 10 décimètres, et me-

nons par les points de division des perpendiculaires à AB ; le rectangle ABEF est ainsi décomposé en 10 carrés ayant chacun 1 décimètre de côté, et contient par conséquent 10 décimètres carrés. Donc le carré ABCD contient 10 rectangles valant chacun 10 décimètres carrés, et par conséquent contient 10×10, ou 100 décimètres carrés. De même, le décamètre carré vaut 100 mètres carrés, l'hectomètre carré vaut 100 décamètres carrés, etc.

258. Voici le tableau des différentes unités de surfaces évaluées en mètres carrés :

Myriamètre carré.	100 000 000^{mq}
Kilomètre carré.	1 000 000
Hectomètre carré.	10 000
Décamètre carré	100
Mètre carré.	1
Décimètre carré.	0,01
Centimètre carré.	0,00 01
Millimètre carré	0,00 00 01

259. Le mot surface appliqué à une figure plane rappelle à la fois la forme et l'étendue de cette figure, tandis que par le mot *aire* on désigne seulement son étendue. Quand deux surfaces sont superposables, on dit qu'elles sont *égales;* quand deux surfaces ont même étendue, ou même aire, on dit qu'elles sont *équivalentes*. Deux surfaces qui sont égales sont toujours équivalentes, mais deux surfaces équivalentes peuvent ne pas être égales; ainsi, les surfaces d'un triangle et d'un carré ne sont jamais égales, mais elles peuvent être équivalentes.

260. On appelle *base* d'un parallélogramme la longueur d'un de ses côtés choisi arbitrairement, et on appelle *hauteur* du parallélogramme la longueur de la perpendiculaire commune au côté pris pour base et au côté opposé.

Dans un rectangle, la base et la hauteur sont deux côtés consécutifs du rectangle, on les nomme les *dimensions* du rectangle.

Dans un triangle, la *base* est la longueur de l'un des côtés choisi arbitrairement, la *hauteur* correspondante est la distance à ce côté du sommet qui lui est opposé.

Théorème.

261. *Le rapport des aires de deux rectangles qui ont même base est égal au rapport de leurs hauteurs.*

Remarquons d'abord que deux rectangles qui ont même base et même hauteur sont égaux; cela est évident, car les deux rectangles sont superposables. Cela posé, soient ABCD, ABEF, deux rectangles ayant même base AB, et pour hauteur l'un AD, l'autre AF (*fig.* 214).

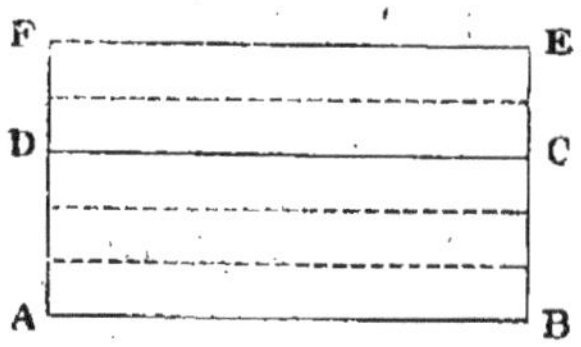

Fig. 214.

Supposons d'abord que les hauteurs AD et AF aient une commune mesure, et que cette commune mesure soit, par exemple, contenue 3 fois dans AD et 5 fois dans AF : le rapport de AD à AF est $\dfrac{3}{5}$. Si, par les points de division de AF nous menons des parallèles à AB, le rectangle ABCD se trouve partagé en 3 rectangles égaux, et le rectangle ABEF en 5 rectangles égaux aux précédents. Donc, le rapport des aires des deux rectangles est, comme le rapport de leurs hauteurs, égal à $\dfrac{3}{5}$.

Le théorème étant vrai, quelque petite que soit la commune mesure entre les hauteurs des rectangles, est encore vrai quand ces hauteurs sont incommensurables.

262. REMARQUE. Comme on peut échanger la base et la hauteur d'un rectangle, on peut dire que le *rapport des aires de deux rectangles qui ont même hauteur est égal au rapport de leurs bases.*

Théorème.

263. *Le rapport des aires de deux rectangles quelconques est égal au produit du rapport des bases par le rapport des hauteurs.*

Soient ABCD et A'B'C'D' (*fig.* 215), deux rectangles ; désignons par R et R' les aires de ces rectangles, par b et h la base et la hauteur du premier, par b' et h' la base et la hauteur du second. Comparons-les à un troisième rectangle $A_1B_1C_1D_1$ ayant même base b' que le second, et même hauteur h que le premier, et désignons par R_1 l'aire de ce troisième rectangle.

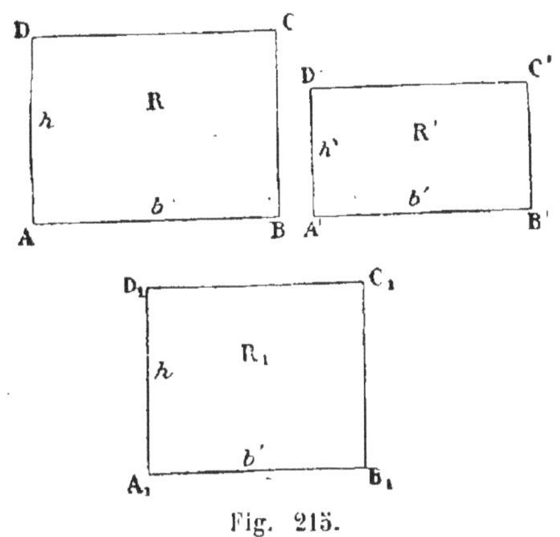

Fig. 215.

Les aires des rectangles, ABCD, $A_1B_1C_1D_1$, qui ont même hauteur h sont proportionnelles aux bases b et b', et on a

$$\frac{R}{R_1} = \frac{b}{b'}.$$

Les aires des rectangles R' et R_1 qui ont même base b' sont proportionnelles aux hauteurs h' et h, et on a

$$\frac{R'}{R_1} = \frac{h'}{h}.$$

On en conclut (19)

$$\frac{R}{R'} = \frac{b}{b'} : \frac{h'}{h} = \frac{b}{b'} \times \frac{h}{h'}$$

ce qu'il fallait démontrer.

Théorème.

264. *L'aire d'un rectangle a pour mesure le produit des nombres qui mesurent sa base et sa hauteur.*

Nous avons dit que l'on prend pour unité d'aire le carré construit sur l'unité de longueur. Supposons que le rectangle

A′B′C′D′ du théorème précédent soit ce carré (*fig.* 216); on a :

$$\frac{R}{R'} = \frac{b}{b'} \times \frac{h}{h'}.$$

Or, le rapport $\frac{R}{R'}$ est alors la *mesure* de l'aire du rectangle ABCD; les dimensions b' et h' du carré A′B′C′D′ étant respectivement égales à l'unité de longueur, les rapports $\frac{b}{b'}$ et $\frac{h}{h'}$ sont les nombres qui mesurent la base et la hauteur du rectangle ABCD. Donc le théorème est démontré.

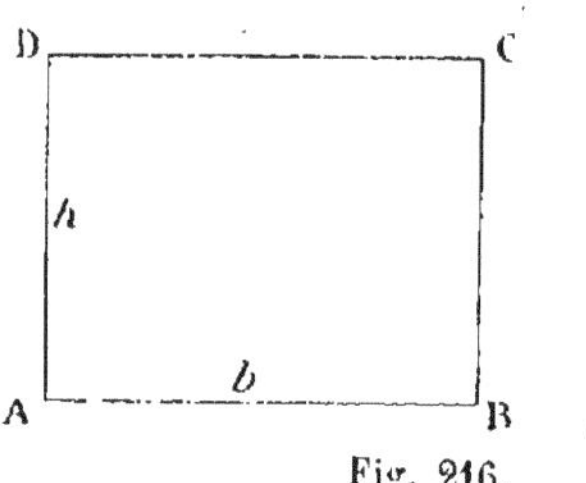
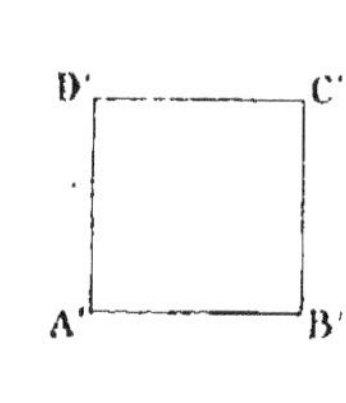

Fig. 216.

265. Si l'on désigne par R le nombre qui représente l'aire du rectangle, par b et par h les nombres qui représentent les longueurs de sa base et de sa hauteur, on a :

$$R = bh.$$

Pour abréger le discours, on dit, d'une façon incorrecte, mais rapide : *l'aire d'un rectangle est égale au produit de la base par la hauteur.*

Il est sous-entendu que la base et la hauteur sont mesurées avec la même unité de longueur, et que l'on prend pour unité d'aire le carré construit sur cette unité de longueur.

266. Corollaire. Un *carré* étant un rectangle dont les côtés sont égaux, l'aire d'un carré a pour mesure le carré du nombre qui est la mesure de son côté.

Nous retrouvons ainsi que l'aire d'un carré qui a 10 mètres de côté est 100 mètres carrés.

Théorème.

267. *L'aire d'un parallélogramme est égale au produit de sa base par sa hauteur.*

Soit le parallélogramme ABCD (*fig.* 217); menons les perpendiculaires AF et BE au côté CD pris pour base du parallélogramme.

Les triangles AFD et BEC ainsi formés sont égaux; en effet ils sont rectangles, l'un en F, l'autre en E; les hypoténuses AD et BC sont égales comme côtés opposés d'un même parallélogramme; enfin les côtés des angles droits, AF, BE, sont égaux pour la même raison.

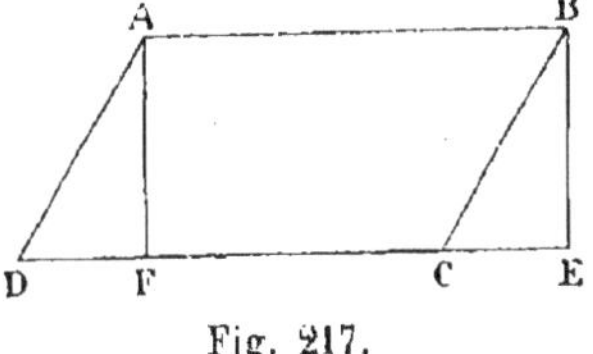

Fig. 217.

Or, si du quadrilatère ABED on retranche le triangle BCE, on obtient le parallélogramme ABCD; si de la même surface on retranche le triangle ADF, on obtient le rectangle ABEF; donc le parallélogramme ABCD et le rectangle ABEF sont équivalents. L'aire du rectangle étant égale à $AB \times AF$ ou à $CD \times AF$, l'aire du parallélogramme ABCD est aussi égale à $CD \times AF$, c'est-à-dire au produit de sa base par sa hauteur.

268. Corollaire I. *Deux parallélogrammes qui ont même base et même hauteur sont équivalents.*

269. Corollaire II. *Deux parallélogrammes qui ont même base sont entre eux comme leurs hauteurs.*

Théorème.

270. *L'aire d'un triangle est égale à la moitié du produit de sa base par sa hauteur.*

Soit le triangle ABC (*fig.* 218); menons par le point C la parallèle CD à AB, et par le point B la parallèle BD à AC. Nous formons ainsi un parallélogramme ABDC qui a même base AB et même hauteur CI que le triangle.

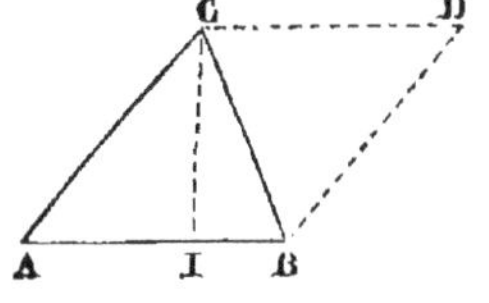

Fig. 218.

Or, les triangles ABC et BCD, qui ont les trois côtés égaux chacun à chacun, étant égaux, le triangle ABC est la moitié du parallélogramme ABDC. L'aire du parallélogramme est égale à $AB \times CI$; donc l'aire du triangle ABC est égale à $\frac{1}{2} AB \times CI$, c'est-à-dire à la moitié du produit de sa base par sa hauteur.

271. CorOLLAIRE I. *Deux triangles qui ont même base et même hauteur sont équivalents.*

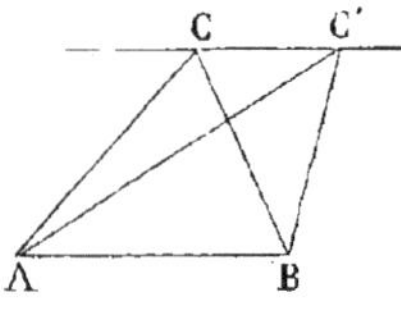

Fig. 219.

Il suit de là que : si, *laissant fixes deux sommets* A *et* B *d'un triangle, on déplace le troisième sommet* C *sur une droite* CC′ *parallèle à la base* AB (*fig.* 219), *on ne change pas l'aire du triangle.*

272. CorOLLAIRE II. *Deux triangles qui ont même base sont entre eux comme leurs hauteurs. — Deux triangles qui ont même hauteur sont entre eux comme leurs bases.*

Théorème.

273. *L'aire d'un trapèze est égale au produit de la demi-somme des bases par la hauteur.*

Soit le trapèze ABCD (*fig.* 220), dont les bases sont les côtés parallèles AB et CD ; la hauteur est la distance DI des deux bases.

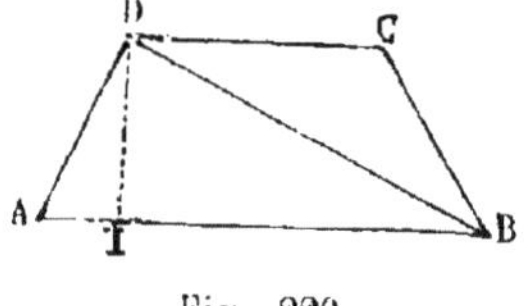

Fig. 220.

Décomposons le trapèze en deux triangles en menant la diagonale BD ; l'aire du trapèze est la somme des aires de ces deux triangles. L'aire du triangle ABD est $\frac{1}{2}$ AB $\times$ DI, et l'aire du triangle DBC est $\frac{1}{2}$ DC $\times$ DI ; donc l'aire du trapèze est

$$\tfrac{1}{2}\,\text{AB} \times \text{DI} + \tfrac{1}{2}\,\text{DC} \times \text{DI}$$

ou

$$\tfrac{1}{2}\,(\text{AB} + \text{DC}) \times \text{DI}$$

c'est-à-dire le produit de la demi-somme des bases par la hauteur.

274. Remarque. *La demi-somme des bases d'un trapèze est égale à la portion de droite qui joint les milieux des côtés non parallèles.*

En effet (*fig.* 221), par le milieu E de AD menons la paral-

lèle EF à AB; cette droite passe par le milieu G de BD, et, par
suite, par le milieu F de BC; EG est
la moitié de AB, car les triangles DEG,
DAB sont semblables, et le rapport de
EG à AB est égal au rapport de DE à
DA, lequel est par hypothèse égal à $\frac{1}{2}$;
de même GF est la moitié de DC. Donc

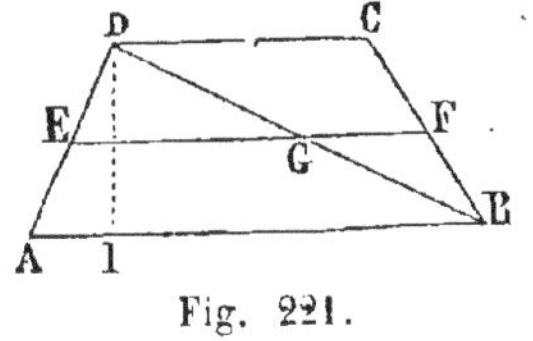
Fig. 221.

EF est la moitié de la somme AB + DC des bases du trapèze.

Problème.

275. *Mesurer la surface d'un polygone.*

Pour mesurer la surface d'un polygone ABCDE (*fig*. 222), on
le décompose en triangles; on évalue les aires de ces triangles, et
on en fait la somme. Cette somme est l'aire du polygone.

Pour effectuer la
décomposition d'un
polygone en trian-
gles, on peut mener
des diagonales d'un
sommet A du poly-
gone à tous les au-
tres, et on obtient
ainsi autant de trian-

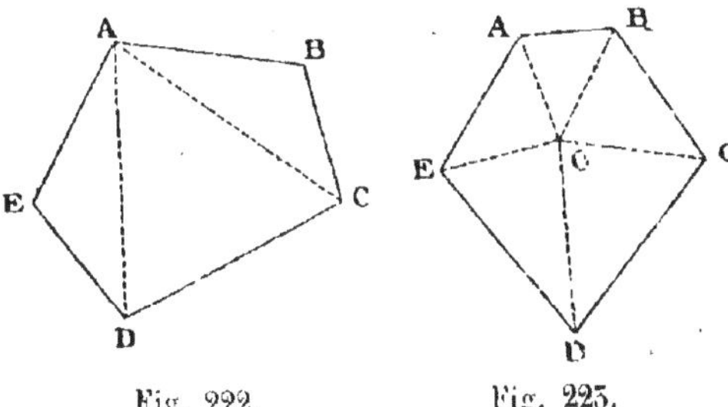
Fig. 222.   Fig. 223.

gles que le polygone a de côtés moins deux; ou bien encore,
on prend un point O dans l'intérieur du polygone, et on joint
ce point à tous les sommets du poly-
gone(*fig*. 223); on a ainsi autant de
triangles que le polygone a de côtés.

Lorsqu'il s'agit d'évaluer la surface
d'un polygone tracé sur le terrain, il
est plus avantageux d'opérer autrement. On mène la plus grande diagonale AD du polygone (*fig*. 224), et de

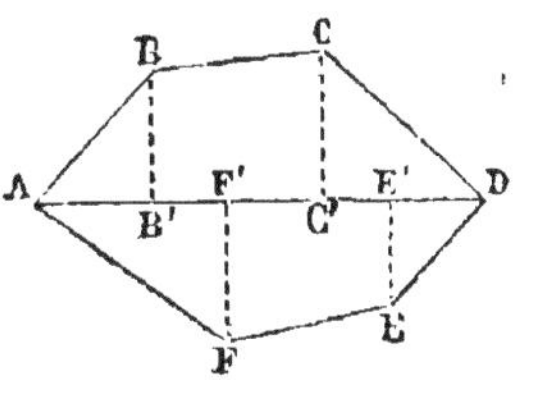
Fig. 224.

tous les sommets du polygone on abaisse des perpendiculaires sur
la diagonale AD; on décompose ainsi le polygone en triangles
rectangles et en trapèzes. Les hauteurs de ces triangles et de ces

trapèzes sont toutes dirigées suivant AD, et les bases sont les perpendiculaires abaissées des sommets du polygone sur AD ; de sorte que, pour le calcul des aires partielles, il suffit de mesurer les longueurs de ces perpendiculaires et des segments qu'elles déterminent sur AD. L'aire du polygone est ainsi la somme

$$\frac{1}{2} BB' \times AB' + \frac{1}{2} (BB' + CC') \times B'C' + \frac{1}{2} CC' \times C'D$$

$$+ \frac{1}{2} FF' \times AF' + \frac{1}{2} (FF' + EE') \times F'E' + \frac{1}{2} EE' \times E'D.$$

Problème.

276. *Former un triangle équivalent à un polygone donné.*

Proposons-nous d'abord de transformer un polygone en un autre polygone équivalent et ayant un côté de moins.

Soit le polygone ABCDEF (*fig.* 225) ; considérons le triangle ABC formé par deux côtés consécutifs AB, BC et la diagonale AC.

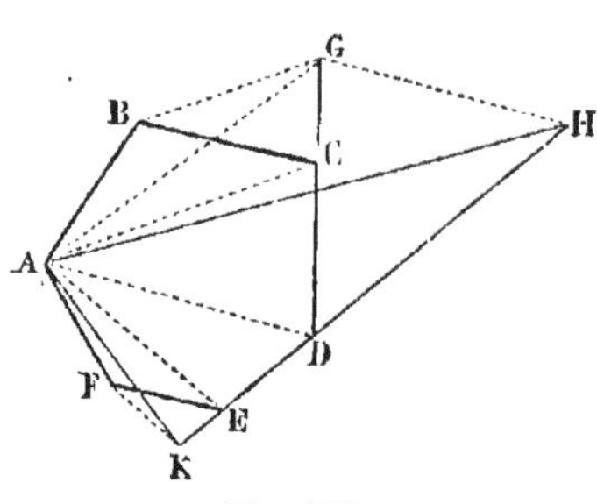

Fig. 225.

Si nous menons par le point B la parallèle BG à AC, cette ligne rencontre le côté CD du polygone en un point G, et le triangle AGC est équivalent au triangle ABC (271). Nous n'altérerons donc pas la surface du polygone proposé en remplaçant le triangle ABC par le triangle AGC ; d'ailleurs, comme le côté CG de ce triangle est sur le prolongement du côté CD du polygone proposé, nous aurons ainsi transformé le polygone proposé, ABCDEF, en un polygone AGDEF qui lui est équivalent, et qui a un côté de moins.

En opérant de même sur ce nouveau polygone, nous le transformerons en un autre polygone équivalent ayant encore un côté de moins ; et, en continuant ainsi de proche en proche, nous arriverons à un triangle AHK équivalent au polygone proposé.

277. APPLICATIONS NUMÉRIQUES. I. *Calculer, à moins d'un décimètre carré, l'aire d'un triangle équilatéral dont le côté est égal à $3^m,25$.*

Désignons par a le côté d'un triangle équilatéral ABC, et par S l'aire de ce triangle (*fig.* 226). On a

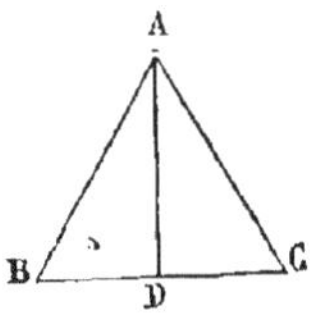

Fig. 226.

$$S = \frac{1}{2} BC \times AD ;$$

or,

$$AD = \sqrt{\overline{AB}^2 - \overline{BD}^2} = \sqrt{a^2 - \frac{a^2}{4}} = \frac{a\sqrt{3}}{2} .$$

Donc

$$S = \frac{a^2 \sqrt{3}}{4} .$$

En effectuant les calculs indiqués, on trouve pour la surface cherchée, à un décimètre carré près, $4^{mq},58$.

II. *Calculer l'aire du trapèze ABCD dans lequel l'angle A est droit, dont la base AB est égale à 12^m et dont les côtés non parallèles AD et BC sont égaux, le premier à 4^m, le second à 7^m (fig. 227).*

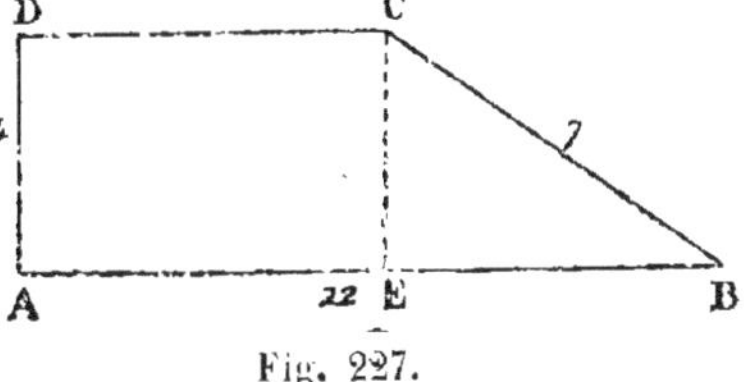

Fig. 227.

Le côté AD est la hauteur du trapèze; il reste à calculer la seconde base DC. A cet effet, abaissons du point C la perpendiculaire CE sur AB. On a :

$$DC = AE = AB - BE.$$

D'autre part, dans le triangle rectangle CEB, on a

$$\overline{BE}^2 = \overline{BC}^2 - \overline{CE}^2 .$$

Or,

$$BC = 7^m, \quad CE = AD = 4^m ;$$

donc

$$\overline{BE}^2 = 49 - 16 = 33$$

d'où

$$BE = \sqrt{33} = 5^{m},7445$$

et.

$$DC = 12^{m} - 5^{m},7445 = 6,2555.$$

La surface S est donnée par la formule

$$S = \frac{AB + DC}{2} \times AD = \frac{12 + 6,2555}{2} \times 4 = 36^{mq},5110$$

à un centimètre carré près.

§ II. — RELATIONS ENTRE LE CARRÉ CONSTRUIT SUR LE CÔTÉ D'UN TRIANGLE OPPOSÉ A UN ANGLE DROIT, AIGU, OU OBTUS, ET LES CARRÉS CONSTRUITS SUR LES DEUX AUTRES CÔTÉS.

278. Si l'on prend pour unité d'aire le carré construit sur l'unité de longueur employée, le carré du nombre qui mesure la longueur d'une portion de droite est l'aire du carré construit sur cette portion de droite, et le produit des nombres qui mesurent les longueurs de deux portions de droites est l'aire du rectangle construit sur ces deux portions des droites. Ceci permet de donner une interprétation nouvelle aux relations établies, n°s 226 et suivants, entre les nombres qui mesurent les côtés d'un triangle et certains segments de ces côtés.

Ainsi, par exemple, de ce que *le carré d'un côté de l'angle droit d'un triangle rectangle est égal au produit de l'hypoténuse par la projection de ce côté sur l'hypoténuse*, il résulte que *le carré construit sur un côté de l'angle droit d'un triangle rectangle est équivalent au rectangle construit sur l'hypoténuse entière et la projection de ce côté sur l'hypoténuse.* De même, de ce que *le carré d'un côté d'un triangle opposé à un angle aigu est égal à la somme des carrés des deux autres côtés du triangle moins deux fois le produit de l'un de ces côtés par la projection de l'autre sur lui*, il résulte que *le carré construit sur un côté d'un triangle, opposé à un angle aigu, est équivalent à la somme des carrés construits sur les deux autres côtés, moins deux fois le rectangle construit sur l'un de ces côtés et la projection de l'autre sur lui.*

Ces interprétations sont parfaitement légitimes, et les théorèmes nouveaux qu'on en déduit sont ainsi rigoureusement démontrés. Toutefois il est bon d'établir directement, ainsi que nous allons le faire, que les surfaces considérées sont équivalentes, sans avoir recours aux relations numériques établies précédemment.

Théorème.

279. *Dans un triangle rectangle :* 1° *le carré construit sur un côté de l'angle droit est équivalent au rectangle construit sur l'hypoténuse et la projection de ce côté sur l'hypoténuse;* 2° *le carré construit sur l'hypoténuse est équivalent à la somme des carrés construits sur les deux autres côtés;* 3° *le rapport des carrés construits sur les deux côtés de l'angle droit est égal au rapport des projections de ces côtés sur l'hypoténuse.*

Soit le triangle ABC rectangle en A (*fig. 228*); sur chaque côté du triangle, et en dehors du triangle, construisons un carré; du sommet de l'angle droit abaissons la perpendiculaire AD sur l'hypoténuse, et prolongeons cette ligne jusqu'au point M où elle rencontre le côté FE du carré construit sur l'hypoténuse.

1° Le carré ABGH, construit sur le côté AB de l'angle droit, équivaut au rectangle BDMF, construit sur la ligne BF égale à l'hypoténuse BC et sur la projection BD du côté AB sur l'hypoténuse. En effet, menons les

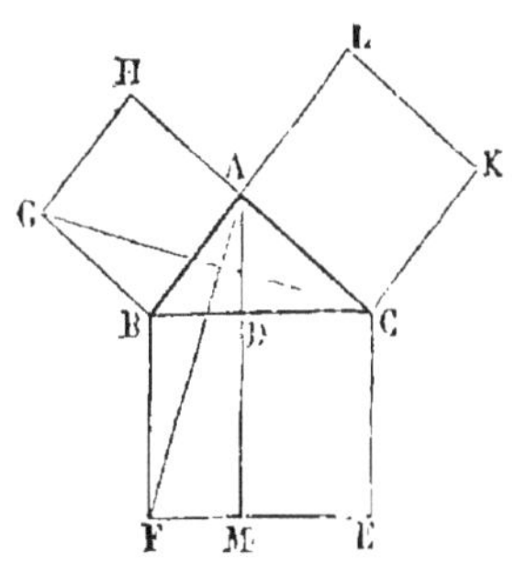

Fig. 228.

droites GC et AF; les triangles GBC et ABF sont égaux comme ayant un angle égal compris entre deux côtés égaux chacun à chacun, savoir : les angles GBC et ABF égaux comme étant tous deux la somme d'un angle droit et de l'angle ABC, les côtés BG et BA égaux comme côtés du même carré, les côtés BC et BF égaux pour la même raison. Or, le triangle GBC, qui a pour base BG et pour hauteur la distance des parallèles AC et BG, c'est-à-dire AB, équivaut à la moitié du carré ABGH; de même le triangle ABF, qui a pour base BF et pour hauteur la distance des parallèles AD et BF, c'est-à-dire BD, équivaut à la moitié du rectangle BDMF. Donc le carré ABGH est équivalent au rectangle BDMF.

On verrait de même que le carré ACKL est équivalent au rectangle CDME.

2° Le carré BCEF, construit sur l'hypoténuse, est équivalent à la somme des carrés ABGH et ACKL construits sur les deux côtés de l'angle droit. En effet, le carré BCEF est la somme des rectangles BDMF et CDME, et ces rectangles sont respectivement équivalents aux carrés construits sur AB, et sur AC.

5° Le rapport des carrés construits sur AB et sur AC est égal au rapport des projections BD et DC de ces côtés sur l'hypoténuse. En effet, ces carrés sont respectivement équivalents aux rectangles BDMF, CDME, et ces rectangles, ayant même hauteur BF, sont entre eux comme leurs bases, BD et DC (262).

Théorème.

280. *Dans un triangle, le carré construit sur un côté opposé à un angle aigu est équivalent à la somme des carrés construits sur les deux autres côtés, moins deux fois le rectangle construit sur l'un de ces côtés et la projection de l'autre sur lui.*

Soit, dans le triangle ABC (*fig.* 229), le côté BC opposé à un angle aigu A. Sur les trois côtés du triangle, et en dehors du triangle, construisons les carrés, BCDE, ACFG, ABHK; menons les trois hauteurs, AA′, BB′, CC′, du triangle, et prolongeons ces droites jusqu'aux points M, N, P, où elles rencontrent les côtés des carrés opposés aux côtés du triangle. L'angle A étant aigu, les deux angles B et C peuvent être aigus tous deux, ou l'un aigu et l'autre obtus.

Supposons d'abord les angles B et C aigus tous deux (*fig.* 229).

Alors, le point A′ tombe entre B et C, le point B′ entre A et C, et le point C′ entre A et B. Considérons les rectangles BA′ME et BC′PH construits : le premier sur le côté BC et la projection BA′ de BA sur BC, le second sur AB et la projection BC′ de BC sur AB ; ces deux rectangles sont équivalents. En effet, le premier, BA′ME, est double du triangle ABE, qui a même base et même hauteur ; le second, BC′PH, est double du triangle HBC qui a même base et même hauteur ; et les triangles ABE et HBC sont égaux comme ayant un angle égal

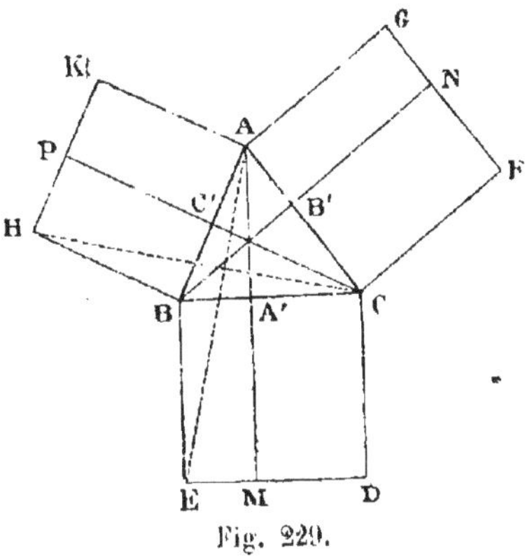

Fig. 229.

compris entre deux côtés égaux chacun à chacun. On verrait de même que les deux rectangles CA′MD et CB′NF sont équivalents, ainsi que les rectangles AB′NG et AC′PK. Or le carré construit sur BC est équivalent à la somme des rectangles BA′ME et CA′MD, ou des rectangles BC′PH et CB′NF respectivement équivalents aux précédents. Le rectangle BC′PH équivaut au carré construit sur AB, moins le rectangle AC′PK ; de même, le rectangle CB′NF équivaut au carré construit sur AC, moins le rectangle AB′NG ; les rectangles AC′PK et AB′NG sont d'ailleurs équivalents. Donc le carré construit sur le côté BC est équivalent à la somme des carrés construits sur les côtés AB et AC, moins deux fois l'un ou l'autre des deux rectangles AC′PK, AB′NG construits sur l'un de ces côtés et la projection de l'autre sur lui.

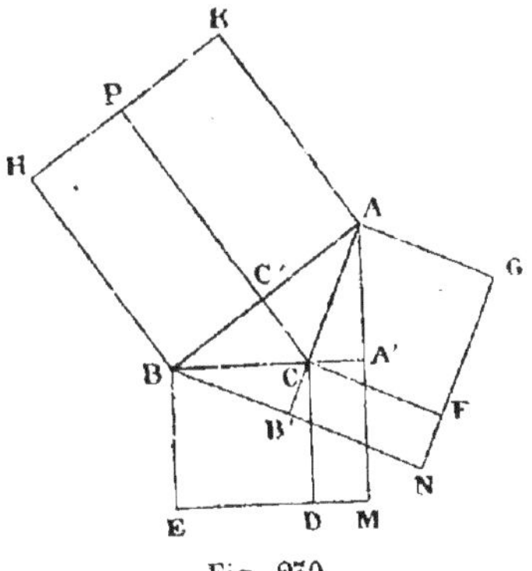

Supposons maintenant l'un des angles B ou C obtus, C par exemple (*fig.* 230). Alors le point A′ tombe sur le prolongement de BC, le point B′ tombe sur le prolongement de AC, et le

Fig. 230.

point C′ entre A et B. On a toujours le rectangle BA′ME équivalent au rectangle BC′PH, le rectangle CA′MD équivalent au rectangle CB′NF, et le rectangle AB′NG équivalent au rectangle AC′PK.

De la somme des carrés construits sur AB et sur AC retranchons deux fois le rectangle AC′PK, construit sur le côté AB et sur la projection AC′ du côté AC sur AB, ou, ce qui revient au même, retranchons le rectangle AC′PK et le rectangle équivalent AB′NG; la surface restante équivaut au rectangle BC′PH moins le rectangle CB′NF, ou, ce qui revient au même, au rectangle BA′ME moins le rectangle CA′MD, ou enfin au carré BCDE construit sur BC. Donc, dans ce cas encore, le carré construit sur BC, côté opposé à un angle aigu, équivaut à la somme des carrés construits sur les deux autres côtés, moins deux fois le rectangle construit sur l'un de ces côtés et la projection de l'autre sur lui.

Théorème.

281. *Dans un triangle, le carré construit sur un côté opposé à un angle obtus est équivalent à la somme des carrés construits sur les deux autres côtés, plus deux fois le rectangle construit sur l'un de ces côtés et la projection de l'autre sur lui.*

Soit (*fig. 231*) le côté BC opposé à un angle obtus A. Si nous effectuons les mêmes constructions que dans le numéro précé-

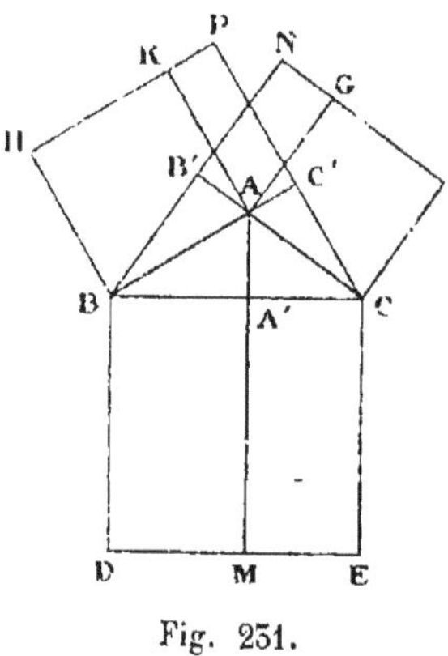

Fig. 231.

dent, le point A′ tombe entre B et C; mais les points B′ et C′ tombent, le premier sur le prolongement de CA, le second sur le prolongement de BA. D'ailleurs on a toujours le rectangle BA′MD équivalent au rectangle BC′PH, le rectangle CA′ME équivalent au rectangle CB′NF, et le rectangle AB′NG équivalent au rectangle AC′PK. Or le carré BCDE, construit sur BC, équivaut à la somme des rectangles BA′MD et CA′ME, ou des rectangles BC′PH et CB′NF, ou encore à la somme des carrés construits sur AB et sur AC augmentée de la somme des deux rectangles équivalents AC′PK et AB′NG. Donc le carré construit sur le côté BC, opposé à un angle obtus, est équivalent à la somme des carrés construits sur les deux autres côtés, plus deux fois l'un ou l'autre des deux rectangles équivalents, AC′PK et AB′NG, construits sur l'un des deux côtés AB ou AC et la projection de l'autre sur lui.

III. — RAPPORT DES AIRES DE DEUX POLYGONES SEMBLABLES.

Théorème.

282. *Le rapport des aires de deux triangles semblables est égal au rapport des carrés des côtés homologues.*

Soient deux triangles semblables, ABC, A′B′C′ (*fig.* 232), et soient AD et A′D′ les hauteurs qui correspondent aux côtés homologues BC et B′C′. L'aire du triangle ABC est $\frac{1}{2}$ BC $\times$ AD; l'aire du

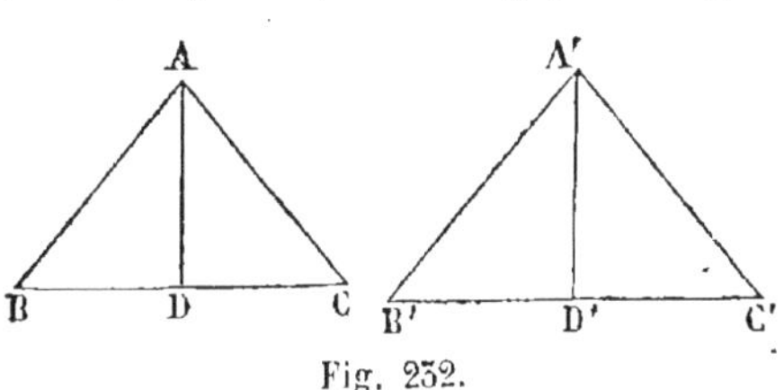

Fig. 232.

triangle A′B′C′ est $\frac{1}{2}$ B′C′ $\times$ A′D′; donc le rapport des aires des deux triangles est $\dfrac{BC \times AD}{B′C′ \times A′D′}$, ou le produit des rapports $\dfrac{BC}{B′C′}$ et $\dfrac{AD}{A′D′}$. Or, les triangles rectangles ADB et A′D′B′, qui ont un angle aigu égal B $=$ B′, sont semblables, et le rapport $\dfrac{AD}{A′D′}$ est égal à $\dfrac{AB}{A′B′}$, ou à $\dfrac{BC}{B′C′}$. Donc le rapport des aires des deux triangles est $\dfrac{BC}{B′C′} \times \dfrac{BC}{B′C′}$, ou $\dfrac{\overline{BC}^2}{\overline{B′C′}^2}$.

Théorème.

285. Le rapport des aires de deux polygones semblables est égal au rapport des carrés des côtés homologues.

Soient les deux polygones semblables ABCDEF et A′B′C′D′E′F′ (*fig.* 253). Décomposons ces deux polygones en un même nombre de triangles semblables, ABC et A′B′C′, ACD et A′C′D′,.... etc. Le rapport des aires des triangles ABC et A′B′C′ est $\dfrac{\overline{AB}^2}{\overline{A'B'}^2}$; le rapport des aires des triangles ACD et A′C′D′ est $\dfrac{\overline{CD}^2}{\overline{C'D'}^2}$, ou $\dfrac{\overline{AB}^2}{\overline{A'B'}^2}$, et ainsi de suite ;

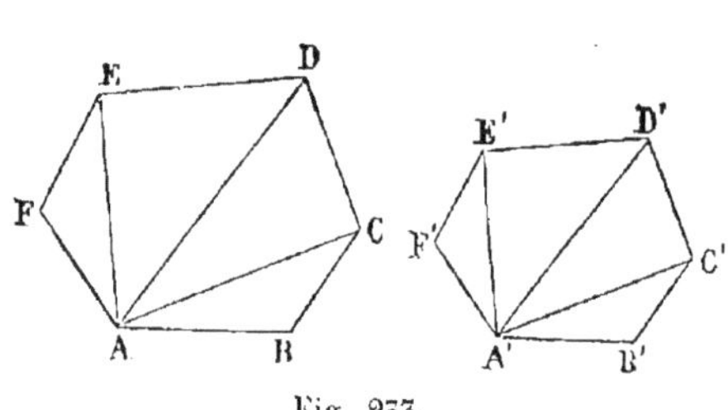

Fig. 253.

de sorte que le rapport des aires de deux triangles semblables, appartenant, l'un au premier polygone, l'autre au second, est $\dfrac{\overline{AB}^2}{\overline{A'B'}^2}$. Donc, le rapport $\dfrac{\overline{AB}^2}{\overline{A'B'}^2}$ est aussi égal au rapport de la somme des aires des triangles du premier polygone à la somme des aires des triangles du second polygone, c'est-à-dire au rapport des aires des deux polygones.

§ IV. — PROBLÈMES DE CONSTRUCTION RELATIFS AUX AIRES.

Problème.

284. Construire un carré équivalent à la somme ou à la différence de deux carrés donnés.

Soient a et b les côtés des deux carrés donnés, x le côté du carré demandé. Dans le premier cas, on a

$$x^2 = a^2 + b^2 ;$$

x est l'hypoténuse d'un triangle rectangle dont a et b sont les deux côtés de l'angle droit (*fig.* 254).

Dans le second cas, on a

$$x^2 = a^2 - b^2\,;$$

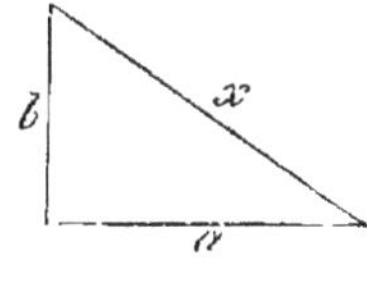

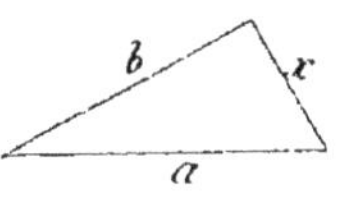

Fig. 254.   Fig. 255.

x est un côté de l'angle droit d'un triangle rectangle dont l'hypoténuse est a, et dont l'autre côté de l'angle droit est b (*fig.* 255).

Problème.

285. *Étant donnés deux polygones semblables, construire un troisième polygone semblable aux deux polygones donnés, et équivalent soit à leur somme, soit à leur différence.*

Ce problème se ramène facilement au problème précédent. Soient, en effet, A et B les aires des deux polygones donnés, a et b deux côtés homologues de ces polygones, X l'aire du polygone cherché, et x le côté de ce polygone qui est homologue aux côtés a et b des polygones donnés. Les trois polygones étant semblables, on a :

$$\frac{A}{a^2} = \frac{B}{b^2} = \frac{X}{x^2}$$

et par suite

$$\frac{X}{x^2} = \frac{A+B}{a^2+b^2} = \frac{A-B}{a^2-b^2}.$$

Dans le premier cas, X devant être égal à A + B, on a

$$x^2 = a^2 + b^2.$$

Dans le second cas, X devant être égal à A — B, on a

$$x^2 = a^2 - b^2.$$

D'ailleurs, connaissant le côté x du polygone cherché, homologue au côté a du polygone A, on construira le polygone demandé comme il a été expliqué au n° 223.

Problème.

286. *Construire un carré tel que le rapport de son aire à l'aire d'un carré donné soit égal au rapport de deux lignes données.*

Soient a le côté du carré donné, m et n les deux longueurs données, x le côté du carré cherché, on a, par hypothèse,

$$\frac{x^2}{a^2} = \frac{m}{n}.$$

Sur une droite indéfinie, prenons $AB = m$, $BC = n$ (*fig.* 236),

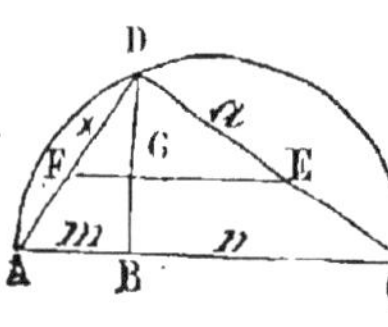

Fig. 236.

et, sur AC comme diamètre, décrivons une demi-circonférence. Au point B élevons la perpendiculaire BD à AC, et soit D le point où cette perpendiculaire rencontre la circonférence. Menons les droites DA et DC. Le triangle ADC étant rectangle en D, on a (228) :

$$\frac{\overline{DA}^2}{\overline{DC}^2} = \frac{AB}{BC} = \frac{m}{n}.$$

Prenons sur DC, à partir du point D, une longueur DE égale à a, et par le point E menons la parallèle EF à AB ; DF est le côté x du carré demandé. On a en effet

$$\frac{DF}{DE} = \frac{DA}{DC}$$

ou, en appelant x la longueur DF,

$$\frac{x}{a} = \frac{DA}{DC}$$

d'où enfin,

$$\frac{x^2}{a^2} = \frac{\overline{DA}^2}{\overline{DC}^2} = \frac{m}{n}.$$

287. Remarque. Si le rapport des aires des deux carrés est donné en nombre, par exemple si ce rapport doit être égal à $\frac{2}{5}$, on prend, sur une droite indéfinie, une longueur AB contenant

deux fois une unité arbitraire, et une longueur BC contenant cinq fois la même unité, puis on achève la construction comme précédemment.

Problème.

288. *Construire un rectangle équivalent à un carré donné et dont les deux côtés aient leur somme égale à une longueur donnée.*

Soient a le côté du carré donné, et b la somme des côtés du rectangle demandé.

Prenons, sur une droite indéfinie, une longueur AB égale à b; et sur AB comme diamètre décrivons une demi-circonférence (*fig.* 237). Au point A menons la perpendiculaire AC à AB, et prenons sur cette ligne AC $= a$. Par le point C menons la parallèle CR à AB et soit D l'un des points où cette droite rencontre la circonférence. Menons DE perpendiculaire à AB; AE et EB sont les côtés du rectangle demandé.

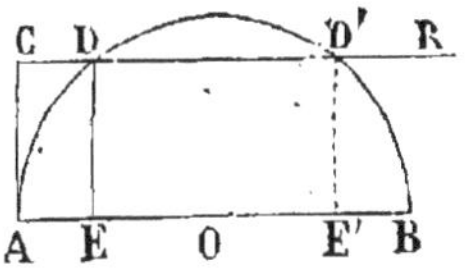

En effet, on a d'une part AE + EB $=$ AB $= b$; d'autre part le triangle ADB étant rectangle en D, on a (226) :

$$AE \times EB = \overline{DE}^2 = a^2 ;$$

et le rectangle construit sur AE et sur EB satisfait aux conditions demandées.

La droite CR rencontre la circonférence en un second point D′, et si l'on mène D′E′ perpendiculaire sur AB, les longueurs AE′ et E′B sont encore les côtés d'un rectangle satisfaisant à la question. Mais il est facile de voir que l'on a AE′ $=$ BE, et BE′ $=$ AE, et par suite que ce second rectangle est le même que le premier.

Pour que le problème soit possible, il faut et il suffit que la parallèle à la droite AB menée par le point C rencontre la circonférence décrite sur AB comme diamètre, c'est-à-dire que a soit inférieur ou égal à $\dfrac{b}{2}$. Si a est égal à $\dfrac{b}{2}$, le rectangle demandé est le carré donné. On en conclut que de tous les rectangles dont le périmètre est constant, et égal à $2b$, celui qui a la plus grande surface est un carré dont le côté est $\dfrac{b}{2}$.

Il est facile d'exprimer les longueurs des côtés AE et BE du rectangle demandé, au moyen des longueurs données a et b. On a en effet :

$$AE = OA - OE, \qquad BE = OA + OE.$$

Or,

$$OA = \frac{b}{2}; \quad OE = \sqrt{\overline{OD}^2 - \overline{DE}^2} = \sqrt{\frac{b^2}{4} - a^2};$$

donc

$$AE = \frac{b}{2} - \sqrt{\frac{b^2}{4} - a^2} \qquad BE = \frac{b}{2} + \sqrt{\frac{b^2}{4} - a^2}.$$

Problème.

289. *Construire un rectangle équivalent à un carré donné et dont les deux côtés aient leur différence égale à une longueur donnée.*

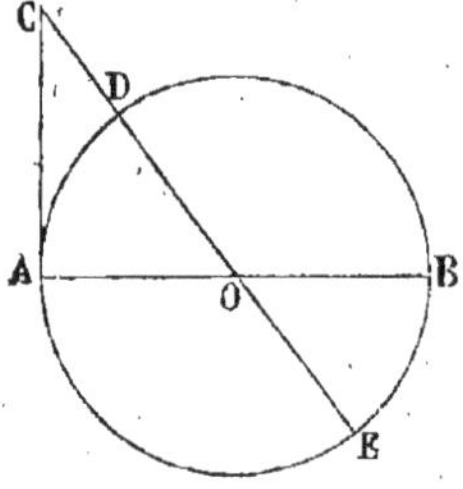
Fig. 238.

Soit a le côté du carré donné, et soit b la différence des côtés du rectangle demandé (*fig.* 238).

Soit $AB = b$; au point A menons la perpendiculaire AC à AB, et prenons $AC = a$. Sur AB comme diamètre décrivons une circonférence, et joignons le point C au centre O de cette circonférence. Soient D et E les points où la droite CO rencontre la circonférence; les longueurs CD et CE sont les deux côtés du rectangle demandé.

En effet, on a d'une part :

$$CE - CD = DE = AB = b;$$

et d'autre part, la droite AC étant tangente en A, on a :

$$CD \times CE = \overline{CA}^2 = a^2$$

et le rectangle construit sur CE et sur CD satisfait aux conditions demandées. — Le problème est toujours possible.

On peut encore ici exprimer les longueurs CD et CE des côtés du rectangle demandé, au moyen des longueurs données a et b. On a en effet :

$$CD = OC - OD, \quad \text{et} \quad CE = OC + OD.$$

Or,

$$OD = \frac{b}{2}, \quad OC = \sqrt{\overline{OA}^2 + \overline{AC}^2} = \sqrt{\frac{b^2}{4} + a^2};$$

donc

$$CD = \sqrt{\frac{b^2}{4} + a^2} - \frac{b}{2}, \quad CE = \sqrt{\frac{b^2}{4} + a^2} + \frac{b}{2}.$$

§ V. — MESURE DE LA CIRCONFÉRENCE.

290. DÉFINITION DE LA LONGUEUR DE LA CIRCONFÉRENCE. La circonférence étant une ligne courbe, on ne peut comparer cette ligne à une portion de droite prise pour unité de longueur; de là la nécessité de définir ce qu'il faut entendre par longueur d'une circonférence.

On appelle *longueur de la circonférence* d'un cercle la *limite* vers laquelle tend le périmètre d'un polygone régulier convexe inscrit ou circonscrit au cercle, quand on double indéfiniment le nombre des côtés de ce polygone.

Pour démontrer l'existence de cette limite, imaginons deux polygones réguliers convexes d'un même nombre de côtés, l'un inscrit, l'autre circonscrit à un même cercle. Ces polygones sont semblables, et le rapport de leurs périmètres est égal au rapport de leurs apothèmes (248). Soient AB et A′B′ les côtés des deux polygones (*fig.* 239); l'apothème du polygone inscrit est la perpendiculaire OI abaissée du centre sur le côté AB; l'apothème du polygone circonscrit est le rayon R du cercle donné. En désignant par P et P′ les périmètres des deux polygones, on a donc :

$$\frac{P'}{P} = \frac{R}{OI};$$

et, comme R est supérieur à OI, le périmètre P′ du polygone circonscrit est plus grand que le périmètre P du polygone inscrit.

Supposons maintenant qu'on remplace les deux polygones par des polygones réguliers d'un nombre double de côtés. On augmente ainsi le périmètre du polygone inscrit, car au côté AB on substitue la somme des côtés AC et CB, qui est évidemment plus grande ; mais on diminue le périmètre du polygone circonscrit, car à la partie CB′ + B′D du périmètre on substitue la somme moindre CG + GH + HD. Si l'on double ainsi indéfiniment le nombre des

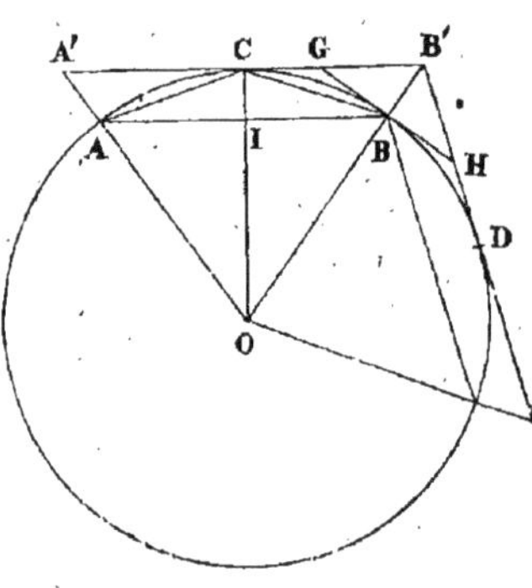

Fig. 239.

côtés des polygones réguliers inscrits et des polygones circonscrits, les périmètres des polygones inscrits vont toujours en augmentant, mais chacun reste moindre que le périmètre du polygone circonscrit du même nombre de côtés, et, à plus forte raison moindre que le périmètre P′ du premier polygone circonscrit ; donc ces périmètres tendent vers une *certaine limite*. D'autre part, les périmètres des polygones circonscrits vont toujours en diminuant ; chacun d'eux reste supérieur au périmètre du polygone inscrit du même nombre de côtés, et, à plus forte raison, supérieur au périmètre P du premier polygone inscrit ; donc ces périmètres tendent aussi vers une *certaine limite*. Enfin il est facile de montrer que ces deux limites sont égales. En effet, de l'égalité

$$\frac{P'}{P} = \frac{R}{OI}$$

on déduit

$$\frac{P' - P}{P'} = \frac{R - OI}{R} = \frac{IC}{R}$$

ou

$$P' - P = \frac{IC}{R} \times P'.$$

Or, quand on double indéfiniment le nombre des côtés des polygones considérés, IC, qui est moindre que AC, tend vers zéro, parce que AC tend vers zéro; P', qui va toujours en diminuant, reste fini; R est constant; donc la différence P' — P tend vers zéro, et, par conséquent, les limites vers lesquelles tendent les périmètres P' et P, quand on double indéfiniment le nombre des côtés, sont égales.

C'est la limite commune de ces périmètres que l'on nomme la longueur de la circonférence.

291. On définit d'une façon analogue la *longueur d'un arc de cercle* AB (*fig.* 240). On imagine une portion de polygone régulier convexe inscrit dans cet arc AB, et on

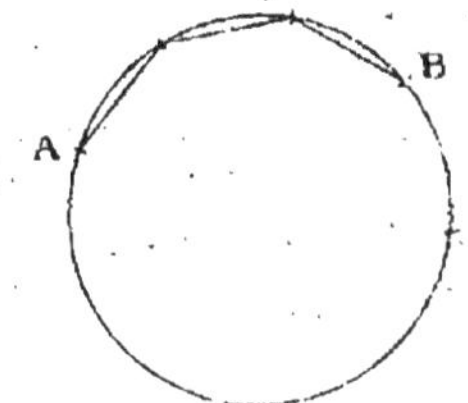

Fig. 240.

double indéfiniment le nombre des côtés; le périmètre de cette portion de polygone régulier tend vers une certaine limite, et c'est cette limite que l'on appelle la *longueur* de l'arc de cercle AB.

Théorème.

292. *Le rapport des longueurs de deux circonférences est égal au rapport de leurs rayons.*

Dans les deux circonférences inscrivons des polygones réguliers convexes d'un même nombre de côtés; le rapport des périmètres des deux polygones est égal au rapport des rayons de ces circonférences, quel que soit le nombre des côtés. Si l'on double indéfiniment le nombre des côtés, les périmètres des deux polygones tendent respectivement vers des limites qui sont les longueurs des deux circonférences; donc le rapport des longueurs des deux circonférences est égal au rapport de leurs rayons.

293. Corollaire. *Le rapport de la longueur d'une circonférence à son diamètre est un nombre constant.*

En effet, soient C et C' les longueurs de deux circonférences, R et R' leurs rayons; on a

$$\frac{C}{C'} = \frac{R}{R'} = \frac{2R}{2R'}$$

et, par suite,

$$\frac{C}{2R} = \frac{C'}{2R'}.$$

Donc le rapport de la longueur d'une circonférence à son diamètre est égal au rapport de la longueur d'une autre circonférence quelconque à son diamètre; en d'autres termes ce rapport est constant.

Ce nombre constant est incommensurable; on le désigne ordinairement par la lettre π.

294. En appelant C la longueur d'une circonférence de rayon R, on a

$$C = 2\pi R.$$

Si l'on suppose le nombre π connu, la formule précédente permet de calculer, la longueur d'une circonférence quand on connaît le rayon, et le rayon quand on connaît la longueur de la circonférence.

Dans un cercle de rayon R, la longueur d'un arc d'un degré est égale à $\frac{\pi R}{180}$, par conséquent la longueur d'un arc de n degrés est $\frac{\pi R n}{180}$. Si l'on appelle l la longueur de cet arc, on a

$$l = \frac{\pi R n}{180},$$

formule qui permet de calculer une des trois quantités, l, n, R, quand on connaît les deux autres.

295. Calcul du rapport π de la circonférence au diamètre. Si l'on prend pour unité de longueur le diamètre d'une circonférence, le rapport de la circonférence au diamètre est le nombre qui mesure la longueur de la circonférence. Le problème revient donc à chercher la longueur d'une circonférence dont le diamètre est égal à 1.

A cet effet on calcule d'abord le périmètre d'un certain polygone régulier convexe inscrit dans cette circonférence, par exemple le périmètre d'un carré ou d'un hexagone régulier; puis on calcule successivement les périmètres des polygones réguliers convexes inscrits d'un nombre de côtés de deux en deux fois plus grand. Ces périmètres augmentent sans cesse et approchent indéfiniment de la circonférence. Si l'on s'arrête, après un certain nombre d'opérations, au périmètre P_n d'un polygone régulier inscrit de n côtés, le nombre P_n est une valeur approchée, par défaut, du nombre π. Pour évaluer l'approximation du résultat obtenu, on calcule le périmètre P'_n d'un polygone régulier convexe, du même nombre de côtés, circonscrit au même cercle. La longueur de la circonférence étant comprise entre les périmètres P_n et P'_n de ces deux polygones, les nombres P_n et P'_n représentent, l'un par défaut, l'autre par excès, la longueur de la circonférence avec une erreur moindre que leur différence $P'_n - P_n$.

Pour effectuer ces calculs il faut savoir résoudre les deux problèmes suivants.

Problème.

296. *Connaissant le périmètre P_n d'un polygone régulier de n côtés inscrit dans un cercle de rayon R, calculer le périmètre P_{2n} d'un polygone régulier de $2n$ côtés inscrit dans le même cercle.*

Soit AB (*fig.* 241) le côté d'un polygone régulier de n côtés inscrit dans le cercle OA. Si nous menons le diamètre CC′ perpendiculaire à AB, et si nous joignons le point A au milieu C du plus petit des deux arcs soustendus par AB, nous obtiendrons le côté d'un polygone régulier de $2n$ côtés inscrit dans le même cercle. Menons la corde AC′ et le rayon OA; le triangle CAC′ étant rectangle en A, on a :

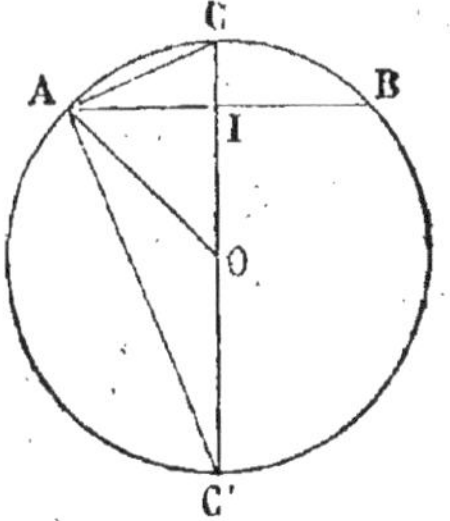

Fig. 241.

$$\overline{AC}^2 = CC' \times CI = 2R\,(R - OI).$$

D'ailleurs, dans le triangle rectangle AOI, on a :

$$\overline{OI}^2 = \overline{OA}^2 - \overline{AI}^2 = R^2 - \frac{\overline{AB}^2}{4}$$

d'où

$$OI = \sqrt{R^2 - \frac{\overline{AB}^2}{4}}\;;$$

donc enfin,

$$\overline{AC}^2 = 2R\left[R - \sqrt{R^2 - \frac{\overline{AB}^2}{4}}\right].$$

Or,

$$P_n = n.AB \qquad\qquad P_n^2 = n^2.\overline{AB}^2$$
$$P_{2n} = 2n.AC \qquad\qquad P_{2n}^2 = 4n^2.\overline{AC}^2\;;$$

donc,

$$P_{2n}^2 = 4n^2 : 2R\left[R - \sqrt{R^2 - \frac{\overline{AB}^2}{4}}\right]$$

ou

$$P_{2n}^2 = 4nR\left[2nR - \sqrt{4n^2R^2 - P_n^2}\right].$$

Si l'on prend pour unité de longueur le diamètre du cercle, c'est-à-dire, si l'on fait 2R égal à 1, on a :

$$P_{2n}^2 = 2n\left[n - \sqrt{n^2 - P_n^2}\right].$$

Problème.

297. *Connaissant le périmètre P_n d'un polygone régulier de n côtés, inscrit dans un cercle de rayon R, calculer le périmètre P_n' d'un polygone régulier d'un même nombre de côtés, cir-conscrit au même cercle.*

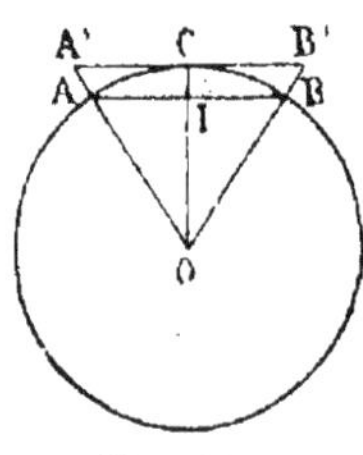

Fig. 242.

Le rapport des périmètres de ces polygones est égal au rapport de leurs apothèmes OC et OI (*fig. 242*), donc on a

$$\frac{P_n'}{P_n} = \frac{OC}{OI} = \frac{R}{\sqrt{R^2 - \frac{\overline{AB}^2}{4}}}.$$

Or

$$P_n^2 = n^2 \cdot \overline{AB}^2, \quad \text{d'où} \quad \overline{AB}^2 = \frac{P_n^2}{n^2};$$

donc

$$\frac{P_n'}{P_n} = \frac{R}{\sqrt{R^2 - \dfrac{P_n^2}{4n^2}}} = \frac{2nR}{\sqrt{4n^2R^2 - P_n^2}}$$

et

$$P_n' = P_n \times \frac{2nR}{\sqrt{4n^2R^2 - P_n^2}}.$$

Si l'on prend pour unité de longueur le diamètre du cercle, c'est-à-dire si l'on fait 2R égal à 1, on a :

$$P'_n = P_n \times \frac{n}{\sqrt{n^2 - P_n^2}}.$$

298. Calcul numérique de π. Appliquons la méthode expliquée au n° 295, en partant de l'hexagone régulier inscrit.

Le côté de cet hexagone étant $\dfrac{1}{2}$, le périmètre est 3, et on a :

$$P_6^2 = 9$$

$$P_{12}^2 = 12\left[6 - \sqrt{6^2 - P_6^2}\right] = 9,64612\ldots$$

$$P_{24}^2 = 24\left[12 - \sqrt{12^2 - P_{12}^2}\right] = 9,81331\ldots$$

$$P_{48}^2 = 48\left[24 - \sqrt{24^2 - P_{24}^2}\right] = 9,85552\ldots$$

$$P_{96}^2 = 96\left[48 - \sqrt{48^2 - P_{48}^2}\right] = 9,86607\ldots$$

$$P_{192}^2 = 192\left[96 - \sqrt{96^2 - P_{96}^2}\right] = 9,86871\ldots$$

Arrêtons-nous à P_{192}; on a

$$P_{192} = \sqrt{9,86871\ldots} = 3,14145\ldots$$

et

$$P'_{192} = P_{192} \times \frac{192}{\sqrt{192^2 - P_{192}^2}} = 3,14194\ldots$$

La différence $P'_{192} - P_{192}$ étant égale à $0,00049\ldots$, le nombre $3,14145$ est une valeur de π approchée par défaut à moins d'un demi-millième; et, par conséquent, $3,141$ est une valeur de π approchée par défaut, à moins d'un millième.

La valeur de π avec sept décimales exactes est

$$3,1415926.$$

Archimède avait donné comme valeur approchée la fraction simple $\frac{22}{7}$; cette fraction, qui est égale à $3,1428\ldots$, est un peu trop forte, et l'erreur est moindre que deux millièmes.

Adrien Métius, géomètre hollandais du seizième siècle, a donné la valeur $\frac{355}{113}$, qui, convertie en décimales, est égale à $3,1415920\ldots$ et, par conséquent, représente le nombre π avec six chiffres décimaux exacts.

Applications numériques. I. *Paris et Carcassonne sont sur un même méridien; la latitude de Paris est* $48°50'49''$; *la latitude de Carcassonne est* $43°12'54''$. *Quelle est la distance de Paris à Carcassonne?*

La différence des latitudes étant $5°37'55''$, ou $20275''$, le problème revient à calculer la longueur d'un arc de méridien terrestre de $20275''$. Or, le quart du méridien ayant une longueur de $10\,000\,000$ mètres, un arc d'une seconde du méridien a une longueur égale à $\dfrac{10\,000\,000^{\text{m}}}{90 \times 60 \times 60}$, ou $\dfrac{10\,000^{\text{m}}}{324}$, ou $\dfrac{10^{\text{kilom}}}{324}$ Donc un arc de méridien de $20275''$ a une longueur égale à $\dfrac{202\,750^{\text{kil.}}}{324}$ ou égale à $625^{\text{kil}},771$.

II. *Calculer la longueur d'un arc de $23°42'37''$ appartenant à une circonférence dont le rayon est 235 millimètres.*

La longueur d'une demi-circonférence dont le rayon est 235^{mill}
est $\pi \times 235$; la longueur d'un arc d'une seconde, sur cette circonférence, est, en prenant le millimètre pour unité,

$$\frac{\pi \times 235}{180 \times 60 \times 60} = \frac{\pi \times 235}{648\,000}.$$

Donc la longueur d'un arc de $23°42'37''$ ou de $85357''$ est

égale à $\dfrac{\pi \times 235 \times 85357}{648\,000}$, ou à $\dfrac{\pi \times 20\,058{,}895}{648}$.

En effectuant les calculs indiqués on trouve, pour la longueur
de l'arc, 97 millimètres, à un millimètre près.

III. *Calculer, à moins d'un millimètre, le rayon d'une circonférence dont la longueur est $4^m,627$.*

En appelant R le rayon cherché, on a :

$$2\pi R = 4{,}627$$

d'où :

$$R = \frac{4{,}627}{2\pi} = \frac{2{,}5135}{\pi} = 0^m,756$$

à moins d'un millimètre.

IV. *Calculer, à moins d'un millimètre, le rayon R d'un
cercle tel que, sur ce cercle, un arc de $85°21'42''$ ait une
longueur égale à $0^m,452$.*

Un arc de $85°21'42''$ vaut $307302''$; donc on a :

$$\frac{\pi R \times 307302}{648\,000} = 0{,}452,$$

d'où

$$R = \frac{0{,}452 \times 648\,000}{\pi \times 307302} = \frac{292\,896}{\pi \times 307302} = 0^m,303$$

à moins d'un millimètre.

§ VI. — AIRE DU CERCLE.

Théorème.

299. *L'aire d'un polygone régulier convexe est égale au produit du périmètre du polygone par la moitié du rayon du cercle inscrit.*

Soit par exemple l'octogone régulier ABCDEFGH (*fig.* 243).

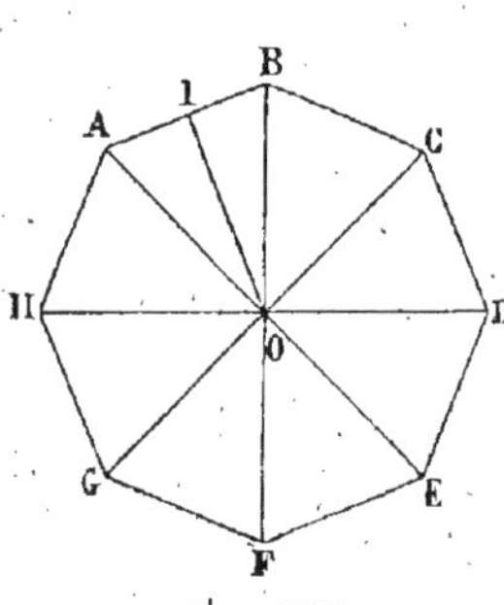

Fig. 243.

Joignons le centre O du polygone à tous les sommets; nous décomposons ainsi le polygone en huit triangles égaux au triangle AOB. L'aire du triangle AOB étant le produit du côté AB par la moitié du rayon OI du cercle inscrit, l'aire du polygone est 8 fois le produit $AB \times \dfrac{OI}{2}$, c'est-à-dire le périmètre, 8AB, multiplié par la moitié du rayon du cercle inscrit.

Théorème.

300. *L'aire d'un cercle est égale au produit de la circonférence par la moitié du rayon.*

On appelle *aire d'un cercle* la limite vers laquelle tend l'aire d'un polygone régulier convexe inscrit dans ce cercle, quand on double indéfiniment le nombre des côtés de ce polygone.

Soient P le périmètre d'un polygone régulier inscrit dans un cercle de rayon R, OI le rayon du cercle inscrit dans ce polygone (*fig.* 244); l'aire du polygone est

$$P \times \frac{1}{2} OI.$$

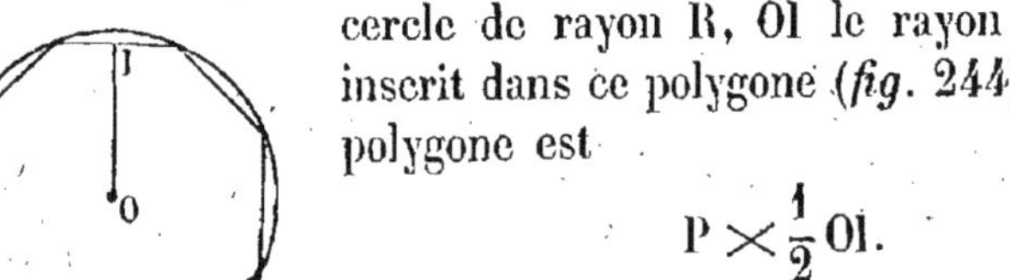

Fig. 244.

Si l'on double indéfiniment le nombre des côtés du polygone, le périmètre P du polygone tend vers une limite qui est ce que l'on appelle la longueur de la circonférence; d'autre part, le rayon OI du cercle inscrit dans le polygone tend vers le rayon R du cercle; de sorte que l'aire du polygone régulier inscrit, quand on double indéfiniment le nombre de ses côtés, tend vers une limite qui est

$$\text{Circonférence } R \times \tfrac{1}{2} R.$$

C'est cette limite que l'on nomme aire du cercle; on a donc :

$$\text{Cercle } R = \text{circonférence } R \times \tfrac{1}{2} R.$$

Or,
$$\text{Circonférence } R = 2\pi R ;$$

donc
$$\text{Cercle } R = 2\pi R \times \tfrac{1}{2} R = \pi R^2.$$

On obtient donc l'*aire d'un cercle* en multipliant le carré du rayon par le nombre π.

301. Corollaire. *Les aires de deux cercles sont proportionnelles aux carrés de leurs rayons.*

Soient R et R′ les rayons de deux cercles, on a :

$$\text{Cercle } R = \pi R^2 \qquad \text{Cercle } R' = \pi R'^2 ;$$

donc
$$\frac{\text{Cercle } R}{\text{Cercle } R'} = \frac{R^2}{R'^2}.$$

Théorème.

302. *L'aire d'un secteur circulaire est égale au produit de l'arc du secteur par la moitié du rayon.*

On appelle *secteur circulaire* la portion d'un cercle comprise entre deux rayons.

On appelle *aire d'un secteur circulaire* AOB (*fig.* 245) la limite vers laquelle tend l'aire du polygone limité par les rayons OA, OB, et par une ligne polygonale régulière convexe inscrite dans l'arc AB, quand on double indéfiniment le nombre des côtés de cette ligne. Or, on démontre, comme au n° 299,

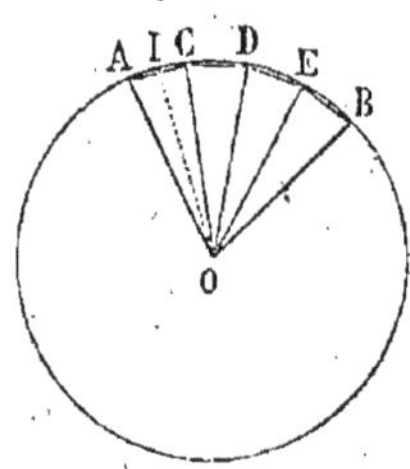

Fig. 245.

que l'aire de ce polygone est égale au produit de la longueur de la ligne polygonale régulière inscrite dans l'arc AB, par la moitié de son apothème. Si l'on double indéfiniment le nombre des côtés de cette ligne, sa longueur tend vers une limite qui est la longueur de l'arc AB, son apothème tend vers le rayon du cercle. Donc, l'aire du secteur AOB est égale au produit de la longueur de l'arc AB par la moitié du rayon du cercle.

Si R est le rayon du cercle, si n est le nombre de degrés de l'angle au centre du secteur, on a (294),

$$\text{sect } AOB = \frac{\pi R^2 n}{360}.$$

303. REMARQUE I. Le rapport des aires de deux secteurs AOB, A'OB' appartenant à un même cercle, est égal au rapport des arcs de ces secteurs. On a, en effet :

$$\text{Sect. } AOB = \tfrac{1}{2} R \times \text{arc } AB$$

$$\text{Sect. } A'OB' = \tfrac{1}{2} R \times \text{arc } A'B'$$

d'où

$$\frac{\text{Sect. } AOB}{\text{Sect. } A'OB'} = \frac{\text{arc } AB}{\text{arc } A'B'}.$$

Il suit encore de là que le rapport d'un secteur d'un cercle à ce cercle est égal au rapport de l'arc du secteur à la circonférence du cercle. Par conséquent, pour évaluer la surface d'un secteur, il suffit de multiplier la surface du cercle par le rapport de l'arc du secteur à la circonférence du cercle.

Exemple : Dans un cercle de rayon R, la surface d'un secteur dont l'arc est de 30° est égale à $\dfrac{30}{360} \times \pi R^2$, ou à $\dfrac{1}{12} \pi R^2$.

304. REMARQUE II. On obtient l'aire d'un segment AMB moindre qu'un demi-cercle (*fig. 246*) en retranchant de l'aire du secteur

OAMB, l'aire du triangle AOB. L'aire du segment ANB, plus grand qu'un demi-cercle, est la somme des aires du secteur OANB et du triangle AOB.

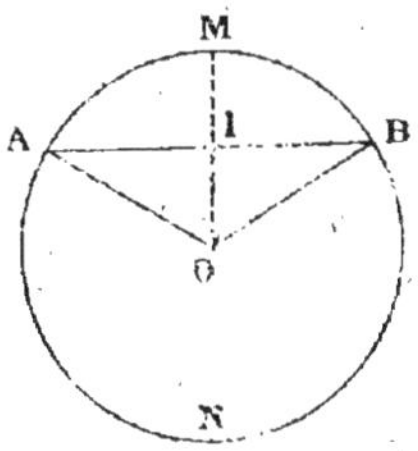

APPLICATIONS NUMÉRIQUES. I. *Calculer l'aire d'un cercle dont la circonférence est égale à 2 mètres.*

On a

$$\text{Circonférence R} = 2\pi\text{R},$$

d'où

$$\text{R} = \frac{\text{Circonf. R}}{2\pi}.$$

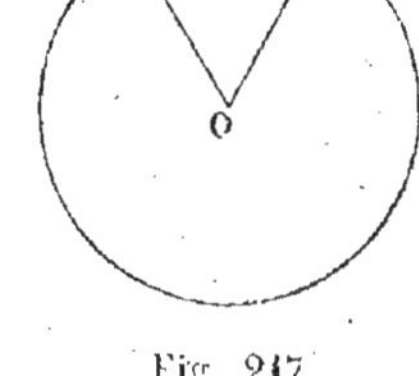

Fig. 246.

D'autre part,

$$\text{Cercle R} = \pi\text{R}^2$$

ou, en remplaçant R par $\dfrac{\text{Circonf. R}}{2\pi}$,

$$\text{Cercle R} = \pi\left(\frac{\text{Circonf. R}}{2\pi}\right)^2 = \pi\frac{(\text{Circonf. R})^2}{4\pi^2}$$

ou encore

$$\text{Cercle R} = \left(\frac{\text{Circonf. R}}{2}\right)^2 \times \frac{1}{\pi}.$$

D'où, en faisant Circonférence R $= 2$, on a, pour l'aire demandée

$$\frac{1}{\pi} = 0^{\text{mq}},5185$$

à moins de 1 centimètre carré.

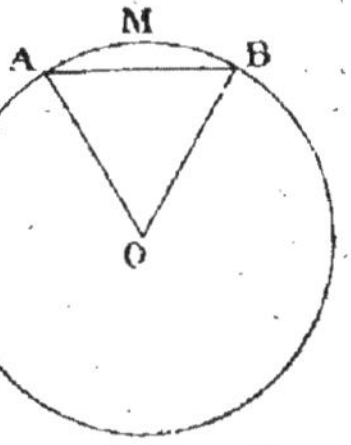

II. *Calculer dans un cercle dont le rayon est 2 mètres l'aire d'un segment compris entre un arc de 60° et sa corde.*

Ce segment AMB est la différence entre le secteur AOB et le triangle AOB (*fig.* 247).
Or, le secteur est le sixième du cercle et le triangle est un triangle équilatéral dont le côté est égal au rayon du cercle.

Fig. 247.

En désignant par R le rayon du cercle, l'aire demandée est

$$\frac{1}{6}\,\pi R^2 - \frac{R^2\sqrt{5}}{4} = \frac{R^2}{12}\left(2\pi - 5\sqrt{5}\right)$$

ou, en faisant $R = 2$,

$$\frac{1}{5}\left(2\pi - 5\sqrt{5}\right)$$

ou, en effectuant les calculs indiqués, $0^{mq},5624$, à 1 cent. carré près.

III. *Calculer, à moins de $0^m,01$, le rayon d'un cercle tel que le segment correspondant à un arc de $120°$ soit équivalent à 1 mètre carré.*

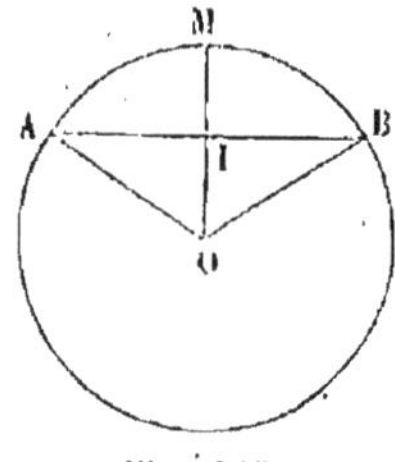

Fig. 248.

Désignons par R le rayon du cercle, et par S la surface du segment AMB correspondant à un arc de $120°$ (*fig. 248*).

On a :

$$S = \text{secteur OAMB} - \text{Triangle OAB};$$

or

$$\text{Secteur OAMB} = \frac{1}{5}\,\pi R^2,$$

$$\text{Triangle OAB} = \frac{1}{2}\,AB \times OI = \frac{1}{2}\,R\sqrt{5} \times \frac{R}{2} = \frac{R^2\sqrt{5}}{4};$$

donc

$$S = \frac{1}{5}\,\pi R^2 - \frac{1}{4}\,R^2\sqrt{5},$$

d'où

$$R = \sqrt{\frac{12\,S}{4\pi - 5\sqrt{5}}}.$$

Si l'on fait $S = 1$, on a

$$R = \sqrt{\frac{12}{4\pi - 5\sqrt{5}}}.$$

En effectuant les calculs indiqués, on trouve $1^m,27$ pour la valeur du rayon, à moins de 1 centimètre.

EXERCICES SUR LE LIVRE IV.

Théorèmes et problèmes.

1. Soit un triangle ABC dans lequel l'angle A est droit et l'angle B égal à 60° (*fig.* 249). On construit, en dehors du triangle : 1° sur l'hypoténuse BC un carré BCDE; 2° sur le côté AB le triangle équilatéral ABF; 3° sur le côté AC le triangle équilatéral ACG; on mène les droites EF et FG. On demande d'évaluer l'aire du quadrilatère EDGF en supposant l'hypoténuse BC du triangle égale à a. Appliquer la formule en supposant a égale à 5^m.

2. Calculer l'aire d'un trapèze rectangle dans lequel un des angles est de 60°, connaissant : soit les bases parallèles, soit l'une des bases et la hauteur, soit l'une des bases et le côté oblique aux bases.

3. Parmi tous les triangles que l'on peut former avec deux côtés donnés, quel est le plus grand?

4. Parmi tous les triangles qui ont même base AB, et leur sommet sur une circonférence passant par les points A et B, quel est le plus grand?

5. Parmi tous les rectangles inscrits dans un cercle, quel est le plus grand?

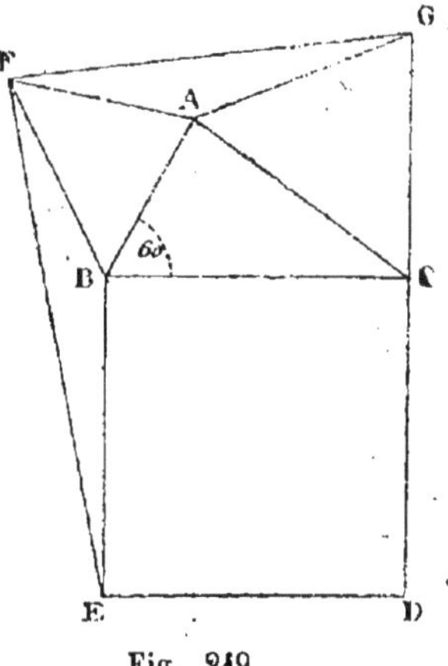

Fig. 249.

6. Soit R le rayon d'un cercle; calculer l'aire du triangle équilatéral, de l'hexagone régulier, du dodécagone régulier, du carré, de l'octogone régulier, inscrits dans ce cercle.

7. Si les angles A et A' des triangles, ABC, A'B'C', sont égaux ou supplémentaires, le rapport des surfaces des triangles est égal au rapport du produit des côtés qui comprennent l'angle A au produit des côtés qui comprennent l'angle A'.

8. Partager un triangle en deux parties proportionnelles à deux nombres donnés par une droite menée de l'un des sommets.

9. Par un point situé sur un côté d'un triangle, mener une droite qui partage le triangle en deux parties proportionnelles à des nombres donnés.

10. Partager un triangle en trois parties proportionnelles à des nombres donnés par trois droites menées d'un même point aux trois sommets.

11. Partager un trapèze en deux parties proportionnelles à des nombres donnés par une droite parallèle aux bases du trapèze.

12. Deux quadrilatères qui ont leurs diagonales respectivement égales et faisant le même angle sont équivalents.

13. Des relations algébriques

$$(a+b)^2 = a^2 + b^2 + 2ab$$
$$(a-b)^2 = a^2 + b^2 - 2ab$$

et du théorème concernant l'aire d'un rectangle, on conclut que le carré construit sur la somme ou sur la différence de deux portions de droites équivaut au carré construit sur la première, plus le carré construit sur la seconde, plus ou moins deux fois le rectangle construit sur ces deux portions de droites. Vérifier ce fait géométriquement, sans avoir recours aux relations algébriques.

14. Calculer la surface d'un triangle équilatéral dont la hauteur est h.

15. Soient AB et CD deux diamètres rectangulaires d'un cercle O; du point C comme centre, avec CA pour rayon, on décrit un arc de cercle AMB; calculer l'aire de la surface comprise entre les deux arcs de cercle ADB et AMB.

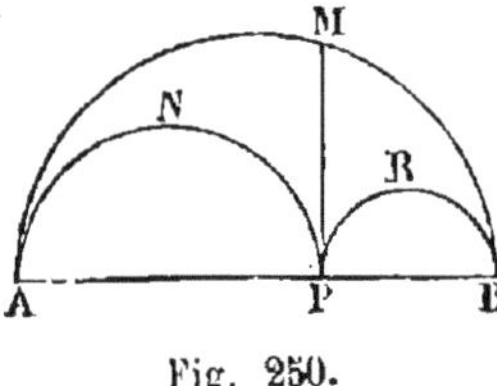

Fig. 250.

16. Soit un demi-cercle AMB (*fig.* 250); d'un point M quelconque de la circonférence on abaisse MP perpendiculaire sur le diamètre AB, et, sur AP et PB comme diamètres, on décrit les demi-cercles ANP et PRB; démontrer que la surface comprise entre la demi-circonférence AMB et les demi-circonférences ANP et PRB équivaut au cercle décrit sur MP comme diamètre.

17. Calculer la portion de surface d'un cercle comprise entre deux cordes parallèles AB et CD, l'une égale au rayon, l'autre égale au côté du triangle équilatéral inscrit.

18. Étant donnés deux cercles égaux qui se coupent aux deux points A et B, par le point A on mène une sécante quelconque qui coupe les deux circonférences en des points C et D, situés d'un même côté par rapport au point A. Démontrer que l'aire du triangle BCD, dont deux côtés sont curvilignes, est proportionnelle au carré du côté rectiligne CD. (Concours général, 1861.)

19. Soit un parallélogramme ABCD (*fig.* 251) dont les diagonales sont AC et BD; lieu des points M tels que la somme ou la différence des triangles MAC et MBD soit constante, et équivalente à la surface d'un carré donné.

20. Sur les deux rayons OA, OB d'un quadrant pris pour diamètres (*fig.* 252), on décrit deux demi-circonférences ODCA, OECB

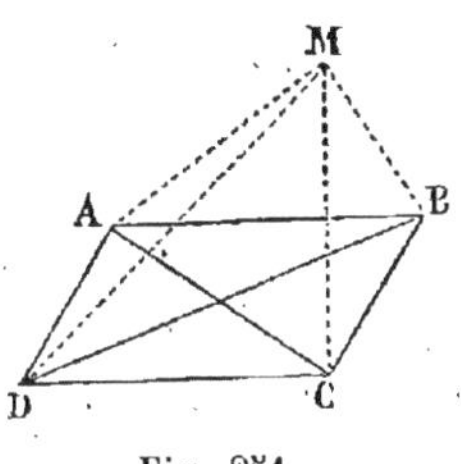

Fig. 251.

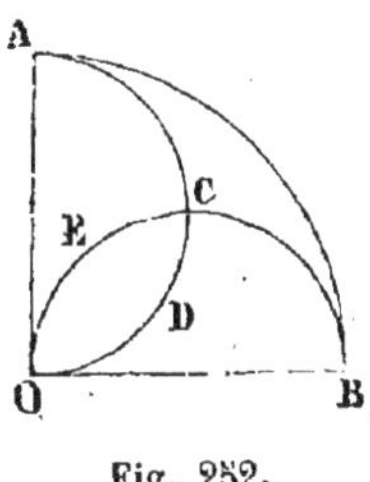

Fig. 252.

qui se coupent au point C; démontrer : 1° que les trois points, A, C, B, sont en ligne droite; 2° que l'aire de la figure ODCEO équivaut à l'aire de la figure ABC; 3° que l'aire OACEO est égale à $\dfrac{R^2}{4}$.

21. On donne un hexagone régulier dont le côté est a; on prolonge les côtés, dans le même sens, d'une longueur égale à ma; on joint les extrémités de ces côtés ainsi prolongés, et l'on demande de prouver que la figure ainsi formée est un hexagone régulier et que l'aire de ce nouvel hexagone est égale à l'aire du premier multipliée par

$$m^2 + m + 1.$$

22. Soit dans un cercle une corde AB de longueur constante $a + b$, et sur cette corde un point M dont les distances aux extrémités A et B de la corde sont respectivement égales à a et à b. Démontrer que le point M décrit une ligne telle que l'aire de la surface comprise entre cette ligne et le cercle donné est πab.

23. Par les deux extrémités d'une portion de droite AB et d'un même côté de cette droite, on lui élève deux perpendiculaires AC et BD telles que l'aire du trapèze ABCD ait une valeur constante donnée; du milieu E de la droite AB, on abaisse une perpendiculaire EM sur la droite CD; trouver le lieu décrit par le pied M de cette perpendiculaire, quand on fait varier les longueurs des perpendiculaires AC et BD. — Même problème quand les lignes AC et BD, au lieu d'être perpendiculaires à AB, sont parallèles à une droite fixe donnée. (Concours général, Troisième, 1880.)

24. La distance des centres de deux cercles égaux, de rayon R, est égale à $R\sqrt{3}$; calculer l'aire comprise entre les deux cercles; en supposant ensuite $R = 1^m$, calculer la valeur numérique de l'aire précédente à 1 centimètre carré près (Concours général, Troisième, 1881.)

25. On donne un cercle de rayon R et à l'intérieur deux points F et F′ symétriquement placés par rapport au centre O :

1° Par un point P de la circonférence O on élève sur FP une perpendiculaire D qui rencontre cette courbe en un second point P′; démontrer que la droite F′P′ est perpendiculaire sur D et que le produit FP × FP′ reste constant quand le point P décrit la circonférence O;

2° On trace par le point F, dans le plan du cercle O, deux cordes rectangulaires PFQ, P_1FQ_1; puis on élève par les extrémités P, Q de la corde PQ des perpendiculaires sur cette corde, et par les extrémités P_1, Q_1 de la corde P_1Q_1 des perpendiculaires sur cette corde; ces quatre perpendiculaires forment un rectangle MNM_1N_1; on demande le lieu décrit par les sommets de ce rectangle quand les deux cordes rectangulaires PFQ, P_1FQ_1 pivotent autour du point F;

3° Soient S l'aire du rectangle MNM_1N_1 et Σ celle du rectangle OGHF, formé par les cordes rectangulaires PFQ, P_1FQ_1 et les perpendiculaires, abaissées du centre O sur chacune d'elles; démontrer que, lorsque les deux cordes rectangulaires pivotent autour du point F, les aires S et Σ sont liées par la relation $S^2 = 16\,\Sigma^2 + k^2$, k désignant une constante; trouver pour quelle position des deux cordes rectangulaires la surface S est maximum, pour quelle position des mêmes cordes elle est minimum. (Concours général, Rhétorique, 1892.)

26. Soit M un point du plan du triangle ABC tel que les aires des triangles MBC, MCA, MAB soient proportionnelles aux nombres donnés a', b', c' : 1° Prouver que la droite qui joint deux quelconques des points M passe par un des sommets du triangle ABC; 2° Un des points M étant connu, construire graphiquement tous les autres; 3° Calculer la somme algébrique des inverses des distances de tous les points M aux côtés de ABC en fonction des longueurs a, b, c de ces côtés et des nombres a', b', c'. (Concours général, Troisième moderne, 1893.)

TABLE DES MATIÈRES

CONTENUES DANS LA PREMIÈRE PARTIE

GÉOMÉTRIE PLANE

NOTIONS PRÉLIMINAIRES.

LIVRE I.

LIGNE DROITE.

LIVRE II.

CIRCONFÉRENCE.

LIVRE III.

FIGURES SEMBLABLES.

LIVRE IV.

MESURE DES AIRES. — LONGUEUR D'UNE CIRCONFÉRENCE.

MASSON & Cie, Éditeurs

120, boulevard Saint-Germain, Paris. (6e)

P. n° 235.   (Juin 1901.)

EXTRAIT DU CATALOGUE CLASSIQUE

(Rentrée Scolaire 1901)

Nouveau Cours de Grammaire Française

A l'usage de l'Enseignement secondaire classique et moderne

Par H. BRELET

Ancien élève de l'École normale supérieure, Agrégé de Grammaire
Professeur de Quatrième au lycée Janson-de-Sailly.

Par la publication de la **Grammaire française** à l'usage de la classe de Quatrième et des classes supérieures de l'enseignement secondaire classique et moderne, se trouve achevé le *Nouveau Cours de Grammaire française* de M. H. BRELET, dont les premiers volumes ont trouvé un accueil si favorable auprès des maîtres et des élèves. Ce dernier volume, fruit d'une longue expérience et d'un travail considérable, clôt dignement la série. L'auteur l'a mis en conformité avec les **réformes orthographiques** sorties de l'accord intervenu entre le Conseil supérieur de l'Instruction publique et l'Académie française. Nous en avons profité pour demander à M. Brelet d'en faire autant pour les volumes précédents dont nous donnons aujourd'hui une nouvelle édition. Notre cours de grammaire mérite donc à tous les points de vue le titre de **nouveau**; il répond à un besoin de l'enseignement et est appelé à rendre de très réels services.

Ainsi se trouve rempli le programme de M. Brelet : il a publié également des cours parallèles de **Grammaire latine** et de **Grammaire grecque**. Est-il nécessaire de faire ressortir l'avantage de ces trois cours conçus sur le même plan et suivant la même méthode, formant un tout dont les différentes parties ont entre elles des liens de parenté grâce auxquels les débutants dans l'étude d'une nouvelle langue, loin de se trouver dépaysés, retrouvent la méthode avec laquelle ils sont déjà familiarisés.

I

Premières leçons de Grammaire française, à l'usage des Classes Préparatoires, par H. BRELET et MATHEY, professeur de Huitième au lycée Janson-de-Sailly. *Nouvelle édition*, revue et corrigée. 1 vol. in-16, cartonné toile souple. . . . . 2 fr.

Ce volume comprend à la fois les leçons et les exercices qui y correspondent.

II

Éléments de Grammaire française, à l'usage des classes de Huitième et de Septième, par H. BRELET. *Nouvelle édition*, revue et corrigée. 1 vol. in-16 cartonné toile souple   2 fr.

Exercices sur les Éléments de Grammaire française, à l'usage des classes de Huitième et de Septième, par V. CHARPY, agrégé de Grammaire, professeur de Quatrième au lycée Janson-de-Sailly. 2ᵉ édition. 1 vol. in-16, cartonné toile souple. . . . . 2 fr.

III

Abrégé de Grammaire française, à l'usage des classes de Sixième et de Cinquième de l'Enseignement classique et de l'Enseignement moderne, par H. BRELET. *Nouvelle édition*, revue et corrigée. 1 vol. in-16, cartonné toile souple. . . . . 2 fr. 50

Exercices sur l'Abrégé de Grammaire française, à l'usage des classes de Sixième et de Cinquième de l'Enseignement classique et de l'Enseignement moderne, par H. BRELET et V. CHARPY. 1 vol. in-16. (*Sous presse.*)

IV

Grammaire française, à l'usage de la classe de Quatrième et des Classes supérieures de l'Enseignement classique et de l'Enseignement moderne, par H. BRELET. 1 vol. in-16, cartonné toile souple. . . . . 3 fr.

Exercices sur la Grammaire française, à l'usage de la classe de Quatrième et des Classes supérieures de l'Enseignement classique et de l'Enseignement moderne, par H. BRELET et V. CHARPY. 1 vol. in-16. (*Sous presse.*)

NOUVEAU COURS

DE

Grammaire Latine

et de

Grammaire Grecque

PAR

H. BRELET

ANCIEN ÉLÈVE DE L'ÉCOLE NORMALE SUPÉRIEURE, AGRÉGÉ DE GRAMMAIRE
PROFESSEUR DE QUATRIÈME AU LYCÉE JANSON-DE-SAILLY

Volumes in-16, cartonnés toile anglaise.

Éléments de Grammaire latine (classes de Sixième et de
Cinquième). 4ᵉ édition. . . . . 2 fr.
Éléments de Grammaire grecque (Cinquième) . 1 fr. 50
Grammaire latine (Quatrième et classes supérieures). 4ᵉ édi-
tion. . . . . 2 fr. 50
Grammaire grecque (classe de Quatrième et classes supé-
rieures). 2ᵉ édition. . . . . 3 fr.

EXERCICES CORRESPONDANTS

Exercices latins (*Versions et thèmes*), à l'usage de la classe de
Sixième, par M. V. CHARPY, agrégé de grammaire, professeur de Quatrième au lycée Janson-de-Sailly. 3ᵉ édition. . . . . 2 fr.
Exercices latins (*Versions et thèmes*), à l'usage de la classe de Cinquième, par MM. BRELET et V. CHARPY. 2ᵉ édition. . . . . 2 fr. 50
Exercices grecs (*Versions et thèmes*), à l'usage de la classe de Cinquième, par MM. H. BRELET et V. CHARPY. 2ᵉ édition. . . . 1 fr. 50
Exercices latins (*Versions et thèmes*), à l'usage de la classe de Quatrième, par MM H. BRELET et P. FAURE, professeur de Rhétorique au
lycée Janson-de-Sailly. . . . . 2 fr. 50
Exercices grecs (*Versions et thèmes*), à l'usage de la classe de Quatrième, par MM. H. BRELET et V. CHARPY. . . . . 2 fr. 50
Exercices latins (*Versions et thèmes*), à l'usage des classes supérieures, par MM. H. BRELET et P. FAURE. . . . . 3 fr.

Exercices grecs (*Versions et thèmes*), à l'usage des classes supérieures, par MM. H. BRELET et P. FAURE. . . . . 3 fr.
Tableau des exemples des grammaires grecque et latine, à
l'usage de la classe de Quatrième et des classes supérieures.
1 vol. petit in-8°, cartonné. . . . . 80 c.
Chrestomathie grecque, ou Recueil de textes gradués, pour faire
suite aux *Exercices grecs*, à l'usage de la classe de Quatrième, et
comprenant les auteurs prescrits au programme. . . . . 2 fr. 50
Epitome historiæ græcæ, à l'usage de la classe de Sixième, avec
deux cartes en couleurs et figures dans le texte. . . . . 2 fr.

Ouvrages de M. PETIT DE JULLEVILLE

Professeur à la Faculté des lettres de Paris.

HISTOIRE
DE LA
Littérature Française

Depuis les origines jusqu'à nos jours

Nouvelle édition, augmentée pour la période contemporaine. 1 vol. in-16. Broché. . 3 fr. 50, cart. toile. . 4 fr.

On peut se procurer séparément :

DES ORIGINES A CORNEILLE. 1 vol. in-16, cart. toile. . . . . . 2 fr.
DE CORNEILLE A NOS JOURS. 1 vol. in-16, cart. toile. . . . . . 2 fr.

MORCEAUX CHOISIS
des Auteurs français
poètes et prosateurs
AVEC NOTES ET NOTICES

1 vol. in-16 cart. toile . . . . . . 5 fr.

Nouvelle édition. — Ce recueil renferme environ 400 extraits des principaux écrivains depuis le onzième siècle jusqu'à nos jours, avec de courtes notices d'histoire littéraire. Cette nouvelle édition a été augmentée d'un choix d'extraits des écrivains contemporains depuis Leconte de Lisle et Flaubert jusqu'à A. Daudet et Pierre Loti.

On vend séparément :

I. MOYEN AGE ET XVI° SIÈCLE. — II. XVII° SIÈCLE. — III. XVIII° ET XIX° SIÈCLES. Chaque volume cart. toile verte, est vendu séparément. . . . . 2 fr.

E. BAUER
ET
DE SAINT-ÉTIENNE
Professeurs à l'École alsacienne

Premières Lectures
littéraires. 9° édition revue et augmentée. 1 vol. in-16, cartonné toile. 1 fr. 50

Ouvrage couronné par la Société pour l'Instruction élémentaire : lectures intéressantes, simples et familières, qui plaisent aux enfants et forment leur goût.

Des mêmes Auteurs
avec une Préface
Par M. PETIT DE JULLEVILLE

Nouvelles Lectures
littéraires, avec notes et notices. 4° édit. 1 vol. in-16, cartonné toile. 2 fr. 50

Cet ouvrage, suite naturelle du précédent, est divisé en sept chapitres : *Contes et Légendes*; *Fables*; *Anecdotes et Récits*; *Études morales*; *Portraits et Caractères*; *Scènes et Tableaux de la nature*. Il comprend 200 morceaux, prose et poésie, empruntés aux meilleurs auteurs, et renferme la matière de deux années d'études.

BRUNOT, maître de conférences à la Faculté des lettres de Paris,

Précis de Grammaire historique de la langue française, avec une introduction sur les origines et le développement de cette langue. *Ouvrage couronné par l'Académie française*, 4e édition augmentée d'indications bibliographiques et d'un index. 1 vol. in-18, cart. toile verte . . . . 6 fr.

CAUSSADE (De), Conservateur à la Bibliothèque Mazarine, membre des commissions d'examens de l'Hôtel de Ville.

Notions de Rhétorique et étude des genres littéraires, 9e édit. 1 vol. in-18, toile anglaise. . . . . 2 fr. 50

Littérature grecque, 6e édit. 1 vol. in-18, toile anglaise. 3 fr.

Littérature latine, 4e édit. 1 vol. in-18, toile anglaise. 6 fr.

GRÉARD, de l'Institut, vice-recteur de l'Académie de Paris.

Précis de littérature. *Analyses des auteurs du baccalauréat*. 5e édit. 1 vol. in-18, cartonné . . . . 1 fr. 50

LE GOFFIC (Charles) et **THIEULIN** (Édouard), professeurs agrégés de l'Université.

Nouveau traité de versification française, à l'usage des classes de l'enseignement classique et de l'enseignement spécial des lycées et des collèges, des écoles normales, du brevet supérieur et des classes de l'enseignement secondaire des jeunes filles. 3e édition revue et augmentée. 1 vol. in-16, cart. toile. 1 fr. 50

LIARD, directeur de l'enseignement supérieur au ministère de l'Instruction publique.

Logique (cours de Philosophie), 4e édition. 1 volume in-18, cartonné toile . . . . 2 fr.

MORILLOT (Paul), professeur à la Faculté de Grenoble.

Le Roman en France depuis 1610 jusqu'à nos jours. *Lectures et Esquisses.* 1 vol. in-16. . . . . 5 fr.

CLÉDAT, professeur à la Faculté des lettres de Lyon, lauréat de l'Académie française.

Précis d'orthographe et de grammaire phonétiques pour l'enseignement du français à l'étranger. 1 vol. in-18. 1 fr.

HANNEQUIN, chargé d'un cours complémentaire de Philosophie à la Faculté des lettres de Lyon.

Introduction à l'étude de la psychologie. 1 volume in-18. . . . . 1 fr. 50

OZENFANT, professeur au Lycée Louis-le-Grand, et **BENOIT**, professeur au lycée de Versailles.

Éléments de grammaire de la langue française à l'usage des établissements où l'on enseigne les langues anciennes. 1 vol. in-12, cartonné. . . . . 2 fr.

Exercices correspondants, par M. Ozenfant. 1 vol. in-12, cartonné toile . . . . 1 fr. 20

COLLECTION LANTOINE
Livres de Lectures et d'Analyses

Classiques
Grecs et Latins

CHOIX ET EXTRAITS

Traduits et publiés par une réunion de professeurs, sous la direction de M. H. LANTOINE, secrétaire de la Faculté des lettres de Paris.

Cette collection a été créée en vue de l'*Enseignement moderne* et de celui des *Jeunes filles*, qui, sans étudier les langues mortes, doivent être cependant à même de lire et d'analyser les chefs-d'œuvre de l'antiquité.

Confiées à des professeurs distingués, qui ont apporté au choix de ces extraits le soin le plus minutieux, qui ont soigneusement revu, quand ils ne les ont pas faites eux-mêmes, les traductions des auteurs publiés, ces éditions sont en outre accompagnées de notices historiques et littéraires qui en rendent la lecture facile et fructueuse.

Chaque volume est précédé d'une *Notice biographique et bibliographique*, de *commentaires*, et suivi d'un *Index* quand il a paru nécessaire à la lecture du texte.

Voici le détail des **Auteurs** publiés, avec le nom des collaborateurs qui ont bien voulu nous prêter leur concours :

Homère. *Odyssée* (Analyse et Extraits), par M. ALLÈGRE, professeur à la Faculté des lettres de Lyon. (6ᵉ Moderne.)

Plutarque. *Vies des Grecs illustres* (Choix), par M. LEMERCIER, maître de conférences à la Faculté des Lettres de Caen. (6ᵉ Moderne.)

Hérodote (Extraits), par M. CORRÉARD, professeur au lycée Charlemagne. (6ᵉ Moderne.)

Homère. *Iliade* (Analyse et Extraits), par M. ALLÈGRE. (5ᵉ Moderne.)

Plutarque, *Vies des Romains illustres* (Choix), par M. LEMERCIER. (5ᵉ Moderne.)

César, Salluste, Tite-Live, Tacite. (Extraits), par M. H. LANTOINE (5ᵉ, 4ᵉ, 3ᵉ Moderne.) 2 fr.

Virgile (Analyse et Extraits), par M. H. LANTOINE. (5ᵉ Moderne.)

Xénophon (Analyse et Extraits), par M. VICTOR GLACHANT, professeur au lycée Buffon. (4ᵉ Moderne.)

Eschyle, Sophocle, Euripide (Extraits), par M. PUECH, maître de conférences à la Faculté des lettres de Paris. (3ᵉ Moderne.)

Plaute, Térence (Extraits choisis), par M. AUDOLLENT, maître de conférences à la Faculté des lettres de Clermont. (3ᵉ Moderne.)

Eschyle, Sophocle, Euripide (Pièces choisies), par M. PUECH, maître de conférences à la Faculté des lettres de Paris. (2ᵉ Moderne.)

Aristophane, pièces choisies par M. FERTÉ, professeur au lycée Charlemagne. (2ᵉ Moderne.)

Sénèque. Extraits par M. LÉGRAND, professeur au lycée Buffon. (2ᵉ Moderne.)

Cicéron. Traités. Discours. Lettres par M. H. LANTOINE. (2ᵉ Moderne.)

César, Salluste, Tite-Live, Tacite. (Extraits), par M. H. LANTOINE, secrétaire de la Faculté des lettres de Paris (2ᵉ, 3ᵉ, 4ᵉ Moderne). 4 fr.

Chaque volume est vendu cartonné toile anglaise. 2 fr.

ENSEIGNEMENT SECONDAIRE

(CLASSIQUE ET MODERNE)

COURS COMPLET
DE GÉOGRAPHIE

PUBLIÉ SOUS LA DIRECTION DE

M. MARCEL DUBOIS

Professeur de Géographie coloniale à la Faculté des lettres de Paris,
Maître de conférences à l'École normale de jeunes filles de Sèvres.

Un grand nombre de membres de l'Enseignement nous ont fait observer que les volumes composant ce cours étaient en général d'un niveau trop élevé pour les élèves de l'enseignement secondaire auxquels ils sont destinés, surtout pour les classes supérieures, et qu'ils contenaient trop de détails par rapport à la brièveté des classes consacrées à la géographie. Afin de répondre au désir de ces professeurs, M. Dubois et ses collaborateurs ont décidé de remanier profondément le **Cours de Géographie** et ont préparé une *nouvelle édition* considérablement abrégée, ce qui a permis d'en baisser sensiblement le prix. Nous avons fait paraître à la rentrée de 1900 la **Géographie de la France et de ses Colonies** (*Classes de Rhétorique et de Seconde moderne*), et l'accueil chaleureux qui a été fait à ce volume a prouvé que cette nouvelle édition répondait aux desiderata exprimés par MM. les professeurs de géographie. Pour la rentrée de 1901 nous faisons paraître les deux volumes suivants : l'**Europe** (*Seconde classique et Troisième moderne*); l'**Afrique, l'Asie et l'Océanie** (*Troisième classique et Quatrième moderne*). Ces deux volumes ont été complètement refondus sur le plan qui a servi à la Géographie de la France.

Nous sommes persuadés qu'ainsi remaniée et allégée, la nouvelle édition du **Cours de Géographie**, avec ses prix plus modiques, sera accueilli favorablement par les maîtres et les élèves.

Voir ci-contre la division du Cours :

DIVISION

du Cours complet de Géographie

Géographie élémentaire des cinq parties du monde, avec 90 figures, cartes et croquis, avec la collaboration de M. Thalamas, professeur au lycée d'Amiens (*Huitième classique*). . . . . . **2 fr.**

Géographie élémentaire de la France et de ses colonies. — *Cours élémentaire*, avec 59 figures, cartes et croquis, avec la collaboration de M. Thalamas, professeur au lycée d'Amiens (*Septième classique*). . . . . **2 fr.**

Géographie générale du monde. — Géographie du bassin de la Méditerranée, avec 71 figures, cartes et croquis, avec la collaboration de M. A. Parmentier, professeur au collège Chaptal (*Sixième classique*). . . . . **2 fr.**

Géographie de la France et de ses Colonies. — *Cours moyen*, avec 112 figures, cartes et croquis (*Cinquième classique et Sixième moderne*). . . . . **3 fr.**

Géographie générale. — Étude du continent américain, avec 59 cartes et croquis, avec la collaboration de M. Aug. Bernard, professeur agrégé d'histoire et de géographie (*Quatrième classique et Cinquième moderne*). 2ᵉ édition, revue et corrigée. . . . . . **3 fr.**

Afrique — Asie — Océanie, avec cartes et croquis (*Troisième classique et Quatrième moderne*), 3ᵉ édition entièrement refondue avec la collaboration de M. Camille Guy, agrégé de géographie, chef du service géographique au Ministère des Colonies . . . . . **3 fr.**

Europe, avec la collaboration de MM. Durandin et Malet, professeurs agrégés d'histoire et de géographie (*Seconde classique et Troisième moderne*), 2ᵉ édition entièrement refondue. . . . . . **3 fr. 50**

Géographie de la France et de ses Colonies. — *Cours supérieur*, avec la collaboration de M. F. Benoît, agrégé d'histoire et de géographie, chargé des cours à l'Université de Lille, 119 figures, cartes et croquis, 4ᵉ édition entièrement refondue (*Rhétorique et Seconde moderne*). . . . . **4 fr. 50**

Cours normal
de Géographie

A L'USAGE

DES ÉTABLISSEMENTS SECONDAIRES DE JEUNES FILLES
ET DES ÉCOLES PRIMAIRES SUPÉRIEURES

PAR

MARCEL DUBOIS

Professeur de Géographie coloniale à la Faculté des lettres de Paris,
Maître de Conférences à l'École normale supérieure de jeunes filles de Sèvres.

1re année. — NOTIONS GÉNÉRALES DE GÉOGRAPHIE PHYSIQUE. — L'OCÉANIE, L'AFRIQUE, L'AMÉRIQUE, avec la collaboration de Augustin Bernard et André Parmentier. — 1 volume in-16 cartonné percaline. 2e édition. . . . . **2 fr.**

2e année. — EUROPE, ASIE, avec la collaboration pour l'Europe de Paul Durandin, et pour l'Asie de A. Parmentier. — 1 volume in-16 cartonné percaline. 2e édition. . . . . **2 fr.**

3e année. — FRANCE ET COLONIES, avec la collaboration de F. Benoît. — 1 volume in-16 cartonné percaline. . . **2 fr.**

Ce nouveau Cours de Géographie, nécessité par le changement de programme de Géographie dans l'enseignement secondaire des jeunes filles et celui de l'enseignement primaire supérieur, est mis en harmonie avec l'ordre des matières indiqué dans ces programmes, — ordre des matières qui est le même dans les deux enseignements ; — ainsi le volume de première année contient des notions générales sur les diverses parties du monde et l'étude de l'Océanie, de l'Amérique et de l'Afrique ; le deuxième volume est consacré à l'étude de l'Asie (qui a été distraite de la 1re année) et de l'Europe ; le troisième volume donne la France et ses Colonies.

La rédaction de ce Cours, tout en suivant avec soin les divisions détaillées des deux programmes, est combinée de telle manière qu'il pourra, comme notre ancien Cours vert, être employé aussi bien dans l'Enseignement secondaire des jeunes filles, que dans les Écoles primaires supérieures.

Cartes d'Étude

pour servir

à l'Enseignement de la Géographie

Par MM.

MARCEL DUBOIS

Professeur de Géographie coloniale à la Faculté des Lettres de Paris
Maître de conférences
à l'École normale supérieure de jeunes filles de Sèvres,

et E. SIEURIN

Professeur au collège de Melun.

NOUVELLE ÉDITION

conforme aux récents programmes de l'Enseignement primaire supérieur
et de l'Enseignement secondaire des jeunes filles.

Première Partie :

LA FRANCE

SIXIÈME ÉDITION

40 cartes et 200 cartons reliés en un volume in-4, 4 fr. 80

1. Situation de la France dans le monde. — 2. France géologique. — 3. France orographique. — 4. Les Alpes. — 5. Principaux passages des Alpes. — 6. Le Jura, les Vosges et le Morvan. — 7. Massif central. — 8. Les Pyrénées. — 9. Régions climatériques, pluies, lignes isothermes. — 10. France hydrographique. — 11. Tributaires de la mer du Nord, la Seine et ses affluents. Les fleuves normands. — 12. La Loire et ses affluents. Les fleuves bretons. — 13. La Garonne et ses affluents. L'Adour. — 14. Le Rhône et ses affluents. Les fleuves côtiers méditerranéens. — 15. France limnologique. — 16, 17, 18, 19. La côte française. — 20, 21. France économique. — 22. Chemins de fer. — 23. Canaux et voies navigables. — 24. France historique. — 25, 26, 27, 28, 29, 30, 31. France politique. — 32. France administrative. — 33. France universitaire. — 34 et 35. Défense du territoire. — 36. Algérie-Tunisie (carte physique). — 37. Possessions françaises en Afrique. — 38. Madagascar. — 39. Possessions françaises en Asie. — 40. Possessions françaises en Amérique et Océanie.

Deuxième Partie :

EUROPE-ASIE

CINQUIÈME ÉDITION

46 cartes et 180 cartons reliés en un volume in-4, 2 fr. 25

1. Situation de l'Europe dans le monde. — 2. Europe géologique (carte d'ensemble). — 3. Europe physique (carte d'ensemble). — 4. Europe climatérique. — 5. Europe ethnographique. — 6. Europe politique (carte d'ensemble). — 7. La Méditerranée. — 8. Les Alpes. — 9. Le Rhin. — 10. Le Danube. — 11. Iles Britanniques (carte physique). — 12. Iles Britanniques (carte politique). — 13. Belgique et Hollande (carte physique). — 14. Belgique et Hollande (carte politique). — 15. Scandinavie (carte physique). — 16. Scandinavie (carte politique). — 17. Russie physique. — 18. Russie économique. — 19. Russie politique. — 20. Canaux et voies navigables. — L'Empire russe. — 21. Autriche-Hongrie

(carte physique). — 22. Autriche-Hongrie (carte politique). — 23. Allemagne
physique. — 24. Allemagne politique. — 25. Suisse physique. — 26. Suisse politique. — 27. Espagne et Portugal (carte physique). — 28. Espagne et Portugal
(carte politique). — 29. Italie physique. — 30. Italie politique. — 31. Péninsule
des Balkans (carte physique). — 32. Péninsule des Balkans (carte politique). —
33. La Grèce. — 34. Asie (carte physique). — 35. Asie (carte politique). —
36. Sibérie et Turkestan. — 37. Iran (carte physique et politique). — 38. Asie
Mineure. — 39. Mésopotamie. — Syrie. — Arabie. — 40. Inde (carte physique).
— 41. Inde (carte politique). — 42. Asie centrale. — 43. Chine. — 44. Indo-
Chine. — 45. Indo-Chine française. — 46. Japon et Corée.

Troisième Partie :

Géographie générale,
Océanie, Afrique, Amérique

CINQUIÈME ÉDITION

40 cartes et 210 cartons, reliés en un volume in-4, 2 fr. 25

1 et 2. Notions de cosmographie. — 3. Les mers. — 4. Les continents. — 5. Le
relief terrestre. — 6. Les eaux courantes et les lacs. — 7. Les côtes. — 8 et 9.
L'atmosphère. — 10. Productions du globe. — 11. Ethnographie. — 12. Océanie
(carte d'ensemble). — 13. Australie. — 14. Indes néerlandaises. — Philippines.
— 15. Polynésie. — 16. Afrique physique. — 17. Afrique politique. — 18. Maroc.
— Algérie. — Tunisie. — 19. Côte tripolitaine. — Cyrénaïque. — Sahara.
20. Égypte. — Nubie. — Abyssinie. — 21. Soudan. — 22 et 23. Afrique équa-
toriale. — 24. Afrique australe (carte physique). — 25. Afrique australe (carte
politique) et Afrique insulaire. — 26. Amérique (carte physique). — 27. Amérique du Nord politique. — 28. Le Pôle nord. — 29. Canada (carte physique
et politique). — 30. États-Unis (carte physique). — 31. États-Unis (carte politique). — 32. Mexique et Amérique centrale (carte physique). — 33. Mexique
et Amérique centrale (carte politique). — 34. Les Antilles. — 35. Amérique du
Sud (carte politique). — 36. Colombie. — Vénézuéla. — Guyanes. — 37. Équateur.
— Pérou. — Bolivie. — 38. Brésil. — 39. Chili. — États de la Plata. — 40. Les
grandes voies de communication.

ENSEIGNEMENT SECONDAIRE

Pour les établissements d'enseignement secondaire nous continuons à
mettre en vente **LES CARTES D'ÉTUDE** ainsi divisées :

Première partie : La France : 40 feuilles (240 cartes et cartons),
6e édition. 1 volume relié. . . . . **1 fr. 80**

Deuxième partie : l'Europe : 31 feuilles (150 cartes et cartons),
4e édition. 1 volume relié. . . . . **1 fr. 80**

**Troisième partie : Géographie générale, Asie, Océanie, Afrique,
Amérique** : 52 feuilles (250 cartes et cartons). 4e édition. 1 volume
relié. . . . . **2 fr. 60**

Nouveau
Cours d'Histoire

PAR F. CORRÉARD
Professeur d'Histoire au lycée Charlemagne.

4 VOLUMES IN-16, CARTONNÉS TOILE

Histoire de l'Europe et de la France depuis 395 jusqu'en 1270. 4ᵉ édition (3ᵉ classique et 4ᵉ moderne) . . . . .   2 fr. 50

Histoire de l'Europe et de la France depuis 1270 jusqu'en 1610. 4ᵉ édition (Seconde classique et 3ᵉ moderne). . . .   3 fr. 50

Histoire de l'Europe et de la France depuis 1610 jusqu'en 1789. 3ᵉ édition (Rhétorique classique et Seconde moderne).   3 fr. 50

Histoire de l'Europe et de la France depuis 1789 jusqu'en 1889. 3ᵉ édition (Philosophie classique et 1ʳᵉ moderne) .   6 fr.   »

L'auteur s'est conformé dans ce volume à la circulaire ministérielle et n'a pas traité la politique intérieure après 1875.

Histoire
de la Civilisation

PAR CH. SEIGNOBOS
Docteur ès lettres, Maître de conférences à la Faculté des lettres de Paris.

PREMIER COURS
3 VOLUMES IN-16, CARTONNÉS TOILE MARRON, AVEC FIGURES

Histoire de la civilisation ancienne (Orient, Grèce, Rome). 3ᵉ édition . . . .   3 fr.   »

Histoire de la civilisation au moyen âge et dans les temps modernes. 2ᵉ édition . . . .   3 fr.   »

Histoire de la civilisation contemporaine. 2ᵉ édition.   3 fr.   »

DEUXIÈME COURS
2 VOLUMES IN-16, CARTONNÉS TOILE VERTE, AVEC FIGURES
conforme aux programmes de l'enseignement secondaire des jeunes filles et de l'enseignement primaire supérieur.

Histoire de la civilisation. — *Histoire ancienne de l'Orient.* — *Histoire des Grecs.* — *Histoire des Romains.* — *Le Moyen Age jusqu'à Charlemagne.* 6ᵉ édition avec 105 figures . . . . . .   3 fr. 50

Histoire de la civilisation. — *Moyen âge depuis Charlemagne.* — *Renaissance et temps modernes.* — *Période contemporaine.* 4ᵉ édition avec 72 figures . . . .   5 fr.

Ouvrages
de M. E. FERNET

Inspecteur général de l'Instruction publique,
Ancien professeur de Physique au Lycée Saint-Louis.

Traité de Physique élémentaire, de Ch. Drion et E. Fernet. *Treizième édition, entièrement refondue,* par E. FERNET, avec la collaboration de J. Faivre-Dupaigre, professeur au lycée Saint-Louis. 1 volume in-8 avec 665 figures dans le texte. . . 8 fr.

Cette édition a été revue d'une manière complète, jusque dans les détails; elle a été modifiée, par rapport à la précédente, en un grand nombre de points. La suppression de développements qui ont perdu leur intérêt a permis de présenter, d'une manière plus complète ou plus rigoureuse, tout en restant élémentaire, diverses autres questions auxquelles les progrès de la science ou de l'industrie sont venus donner une importance particulière. Le nombre des problèmes a été considérablement accru par l'introduction de questions récemment données en composition pour les divers baccalauréats.

Précis de Physique. 27ᵉ édition, en collaboration avec J. Faivre-Dupaigre, professeur au lycée Saint-Louis. 1 volume in-18, avec 322 figures, cartonné. . . . . 3 fr.

Cours élémentaire de Physique. 4ᵉ édition. 1 volume in-16, avec 472 figures, cartonné toile anglaise. . . . 5 fr.

Notions de Physique et de Chimie. 5ᵉ édition. 1 volume in-18, avec 192 figures dans le texte, cartonné toile. 2 fr. 50

Cours de Physique pour la classe de Mathématiques spéciales. 4ᵉ édit. grand in-8 avec nombreuses figures. (Sous presse).

OUVRAGES DE M. JOUBERT

Inspecteur général de l'Instruction publique.

Traité élémentaire d'Électricité. 4ᵉ édition revue et augmentée. 1 vol. petit in-8, avec 387 figures. . . . . 8 fr.

Cette quatrième édition a subi des remaniements assez nombreux, d'abord pour tenir compte des travaux récents, et aussi, et surtout, pour resserrer davantage les liens qui unissent les différentes parties de l'électricité. Les chapitres relatifs aux *Diélectriques*, à *l'Électrolyse*, aux *Courants alternatifs simples*, ou *polyphasés*, sont ceux qui ont reçu les modifications les plus importantes. Deux chapitres nouveaux ont été ajoutés, l'un sur la *théorie des ions*, l'autre sur les *rayons cathodiques*.

Cours élémentaire d'Électricité à l'usage des classes de l'Enseignement secondaire. 3ᵉ édit. 1 vol. in-16, avec 144 figures. 2 fr.

BERT (Paul), membre de l'Institut, et **BLANCHARD** (Raphaël), professeur à la Faculté de médecine de Paris, membre de l'Académie de médecine.

Éléments de Zoologie. 1 volume petit in-8, avec 613 figures . . . . 7 fr.

BURAT, professeur au lycée Louis-le-Grand.

Précis de Mécanique. 8ᵉ édition. 1 volume in-18, avec 259 figures, cartonné toile . . . . 3 fr.

DUCATEL, professeur agrégé de Mathématiques au lycée Condorcet.

Leçons d'Arithmétique à l'usage des classes élémentaires des lycées et collèges de garçons et de jeunes filles et de l'Enseignement primaire. 2ᵉ édition, revue et corrigée. 1 volume in-18, avec des questionnaires, de nombreux exercices et les réponses aux exercices, cartonné toile. . . . . 2 fr. 50

LAPPARENT (A. de), membre de l'Institut, professeur à l'Institut catholique.

Abrégé de Géologie. 4ᵉ édition, entièrement refondue. 1 volume in-18, avec 134 gravures et 1 carte géologique de la France chromolithographiée, cartonné toile. 3 fr.

Précis de Minéralogie. 3ᵉ édition, revue et augmentée. 1 vol. in-18, avec 335 figures dans le texte et 1 planche chromolithographiée, cartonné toile. . . . . . . 5 fr.

Leçons de Géographie physique. 2ᵉ édition, entièrement refondue. 1 vol. grand in-8, avec 163 figures dans le texte et 1 planche en couleurs. . . . . . . 12 fr.

Notions générales sur l'écorce terrestre. 1 volume petit in-8 avec 33 figures dans le texte. . . . . 1 fr. 20

Traité de géologie. 4ᵉ édition entièrement refondue et considérablement augmentée. 3 vol. gr. in-8 avec nombreuses figures, cartes et croquis dans le texte. 35 fr.
(Ouvrage couronné par l'Institut de France.)

MARAGE, professeur à l'École Sainte-Geneviève.

Mémento d'Histoire naturelle. 1 volume in-12, avec 102 figures. 2 fr.

MAUDUIT, ancien professeur au lycée Saint-Louis.

Précis d'Algèbre. 10ᵉ édition. 1 vol. in-18, cart. 1 fr. 60

Précis d'Arithmétique. 8ᵉ édition. 1 volume in-18,
cartonné toile. . . . . 1 fr. 40

MILNE-EDWARDS (Alph.), membre de l'Institut.

Histoire naturelle des animaux :

Zoologie méthodique et descriptive. 5ᵉ édition. 1 vol. in-18,
avec 487 figures dans le texte, cartonné toile. . . . 3 fr.

Anatomie et physiologie animales. 3ᵉ édition. 1 volume in-18,
avec 241 figures dans le texte, cartonné toile. . . 3 fr.

MULLER (J.-A.), docteur ès sciences, professeur à l'École supérieure des sciences d'Alger.

Précis de chimie analytique. Analyse qualitative,
analyse quantitative par liqueurs titrées, analyse des gaz,
analyse organique élémentaire, analyse et dosages relatifs
à la chimie agricole, analyse des vins, essais des principaux minerais. 1 vol. in-12, broché . . . . 3 fr.

PROUST, professeur à la Faculté de médecine de Paris.

Douze conférences d'Hygiène, rédigées conformément au plan d'études du 12 août 1890. Nouvelle édition.
1 volume in-18, cartonné toile. . . . . 2 fr. 50

ROUBAUDI, professeur de mathématiques au lycée Buffon et de
géométrie descriptive au lycée Carnot.

Cours de Géométrie descriptive. 1 vol. in-8, avec
215 figures et une épure hors texte, ... 4 fr.

VÉLAIN (Ch.), chargé de cours à la Faculté des sciences de
Paris.

Cours élémentaire de Géologie stratigraphique.
5ᵉ édition, revue et corrigée. 1 volume in-16, avec 435 gravures dans le texte et une étude détaillée de la France,
accompagnée d'une carte géologique, imprimée en couleurs, cartonné toile. . . . . 5 fr.

WURTZ, membre de l'Institut, professeur à la Faculté des
sciences de Paris.

Leçons élémentaires de Chimie moderne. 6ᵉ édit.
(Notation atomique). 1 volume in-18, avec 133 fig. 9 fr.

MÉMENTOS

à l'usage des Candidats aux Baccalauréats
de l'Enseignement classique et moderne
et aux Écoles du Gouvernement

Mémento de chimie, par M. A. Dybowski, agrégé des sciences physiques, professeur au lycée Louis-le-Grand.

Septième édition, entièrement remaniée, avec la *notation atomique*. 1 vol. in-12. . . . . **2 fr.**

Guide pour les manipulations chimiques, à l'usage des élèves de mathématiques élémentaires et des candidats aux baccalauréats, par M. Knoll, préparateur au lycée Louis-le-Grand. *Deuxième édition*. 1 vol. in-12, avec figures dans le texte. . . . . **1 fr.**

Questions de Physique. Énoncés et Solutions, par R. Cazo, docteur ès sciences. *Troisième édition*. 1 volume in-12. . . . . **2 fr.**

Mémento d'Histoire naturelle, par M. Marage, docteur ès sciences, professeur à l'École Sainte-Geneviève. 1 vol. in-12, avec 102 figures. . . . . **2 fr.**

Conseils pour la Composition française, la version, le thème et les épreuves orales, par A. Keller. 1 vol. in-12. . . . . **1 fr.**

Résumé du Cours de Philosophie sous forme de plans, par A. Keller. 1 vol. in-12. . . . . **2 fr.**

Histoire de la Philosophie, par A. Keller. 1 vol. in-12 . . . . **1 fr.**

Grammaire
Espagnole

Deuxième édition revue et augmentée

Par **I. GUADALUPE**, professeur d'espagnol au Collège Rollin et aux Cours de la Ville, professeur examinateur à l'École supérieure de Commerce, professeur à la Société commerciale pour l'étude des langues étrangères et à la Société pour l'Instruction élémentaire, Officier d'Académie.

1 volume in-16, cartonné toile anglaise . . . . 3 fr.

Dans cette deuxième édition, l'auteur a considérablement augmenté les notions de syntaxe et donné toutes les expressions se rapportant aux phrases des devoirs. Ces additions, qui font du nouveau livre une grammaire complète et en aplanissent les difficultés, n'ont exigé qu'un léger remaniement qui n'a changé ni la disposition générale, ni le caractère de l'ouvrage. Certaines leçons ont été développées et renferment des observations nouvelles. L'ouvrage est accompagné d'un lexique.

Lectures
Historiques Allemandes
TIRÉES DES MEILLEURS ÉCRIVAINS
Par Paul DURANDIN
Agrégé de l'Université, Examinateur au Collège Stanislas.
Programmes des classes de St-Cyr, de Rhétorique et de Philosophie.

1 volume in-16, cartonné toile . . . . 4 fr. 50

Ce qui a le plus nui jusqu'ici aux langues vivantes, c'est que rien ne les relie au reste des études. L'auteur a eu l'intention d'en faire un élément actif de l'instruction du lycéen, de la relier à l'étude de l'histoire et de la géographie, d'en doubler du même coup l'intérêt, la facilité et l'utilité, d'en faire un enseignement vivant, portant sur des idées et des faits que les élèves étudient volontiers et qu'ils ont intérêt à bien connaître pour leurs examens.

Cours d'Algèbre

Par **Henri NEVEU**
Agrégé de l'Université, Professeur de mathématiques à l'école Lavoisier.

À l'usage des classes de Mathématiques élémentaires de l'Enseignement moderne, des candidats à l'École de Saint-Cyr et au professorat des Écoles normales.

DEUXIÈME ÉDITION, conforme aux derniers programmes

1 vol. in-8, avec figures dans le texte. **8 fr.**

Dans ce cours d'algèbre, M. Neveu s'est efforcé de suivre un ordre méthodique et a cherché, en débarrassant certaines questions de ce qu'elles ont d'aride, à mettre le plus de clarté possible dans les démonstrations, tout en maintenant leur rigueur mathématique. La *deuxième édition* que nous publions aujourd'hui est conforme aux nouveaux programmes. La théorie des nombres négatifs est traitée dès le début du cours, et les premiers chapitres ont été modifiés en ce sens.

Cours préparatoire au Certificat d'Études Physiques, Chimiques et Naturelles (P. C. N.)

Cours élémentaire de Zoologie, par RÉMY PERRIER, maître de conférences à la Faculté des sciences de Paris, chargé du cours de zoologie pour le certificat d'études P. C. N. 1 vol. in-8° avec 693 figures dans le texte, relié toile.   **10 fr.**

Ce livre a pour base le cours professé depuis cinq ans par l'auteur, devant les étudiants du P. C. N. C'est à ces mêmes étudiants qu'il s'adresse, mais aussi à tous ceux qu'intéresse l'étude des sciences naturelles et des lois de l'évolution des êtres vivants. Il donne un résumé précis de l'état actuel de la zoologie moderne, et convient à tous ceux qui ne peuvent aborder l'étude des grands traités de zoologie. — L'ouvrage est richement illustré ; il ne comporte pas moins de 693 figures, comprenant ensemble plus de 1100 dessins.

Traité des Manipulations de Physique, par B. C. DAMIEN, professeur de physique à la Faculté des sciences de Lille et R. PAILLOT, agrégé, chef des travaux pratiques de physique à la Faculté des sciences de Lille. 1 vol. in-8° avec 246 figures. . . . . **7 fr.**

Ce Traité s'adresse à la fois aux candidats au certificat P. C. N. et aux candidats à la licence et à l'agrégation. Il se distingue des ouvrages du même genre qui existent déjà en France, en ce qu'il renferme un grand nombre de manipulations qui se font couramment dans les universités étrangères et qu'on néglige trop dans notre enseignement pratique. A ce titre, il comble une lacune regrettable.

Éléments de Botanique, par PH. VAN TIEGHEM, membre de l'Institut, professeur au Muséum d'histoire naturelle. *Troisième édition*, revue et augmentée. 2 vol. in-16 de 1170 pages avec 580 figures, cartonnés toile. . . **12 fr.**

L'auteur a fait tous ses efforts pour mettre cette nouvelle édition au courant de tous les progrès accomplis en Botanique. De là, une augmentation de cent cinquante pages qui, jointe à de nombreuses corrections et modifications de détail, fait de cette édition un ouvrage véritablement nouveau.

Éléments de Chimie organique et de Chimie biologique, par W. ŒCHSNER DE CONINCK, professeur à la Faculté des sciences de Montpellier. 1 vol. in-16 . . **2 fr.**

Éléments de Chimie des métaux, par W. ŒCHSNER DE CONINCK, professeur à la Faculté des sciences de Montpellier. 1 vol. in-16 . . . . **2 fr.**